高等职业教育土建类专业新形态教材

钢结构构造与识图

主　编　陈　鹏　张　琪
参　编　姜荣斌　孙　舒　丁永红
　　　　李存钱　朱云飞

机械工业出版社
CHINA MACHINE PRESS

本书根据土建行业的职业能力要求,按照现行规范,以培养学生钢结构实际应用能力(熟悉结构布置、理解钢结构构件及连接、掌握结构构造、熟练识读施工图)为目标,以任务驱动的项目化教学为手段,以三维虚实模型为辅助学习工具,以"活页式教材+外链数字资源"为教材形态,以"产教融合、校企合作"为途径编写而成。

本书从高等职业教育的特点和培养高技能实际应用型人才的需要出发,内容组织突显职业性、专业性和实用性,并注重对读者岗位技能的培养。全书包含7个单元,具体包括钢结构基础知识、多高层钢结构房屋、门式刚架轻型房屋、单层钢结构厂房、空间管桁架结构、网架结构和装配式钢结构建筑。

本书可作为高等职业本、专科院校土建类专业的教材,也可作为开放大学、成人教育、自学考试、职业培训的教材和工程技术人员的参考工具书。

图书在版编目(CIP)数据

钢结构构造与识图 / 陈鹏,张琪主编. -- 北京:机械工业出版社,2024.3. -- (高等职业教育土建类专业新形态教材). -- ISBN 978-7-111-76122-8

Ⅰ. TU391;TU758.11

中国国家版本馆 CIP 数据核字第 2024AT0816 号

机械工业出版社(北京市百万庄大街22号　邮政编码100037)
策划编辑:常金锋　　　　　　　　责任编辑:常金锋　高凤春
责任校对:杜丹丹　杨　霞　景　飞　责任印制:李　昂
北京捷迅佳彩印刷有限公司印刷
2025年3月第1版第1次印刷
184mm×260mm・15.25印张・378千字
标准书号:ISBN 978-7-111-76122-8
定价:49.00元

电话服务　　　　　　　　　网络服务
客服电话:010-88361066　　机　工　官　网:www.cmpbook.com
　　　　　010-88379833　　机　工　官　博:weibo.com/cmp1952
　　　　　010-68326294　　金　书　网:www.golden-book.com
封底无防伪标均为盗版　机工教育服务网:www.cmpedu.com

前　言

本书根据高等职业院校土建施工类、建设工程管理类相关专业教学标准及住房和城乡建设部高职土建类专业教学指导委员会制定的相关专业教学基本要求编写而成。全书由系列化的任务组成，共7个单元，计18个项目、50个任务。

本书满足任务驱动教学法的要求，内容新颖，应用范围广，实用性强，主要特色如下：

（1）课程思政特色教材

本书围绕爱国主义、工匠精神、家国情怀、中国速度、绿色环保、创新驱动等方面组织课程思政教育，在各个单元设置思政园地，在教学任务中，渗透思政教学内容，激发学生的爱国主义情怀和民族自豪感，凸显家国情怀，植入鲁班文化，牢固树立工匠精神的价值体系，并侧重体现钢结构绿色环保建筑的功能。

（2）活页式教材

本书以任务为单位组织教学，以活页的形式将任务贯穿起来，强调在知识的理解与掌握基础上的实践和应用，培养学生在掌握一定理论的基础上，具有较强的实践能力，适用于以学生为中心的教学模式，体现学生为学习主体，注重教材和学习者之间深层次互动。

（3）"任务驱动"式教材

本书按照任务驱动的项目化教学的形式编写，从学生认知和掌握的钢结构构造与识图知识以及技能提炼的任务出发，引导学生实践探究、协作交流，在由易到难、循序渐进地完成一系列任务的过程中，不断获得成就感，从而形成钢结构识图职业能力。

（4）配套资源丰富

本书配套钢结构节点构造详图、结构施工图、实物模型、虚拟模型，以二维码形式呈现，以图示的方法系统说明典型构件、典型结构和典型节点。

与其他教材相比，本书更加侧重实用性、实践性和发展性，既体现专业特色，又兼顾工程实际应用，注重与工程实际案例的紧密结合和学生工程专业实操能力的培养，让学生具有更加扎实的理论基础、更强的动手能力和综合实践运用能力，便于学生走上工作岗位后与行业、企业接轨。

本书由泰州职业技术学院陈鹏、张琪任主编；泰州职业技术学院姜荣斌、孙舒，无锡同济钢构项目管理有限公司丁永红，正太集团有限公司李存钱，广联达科技股份有限公司朱云飞参与编写。本书的作者团队为校企"双元"合作编写团队，由具有二十多年相关教学经验的高校老师和丰富企业实践工作经验的工程技术人员共同组成。

本书由东南大学孟少平教授任主审。

由于编者水平有限，书中不足之处在所难免，恳请广大读者提出宝贵意见，以便于本书修订时不断完善。

编　者

目　　录

前言

单元一　钢结构基础知识 ·· 1

项目 1.1　认识钢结构 ·· 3
　　任务 1.1.1　了解钢材的选用 ·· 3
　　任务 1.1.2　熟悉常用钢结构体系 ·· 10
　　任务 1.1.3　理解钢结构的特点与应用 ·· 14
　　任务 1.1.4　了解钢结构设计方法 ·· 16
　　项目知识图谱 ·· 18

项目 1.2　熟悉钢结构构件 ·· 18
　　任务 1.2.1　熟悉受弯构件 ·· 19
　　任务 1.2.2　熟悉轴心受力构件 ·· 26
　　任务 1.2.3　熟悉拉弯、压弯构件 ·· 32
　　项目知识图谱 ·· 35

项目 1.3　掌握钢结构连接构造 ·· 36
　　任务 1.3.1　掌握焊缝连接构造 ·· 36
　　任务 1.3.2　掌握螺栓连接构造 ·· 52
　　项目知识图谱 ·· 60
　　识图训练 ·· 61

单元二　多高层钢结构房屋 ·· 63

项目 2.1　认识多高层钢结构房屋 ·· 65
　　任务 2.1.1　了解多高层钢结构房屋的应用与发展 ·· 65
　　任务 2.1.2　熟悉多高层钢结构房屋的结构体系 ·· 66
　　任务 2.1.3　理解多高层钢结构房屋的结构布置 ·· 71
　　项目知识图谱 ·· 77

项目 2.2　掌握多高层钢结构房屋结构构件的连接构造 ···································· 77
　　任务 2.2.1　掌握柱脚构造 ·· 77
　　任务 2.2.2　掌握柱与柱的连接构造 ·· 87
　　任务 2.2.3　掌握梁与柱的连接构造 ·· 93
　　任务 2.2.4　掌握梁与梁的连接构造 ·· 102
　　任务 2.2.5　掌握支撑及其与梁柱的连接构造 ·· 106
　　任务 2.2.6　掌握钢板剪力墙及其与梁柱的连接构造 ·· 111
　　项目知识图谱 ·· 119

项目 2.3　掌握钢与混凝土组合楼（屋）盖的构造 ……………………………………… 120
　　任务 2.3.1　掌握组合楼板的构造 …………………………………………………… 120
　　任务 2.3.2　掌握组合梁的构造 ……………………………………………………… 128
　　项目知识图谱 …………………………………………………………………………… 131
　　识图训练 ………………………………………………………………………………… 131

单元三　门式刚架轻型房屋 …………………………………………………………… 132

项目 3.1　认识门式刚架轻型房屋 ……………………………………………………… 133
　　任务 3.1.1　熟悉门式刚架轻型房屋的组成 ………………………………………… 134
　　任务 3.1.2　理解门式刚架轻型房屋的结构布置 …………………………………… 134
　　项目知识图谱 …………………………………………………………………………… 138
项目 3.2　掌握门式刚架轻型房屋主结构的构造 ……………………………………… 138
　　任务 3.2.1　掌握门式刚架柱、梁单元构造及连接构造 …………………………… 138
　　任务 3.2.2　掌握山墙抗风柱构造及连接构造 ……………………………………… 142
　　项目知识图谱 …………………………………………………………………………… 143
项目 3.3　掌握门式刚架轻型房屋支撑系统的构造 …………………………………… 143
　　任务 3.3.1　掌握柱间支撑系统的构造 ……………………………………………… 143
　　任务 3.3.2　掌握屋面支撑系统的构造 ……………………………………………… 145
　　项目知识图谱 …………………………………………………………………………… 147
项目 3.4　掌握门式刚架轻型房屋次结构的构造 ……………………………………… 147
　　任务 3.4.1　掌握屋面系统的组成与构造 …………………………………………… 147
　　任务 3.4.2　掌握墙面系统的组成与构造 …………………………………………… 150
　　项目知识图谱 …………………………………………………………………………… 152
　　识图训练 ………………………………………………………………………………… 152

单元四　单层钢结构厂房 ………………………………………………………………… 153

项目 4.1　认识单层钢结构厂房 ………………………………………………………… 155
　　任务 4.1.1　了解单层钢结构厂房的组成 …………………………………………… 155
　　任务 4.1.2　熟悉单层钢结构厂房的平面布置 ……………………………………… 157
　　任务 4.1.3　理解单层钢结构厂房横向框架的布置及构造 ………………………… 158
　　任务 4.1.4　理解单层钢结构厂房柱间支撑的布置及构造 ………………………… 161
　　任务 4.1.5　了解吊车梁系统 ………………………………………………………… 163
　　项目知识图谱 …………………………………………………………………………… 165
项目 4.2　熟悉钢屋架系统的构造 ……………………………………………………… 166
　　任务 4.2.1　了解屋架结构的形式 …………………………………………………… 166
　　任务 4.2.2　理解单层钢结构厂房屋盖支撑系统的布置及构造 …………………… 167
　　任务 4.2.3　熟悉普通钢屋架 ………………………………………………………… 172
　　任务 4.2.4　熟悉轻型屋面三角形钢管屋架 ………………………………………… 177
　　项目知识图谱 …………………………………………………………………………… 184

识图训练 ··· 184

单元五　空间管桁架结构 ··· 185

项目 5.1　认识空间管桁架结构 ·· 186
　　任务 5.1.1　认知空间管桁架 ·· 186
　　任务 5.1.2　熟悉空间管桁架结构体系 ·· 188
　　项目知识图谱 ··· 190

项目 5.2　熟悉空间管桁架结构构造 ·· 191
　　任务 5.2.1　熟悉杆件构造 ··· 191
　　任务 5.2.2　熟悉节点构造 ··· 192
　　项目知识图谱 ··· 195
　　识图训练 ··· 195

单元六　网架结构 ··· 196

项目 6.1　认识网架结构 ··· 197
　　任务 6.1.1　认知网架结构 ··· 197
　　任务 6.1.2　熟悉网架结构的选型与布置 ·· 202
　　项目知识图谱 ··· 206

项目 6.2　熟悉网架结构构造 ··· 207
　　任务 6.2.1　熟悉焊接空心球节点构造 ·· 207
　　任务 6.2.2　熟悉螺栓球节点构造 ··· 209
　　任务 6.2.3　熟悉支座节点构造 ·· 211
　　项目知识图谱 ··· 215
　　识图训练 ··· 215

单元七　装配式钢结构建筑 ··· 217

项目 7.1　认识装配式钢结构建筑 ··· 218
　　任务 7.1.1　认知装配式钢结构建筑 ·· 218
　　任务 7.1.2　理解装配式钢结构建筑的集成设计 ·· 220
　　项目知识图谱 ··· 227

项目 7.2　理解钢结构住宅产业化 ··· 227
　　任务 7.2.1　熟悉装配式钢结构住宅 ·· 227
　　任务 7.2.2　了解钢结构住宅产业化 ·· 232
　　项目知识图谱 ··· 237
　　识图训练 ··· 237

参考文献 ··· 238

单元一　钢结构基础知识

近年来，钢结构广泛应用于多高层结构、轻钢结构、重型厂房、大跨结构、装配式住宅等房屋，钢结构建筑占新建建筑的比例逐年提高。钢结构具有资源可回收利用、生态环保、施工周期短、抗震性能好等诸多优势，符合新形势下绿色建筑和装配式建筑的方向，借助国家大力推广装配式钢结构建筑的政策东风，必将迎来新的发展契机。

本单元主要介绍钢结构基础知识，通过本单元的学习，学生应了解建筑结构用钢材的选用，熟悉常用钢结构体系，理解钢结构的特点与应用，熟悉典型受弯构件、轴心受力构件、拉弯和压弯构件的形式和构造，理解钢结构的连接方法，重点掌握焊缝连接和螺栓连接构造及施工图表示方法。图1.0.1为钢结构的连接方式。

a) 手工焊接

b) 自动焊接

c) 螺栓连接

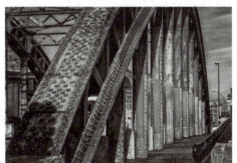
d) 铆钉连接

图1.0.1　钢结构的连接方式

思政园地

风云激荡七十多年，新中国钢铁行业发展史

钢铁，铸国之重器，造国之脊梁。七十多年来，新中国钢铁行业的发展史从另一个角度记录了我国的繁荣与腾飞。

1949年新中国成立之初，我国钢铁工业基础十分薄弱，在战争的摧残下，国家几乎没有一家完整的钢铁企业，解放初期能够初步恢复生产的只有7座高炉、12座平炉、2座小电炉。

新中国最初的钢铁工业是在苏联的支持下建立的，"一五"期间，实施苏联156个援建项目中的八大钢铁项目的建设，同时还进行了20个企业改扩建工程。1956年，毛泽东提出从实际出发，充分发挥中央和地方两方面的积极性，走大、中、小相结合之路，开始建设"三大、五中、十八小"。这里的"三大"指继续建设的鞍钢、武钢、包钢三个大型钢铁基地，"五中"指扩建、新建的太钢、重钢、马钢、石景山钢铁厂、湘钢，"十八小"指济钢、临钢、南钢等十八个小型钢厂。1964年开始三线建设，新建了攀钢等钢铁厂，恢复建设了兰钢、酒钢，扩建了遵义铁合金厂等。这三次基本建设高潮的开展，为新中国钢铁工业日后发展打下了重要的基础。图1.0.2为攀枝花钢铁厂出铁现场照片。

改革开放初期，我国钢铁工业对外开放成效显著，从国外引进700多项先进技术，利用外资60多亿美元，极大促进了技术结构的变化，缩小了与世界先进水平的差距。图1.0.3为宝钢一号高炉点火仪式现场照片。

图1.0.2　攀枝花钢铁厂出铁现场

图1.0.3　宝钢一号高炉点火仪式现场

20世纪90年代，我国的钢铁工业实现了从单纯的产量扩张到结构性调整，钢铁产能实现了由短缺到阶段性、结构性过剩。1996年我国粗钢产量首次超过1亿t，跃居世界第一，成为世界最大的钢铁生产及消费国。

进入21世纪，随着深化改革、扩大开放，国民经济进入高速增长时期，钢铁工业的发展有了一系列新变化。我国钢铁工业产业规模迅速扩大，技术装备国产化、现代化取得重大进展，品种质量得到优化，节能减排取得巨大进步。不少大中型国企的技术已达到世界先进水平，洁净钢生产技术得到大力推广，大型真空精炼设备与工艺技术、大型特殊钢成套装备轧制技术、宽带钢热连轧自动化系统关键技术、圆坯连铸设备与工艺技术均得到了大力推广与使用。

在我国钢铁行业未来的发展中，"绿色""智能"逐渐成为钢铁行业发展的方向。在冶金资源的消耗与环境带来的压力下，我国钢铁行业逐渐进入产业结构调整期，走向可持续发展的路线。面对日益复杂的国际形势，钢铁是我国极其重要的战略领域，因此钢铁行业的自主创新能力也将显得更加重要。

风云激荡七十余年，新中国钢铁工业的发展史也是中华人民的奋斗史，记录了几代钢铁人不懈的奋斗与努力，见证了中华民族的智慧与勤劳。钢铁，筑腾飞之基，造前进之路，炼一国之魂。

项目1.1 认识钢结构

我国建筑钢结构采用的钢材以碳素结构钢和低合金高强度结构钢为主,承重结构推荐使用 Q235、Q355、Q390、Q420、Q460 钢,并按规定选用对应的质量等级;钢结构由各类型钢制作而成,型钢有热轧成型的钢板、热轧型钢及冷弯(或冷压)成型的型钢;钢结构常用结构体系主要有单层钢结构、多高层钢结构和大跨度钢结构,具备轻质高强、塑性韧性好等优点。本项目主要介绍建筑结构用钢材的选用、常用钢结构体系、钢结构的特点与应用,并简要介绍钢结构的设计方法。

任务1.1.1 了解钢材的选用

一、建筑结构用钢材的分类

(一)碳素结构钢

含碳量2%通常是钢和铸铁的界限,以铁为主要元素,含碳量一般不大于2%,并含有其他元素的材料称为钢。碳素钢为含碳量 0.02%~2% 的铁碳合金,按其含碳量的多少可分成低碳钢、中碳钢和高碳钢。通常把含碳量小于 0.25% 的称为低碳钢,含碳量在 0.25%~0.60% 之间的称为中碳钢,含碳量大于 0.60% 的称为高碳钢。碳素钢中含碳量越高则硬度越大,强度也越高,但塑性越低。碳素结构钢是碳素钢的一种,含碳量约 0.05%~0.70%,个别可高达 0.90%,建筑钢结构用碳素结构钢主要为低碳钢。

碳素结构钢的牌号由代表屈服强度的字母、屈服强度数值、质量等级符号、脱氧方法符号四部分按顺序组成。代表屈服强度的字母用"Q"表示,为钢材屈服强度"屈"字汉语拼音首位字母;碳素结构钢的牌号按屈服强度共划分为 4 种,即 Q195、Q215、Q235、Q275;质量等级有 A、B、C、D,共 4 级;碳素结构钢按脱氧程度分为镇静钢、沸腾钢和特殊镇静钢,F 表示沸腾钢,Z 表示镇静钢,TZ 表示特殊镇静钢(在牌号表示方法中,"Z"与"TZ"符号可以省略)。

例如,Q235AF,表示屈服强度数值为 235MPa、质量等级为 A 级的沸腾钢。

(二)低合金高强度结构钢

合金钢通过在冶炼过程中添加一些合金元素来改善钢材性能而形成,合金元素总量(质量分数)低于 5% 的钢为低合金钢,在 5%~10% 之间的钢为中合金钢,高于 10% 的钢为高合金钢。建筑钢结构使用低合金高强度结构钢,钢材加入合金元素后,强度明显提高,钢结构构件的强度、刚度、稳定性三个主要控制指标能充分发挥,尤其在大跨度或重负载结构中优点更为突出。低合金高强度结构钢广泛用于各类钢结构,可比碳素结构钢节省钢材 20%~30%。

低合金高强度结构钢的牌号由代表屈服强度"屈"字的汉语拼音首位字母 Q、规定的最小上屈服强度数值、交货状态代号、质量等级符号四部分组成,交货状态为热轧时,交货状态代号可省略。钢的牌号有 Q355、Q390、Q420、Q460、Q500、Q550、Q620、Q690 共 8 种;质量等级有 B、C、D、E、F 共 5 个等级。

例如:Q355D 表示屈服强度为 355MPa、质量等级为 D 级的热轧低合金高强度结构钢。

（三）高层建筑结构用钢板

高层建筑结构用钢板的牌号由代表屈服强度的字母 Q、屈服强度数值、代表高层建筑的汉语拼音字母 GJ、质量等级符号组成。高层建筑结构用钢板的质量等级有 C、D、E 共 3 个等级。对于厚度方向性能钢板，其牌号在质量等级前加上厚度方向性能级别。

例如，Q355GJC 表示屈服强度为 355MPa、质量等级为 C 级的高层建筑结构用钢板。

（四）Z 向钢板

多高层钢结构所用钢材一般为热轧成型，热轧可以破坏钢锭的铸造组织，细化钢材的晶粒，钢锭浇注时形成的气泡和裂纹可在高温和压力作用下焊合，从而使钢材的力学性能得到改善；然而这种改善主要体现在沿轧制方向上，钢材内部的非金属夹杂物（主要为硫化物、氧化物、硅酸盐等）经过轧压后被压成薄片，仍残留在钢板中（一般与钢板表面平行），而使钢板出现分层（夹层）现象。这种非金属夹层现象，使钢材沿厚度方向受拉的性能劣化。因此钢板在三个方向的力学性能是有差别的，沿轧制方向最好，垂直于轧制方向稍差，沿厚度方向又次之。

采用焊缝连接的钢结构中，当钢板厚度不小于 40mm 且承受沿板厚度方向的拉力时，为避免焊接时产生层状撕裂，需采用抗层状撕裂的钢材（通常简称 Z 向钢板）。这种钢板是在某一级结构钢（称为母级钢）的基础上，经过特殊冶炼、处理的钢材，其含硫量为一般钢材的 1/5 以下，截面收缩率在 15% 以上，钢板沿厚度方向有较好的延性。根据国家标准《厚度方向性能钢板》（GB/T 5313）的规定，我国生产的 Z 向钢板的牌号是在母级钢牌号后面加上厚度方向性能级别（Z15、Z25 和 Z35），Z 后面的数字为截面收缩率的指标。

例如，Q355DZ15 表示母级钢牌号为 Q355D，钢板具有厚度方向性能，性能级别为 Z15。

（五）其他建筑用钢

在某些情况下，要采用一些有别于上述牌号的钢材时，其材质应符合国家的相关标准。例如，处于外露环境对耐腐蚀有特殊要求或在腐蚀性气、固态介质作用下的承重结构采用耐候钢时，应满足《耐候结构钢》（GB/T 4171）的规定；当在钢结构中采用铸钢件时，应满足《一般工程用铸造碳钢件》（GB/T 11352）的规定等。

1. 耐候钢

通过添加少量合金元素 Cu、P、Cr、Ni 等，使其在金属基体表面形成保护层，以提高耐大气腐蚀性能的钢称为耐候钢。耐候钢分为高耐候钢和焊接耐候钢两类，高耐候钢具有较好的耐大气腐蚀性能，而焊接耐候钢具有较好的焊接性能。耐候钢因其耐大气腐蚀性能为普通钢的 2~8 倍，可用于外露在大气环境中或有中度侵蚀性介质环境中的重要钢结构。

耐候钢的牌号由"屈服强度""高耐候"或"耐候"的汉语拼音首位字母"Q""GNH"或"NH"、屈服强度的下限值以及质量等级组成。其中：

高耐候钢按生产方式分为热轧和冷轧两种，按屈服强度分为 Q295、Q355 和 Q265、Q310；焊接耐候钢按生产方式均为热轧，按屈服强度共划分为 7 种，分别为 Q235、Q295、Q355、Q415、Q460、Q500、Q550；高耐候钢用"GNH"表示，焊接耐候钢用"NH"表示；质量等级有 A、B、C、D、E，共 5 级。

例如，Q355GNHC 表示屈服强度数值为 355MPa 的高耐候钢，质量等级为 C 级。

2. 铸钢件

建筑钢结构，尤其在大跨度情况下，有时需要铸钢件的支座。根据《钢结构设计标准》

（GB 50017）的规定，非焊接结构用铸钢件的质量应符合现行国家标准《一般工程用铸造碳钢件》（GB/T 11352）的规定，焊接结构用铸钢件的质量应符合现行国家标准《焊接结构用铸钢件》（GB/T 7659）的规定。

一般工程用铸造碳钢件牌号分为 ZG200-400、ZG230-450、ZG270-500、ZG310-570、ZG340-640，共 5 种，"ZG"表示一般工程用铸造碳钢件，两个数值分别表示屈服强度和抗拉强度。

例如，ZG200-400 表示一般工程用铸造碳钢件，屈服强度为 200MPa，抗拉强度为 400MPa。

焊接结构用铸钢件的牌号分为 ZG200-400H、ZG230-450H、ZG270-480H、ZG300-500H、ZG340-550H，共 5 种，牌号末尾的"H"为"焊"字汉语拼音的首位大写字母，表示焊接用钢。"ZG"和"H"表示焊接结构用铸钢件，两个数值分别表示上屈服强度和抗拉强度。

例如，ZG200-400H 表示焊接结构用铸钢件，上屈服强度为 200MPa，抗拉强度为 400MPa。

课堂练习

说明下列钢材牌号的含义：
1. Q235BZ：_____。
2. Q460E：_____。
3. Q235GJD：_____。
4. Q355CZ25：_____。
5. Q415NHD：_____。
6. ZG270-500：_____。
7. ZG300-500H：_____。

二、型钢的种类及表示方法

钢结构用钢主要包括热轧钢板和钢带、热轧型钢及冷弯型钢。

（一）热轧钢板和钢带

热轧钢板和钢带是指轧制宽度不小于 600mm 的单张轧制钢板（以下简称单轧钢板）、宽钢带、连轧钢板和纵切钢带。单轧钢板是指直接轧制、不固定边部变形的热轧扁平钢材；宽钢带是指轧制宽度不小于 600 mm 并成卷交货的钢带；连轧钢板是指由宽钢带或纵切钢带横切而成并按板状交货的钢板；纵切钢带是指由宽钢带纵切而成并成卷交货的钢带。钢板和钢带的公称尺寸范围应符合表 1.1.1 的规定。

表 1.1.1　钢板和钢带的公称尺寸范围　　　　　　　　　　（单位：mm）

产品名称	公称厚度	公称宽度	公称长度
单轧钢板	3.00~450	600~5300	2000~25000
宽钢带	≤25.40	600~2200	—
连轧钢板	≤25.40	600~2200	2000~25000
纵切钢带	≤25.40	120~900	

结构用钢板由热轧钢板切割而成，分厚板和薄板两种，厚板的厚度为 4.0~60mm，薄板

的厚度为 0.35~4mm。在图样中钢板用 "-宽×厚×长" 或 "-宽×厚" 表示，单位为 mm。如 "-800×12×2100" "-800×12"。

（二）热轧型钢

如图 1.1.1 所示，热轧型钢有工字钢、槽钢、等边角钢、不等边角钢、H 型钢、剖分 T 型钢、圆形、方形或矩形无缝钢管等。

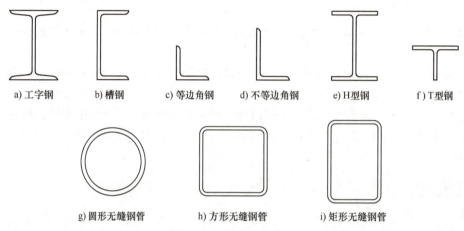

a) 工字钢　　b) 槽钢　　c) 等边角钢　　d) 不等边角钢　　e) H 型钢　　f) T 型钢

g) 圆形无缝钢管　　h) 方形无缝钢管　　i) 矩形无缝钢管

图 1.1.1　热轧型钢截面

角钢有等边角钢和不等边角钢两大类。等边角钢也称等肢角钢，以符号 "∟" 加 "边宽×厚度" 表示，单位为 mm。例如，"∟100×10" 表示肢宽为 100mm、厚 10mm 的等边角钢。不等边角钢也称不等肢角钢，以符号 "∟" 加 "长边宽×短边宽×厚度" 表示，单位为 mm。例如，"∟125×80×8" 表示长肢宽为 125mm、短肢宽为 80mm、厚 8mm 的不等边角钢。

工字钢是一种工字形截面型材，分为普通工字钢和轻型工字钢两种，其型号用符号 "I" 加截面高度表示，单位为 cm，如 "I16" 表示高度为 16cm 的工字钢。20 号以上普通工字钢根据腹板厚度和翼缘宽度的不同，同一号工字钢又有 a、b、c 三种区别，其中 a 类腹板最薄、翼缘最窄，b 类较厚较宽，c 类最厚最宽，如 "I30b" 表示高度为 30cm 的 b 类工字钢。轻型工字钢以符号 "QI" 加截面高度表示，单位为 cm，如 "QI25" 表示高度为 25cm 的轻型工字钢。同样高度的轻型工字钢的翼缘比普通工字钢的翼缘宽而薄，腹板也薄，截面回转半径略大。

槽钢是槽形截面的型材，有热轧普通槽钢和热轧轻型槽钢。普通槽钢以符号 "⊏" 加截面高度表示，单位为 cm，并以 a、b、c 区分同一截面高度中的不同腹板厚度，如 "⊏30a" 表示外廓高度为 30cm 且腹板厚度为最薄的一种槽钢。轻型槽钢以符号 "Q⊏" 加截面高度表示，单位为 cm，如 "Q⊏25" 表示外廓高度为 25cm 的轻型槽钢。

H 型钢翼缘端部为直角，便于与其他构件连接。热轧 H 型钢分为宽翼缘 H 型钢（代号 HW，W 为 Wide 英文字头）、中翼缘 H 型钢（代号 HM，M 为 Middle 英文字头）、窄翼缘 H 型钢（代号 HN，N 为 Narrow 英文字头）和薄壁 H 型钢（代号 HT，T 为 Thin 英文字头）。H 型钢可用 "类别+型号" 来表示，如 "HM200×150" 表示中翼缘 H 型钢，高度为 200mm，宽度为 150mm。由于同一型号可能有多种规格，轧制 H 型钢采用规格表示方法，用 "H" 与 "高度 H 值×宽度 B 值×腹板厚度 t_1 值×翼缘厚度 t_2 值" 的组合来表示，单位为 mm，如 "H596×199×10×15" 表示 H 型钢，高度为 596mm，翼缘宽度为 199mm，腹板厚度为 10mm，翼缘厚度为 15mm。

H 型钢与工字钢的区别如下：H 型钢翼缘内表面无斜度，上下表面平行；从材料分布形式上看，工字钢截面中材料主要集中在腹板左右，截面越向两侧延伸钢材越少，轧制 H 型钢中，材料分布侧重在翼缘部分。

剖分 T 型钢分为 3 类：宽翼缘剖分 T 型钢 TW、中翼缘剖分 T 型钢 TM、窄翼缘剖分 T 型钢 TN。剖分 T 型钢可用"类别+型号"来表示，如"TM200×300"表示中翼缘剖分 T 型钢，高度为 200mm，宽度为 300mm。由于同一型号可能有多种规格，剖分 T 型钢采用规格表示方法，用"T"与"高度 H 值×宽度 B 值×腹板厚度 t_1 值×翼缘厚度 t_2 值"的组合来表示，单位为 mm，如"T207×405×18×28"表示剖分 T 型钢，高度为 207mm，翼缘宽度为 405mm，腹板厚度为 18mm，翼缘厚度为 28mm。

热轧无缝钢管包括圆形钢管、方形钢管和矩形钢管。圆钢管以符号"ϕ"或"Y"加"外径×壁厚"表示，单位为 mm，如"ϕ426×10"或"Y426×10"表示外径 426mm、壁厚 10mm 的圆形钢管。方形钢管以"F"加"边长×壁厚"表示，矩形钢管以"J"加"长边边长×短边边长×壁厚"表示。

（三）冷弯型钢

冷弯型钢是以冷加工方式成型的各种开口、闭口（空心）截面型钢的总称；其中，壁厚不超过 6mm 的冷弯型钢称为冷弯薄壁型钢。

冷弯开口型钢按其截面形状分为 9 种，分别为冷弯等边角钢（JD）、冷弯不等边角钢（JB）、冷弯等边槽钢（CD）、冷弯不等边槽钢（CB）、冷弯内卷边槽钢（CN）、冷弯外卷边槽钢（CW）、冷弯 Z 形钢（Z）、冷弯卷边 Z 形钢（ZJ）、卷边等边角钢（JJ），分别如图 1.1.2a~i 所示。

如图 1.1.2j 所示，压型钢板是冷弯薄壁型钢的另一种形式，常用 0.4~2mm 厚的镀锌钢板和彩色涂塑镀锌钢板冷加工成型，可广泛用作屋面板、墙面板和隔墙。

如图 1.1.2k~m 所示，冷弯空心（闭口）型钢按外形形状分为圆形、方形、矩形，分别为：圆形型钢（Y 或 ϕ），也可简称为圆管；方形型钢（F），也可简称为方管；矩形型钢（J），也可简称为矩管。

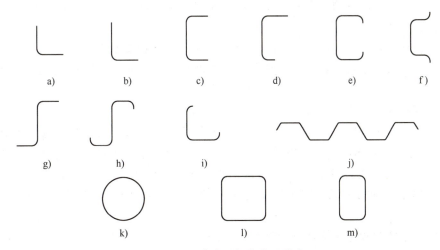

图 1.1.2　冷弯型钢的截面形式

与热轧型钢相比，冷弯型钢同一截面部分的厚度都相同，截面各角顶处呈圆弧形；在同样截面面积下，薄壁型钢截面具有较大的回转半径和惯性矩；冷弯型钢在成型过程中因冷作硬化的影响，钢材屈服强度显著提高，即所谓冷弯效应，对构件受力性能有利，从而可节省钢材；冷弯型钢特别是冷弯薄壁型钢厚度小，应做好防腐措施，可视具体情况选用镀锌、镀铝锌以及各种底漆和面漆涂层等，有强烈侵蚀作用的房屋中不宜采用，实践证明，重视防腐问题并在使用中注意维护，冷弯薄壁型钢具有一定的耐久性。

冷弯薄壁型钢结构因质量轻、功能多、能工业化生产，既可用作钢架、桁架、梁、柱等主要承重构件，也可用作屋面檩条、墙架梁柱、龙骨、门窗、屋面板、墙面板、楼板等次要构件和围护结构。近年来，利用冷弯型钢与钢筋混凝土形成组合梁、板、柱的冷弯型钢-混凝土组合结构成为工程领域应用的一个新的方向。

课堂练习

用符号表达下列型钢：
1. 热轧钢板，宽 260mm，厚 16mm，长 400mm：_____。
2. 肢宽为 100mm、厚 8mm 的等边角钢：_____。
3. 长肢宽为 125mm、短肢宽为 80mm、厚 8mm 的不等边角钢：_____。
4. 高 320mm 的工字钢，腹板最薄、翼缘最窄的一种：_____。
5. 高 200mm 的热轧轻型槽钢：_____。
6. 中翼缘 H 型钢，高度为 300mm，宽度为 200mm，腹板厚度为 8mm，翼缘厚度为 12mm：_____或_____。
7. 窄翼缘剖分 T 型钢，高度为 150mm，宽度为 150mm，腹板厚度为 8mm，翼缘厚度为 13mm：_____或_____。
8. 热轧无缝钢管，直径为 399mm，壁厚为 20mm：_____或_____。
9. 热轧方形钢管，边长为 400mm，壁厚为 20mm：_____。
10. 热轧矩形钢管，长边边长为 200mm，短边边长为 120mm，壁厚为 6mm：_____。

实物模型 1.1 型钢

配套图纸 1.1 型钢示例（登录机工教育服务网 www.cmpedu.com 注册下载）。

三、钢材的选用

钢结构选材应遵循技术可靠、经济合理的原则，综合考虑结构的重要性、荷载特征、结构形式、应力状态、连接方法、钢材厚度、价格和工作环境等因素，选用合适的钢材牌号和材性保证项目。

钢结构承重构件所用的钢材应具有屈服强度，断后伸长率，抗拉强度和硫、磷含量的合格保证，在低温环境下使用尚应具有冲击韧性的合格保证；对焊接结构尚应具有碳或碳当量的合格保证。铸钢件和要求抗层状撕裂（Z 向）性能的钢材尚应具有断面收缩率的合格保证。焊接承重结构以及重要的非焊接承重结构所用的钢材，应具有弯曲试验的合格保证；对直接承受动力荷载或需进行疲劳验算的构件，其所用钢材尚应具有冲击韧性的合格保证。

钢材质量等级的选用应符合下列规定：

1）A 级钢仅可用于结构工作温度高于 0℃ 的不需要验算疲劳的结构，且 Q235A 钢不宜用于焊接结构。

2）需验算疲劳的焊接结构用钢材应符合下列规定：当工作温度高于 0℃ 时其质量等级不应低于 B 级；当工作温度不高于 0℃ 但高于 -20℃ 时，Q235、Q355 钢不应低于 C 级，Q390、Q420、Q460 钢不应低于 D 级；当工作温度不高于 -20℃ 时，Q235、Q355 钢不应低于 D 级，Q390、Q420、Q460 钢应选用 E 级。

3）需验算疲劳的非焊接结构，其钢材质量等级要求可较上述焊接结构降低一级但不应低于 B 级。起重量不小于 50t 的中级工作制吊车，其吊车梁质量等级要求应与需要验算疲劳的构件相同。

4）工作温度不高于 -20℃ 的受拉构件及承重构件的受拉板材，所用钢材厚度或直径不宜大于 40mm，质量等级不宜低于 C 级；当钢材厚度或直径不小于 40mm 时，其质量等级不宜低于 D 级。

5）采用塑性设计的结构及进行弯矩调幅的构件，所采用的钢材的屈强比不应大于 0.85；钢材应有明显的屈服台阶，且伸长率不应小于 20%。

我国建筑钢结构采用的钢材以碳素结构钢和低合金高强度结构钢为主，其质量应分别符合相应现行国家标准。结构用钢板、热轧工字钢、槽钢、角钢、H 型钢和钢管等型材产品的规格、外形、质量及允许偏差应符合国家现行相关标准的规定。

根据建筑结构的设计要求，对于承重结构，推荐使用 5 种牌号钢：Q235、Q355、Q390、Q420、Q460；高层建筑结构用钢板宜选用 Q355GJ，并按规定选用对应的质量等级。当选用 Q235 钢时，其脱氧方法应选用镇静钢。

课堂练习

1. 承重结构采用的钢材应具有_____、_____、_____、_____和_____的合格保证，对焊接结构尚应具有_____的合格保证。焊接承重结构以及重要的非焊接承重结构采用的钢材还应具有_____的合格保证。

2. 我国建筑钢结构采用的钢材以_____和_____为主。根据建筑结构的设计要求，对于承重结构，推荐使用 5 种牌号钢：_____；高层建筑结构用钢板宜选用_____。

四、钢材的设计指标

钢材的设计用强度指标，应根据钢材牌号、厚度或直径按表 1.1.2 采用。建筑结构用钢板、钢管、铸钢件的强度设计指标详见《钢结构设计标准》（GB 50017）。

表 1.1.2 钢材的设计用强度指标　　　　　单位：（N/mm²）

钢材牌号		钢材厚度或直径 /mm	强度设计值			屈服强度 f_y	抗拉强度 f_u
			抗拉、抗压、抗弯 f	抗剪 f_v	端面承压（刨平顶紧）f_{ce}		
碳素结构钢	Q235	≤16	215	125	320	235	370
		>16, ≤40	205	120		225	
		>40, ≤100	200	115		215	

（续）

钢材牌号	钢材厚度或直径 /mm	强度设计值			屈服强度 f_y	抗拉强度 f_u
		抗拉、抗压、抗弯 f	抗剪 f_v	端面承压（刨平顶紧）f_{ce}		
低合金高强度结构钢 Q355	≤16	305	175	400	355	470
	>16, ≤40	295	170		335	
	>40, ≤63	290	165		325	
	>63, ≤80	280	160		315	
	>80, ≤100	270	155		305	
Q390	≤16	345	200	415	390	490
	>16, ≤40	330	190		370	
	>40, ≤63	310	180		350	
	>63, ≤100	295	170		330	
Q420	≤16	375	215	440	420	520
	>16, ≤40	355	205		400	
	>40, ≤63	320	185		380	
	>63, ≤100	305	175		360	
Q460	≤16	410	235	470	460	550
	>16, ≤40	390	220		440	
	>40, ≤63	355	205		420	
	>63, ≤100	340	195		400	

注：1. 表中直径是指实芯棒材直径，厚度是指计算点的钢材或钢管壁厚度，对轴心受拉和轴心受压构件是指截面中较厚板件的厚度。
 2. 冷弯型材和冷弯钢管，其强度设计值应按国家现行有关标准的规定采用。

任务 1.1.2　熟悉常用钢结构体系

钢结构房屋常用结构体系主要包括单层钢结构、多高层钢结构和大跨度钢结构。

一、单层钢结构

门式刚架轻型房屋（图 1.1.3）和单层钢结构厂房（图 1.1.4）是单层钢结构的主要结构形式，其对应的横向抗侧力体系是门式刚架和排架，对应的纵向抗侧力体系一般采用柱间支撑结构，当条件受限时纵向抗侧力体系也可采用框架结构，采用框架结构时包括有支撑和无支撑情况。单层钢结构可归纳为由横向抗侧力体系和纵向抗侧力体系组成的结构体系。

单层钢结构每个结构单元均应形成稳定的空间结构体系。柱间支撑的间距应根据建筑的纵向柱距、受力情况和安装条件确定。当房屋高度相对于柱间距较大时，柱间支撑宜分层设置。屋面板、檩条和屋盖承重结构之间应可靠连接，一般应设置完整的屋面支撑系统。

单层钢结构分为轻型钢结构建筑和普通钢结构建筑，两者没有严格的定义，一般来说，轻型钢结构建筑指采用薄壁构件、轻型屋盖和轻型围护结构的钢结构建筑。薄壁构件包括冷弯薄壁型钢、热轧轻型型钢（工字钢、槽钢、H型钢、角钢、T型钢等）、焊接和高频焊接

单元一　钢结构基础知识

图 1.1.3　门式刚架轻型房屋

图 1.1.4　单层钢结构厂房

轻型型钢、圆管、方管、矩管、由薄钢板焊成的构件等；轻型屋盖指压型钢板、瓦楞铁等有檩屋盖；轻型围护结构包括彩色镀锌压型钢板、夹芯压型复合板、玻璃纤维增强水泥（GRC）外墙板等。除了轻型钢结构以外的钢结构建筑，统称为普通钢结构建筑。

课堂练习

单层钢结构的主要结构形式是_____和_____。

二、多高层钢结构

一般将 10 层及 10 层以上或房屋高度大于 28m 的住宅建筑以及房屋高度大于 24m 的其他民用建筑定义为高层结构，若采用钢结构体系，则称为高层钢结构，不高于以上高度的房屋定义为多层钢结构。

按抗侧力结构的特点，多高层钢结构常用的结构体系可按表 1.1.3 分类。

表 1.1.3　多高层钢结构常用的结构体系

结构体系		支撑、墙体和筒形式
框架结构		—
支撑结构	中心支撑	普通钢支撑，屈曲约束支撑
框架-支撑结构	中心支撑	普通钢支撑，屈曲约束支撑
	偏心支撑	普通钢支撑
框架-剪力墙板结构		钢板墙，延性墙板
筒体结构	筒体	普通桁架筒 密柱深梁筒 斜交网格筒 剪力墙板筒
	框架-筒体	
	筒中筒	
	束筒	
巨型结构	巨型框架	—
	巨型框架-支撑	

注：为增加结构刚度，高层钢结构可设置伸臂桁架或环带桁架，伸臂桁架设置处宜同时设置环带桁架。伸臂桁架应贯穿整个楼层，伸臂桁架与环带桁架构件的尺度应与相连构件的尺度相协调。

钢框架结构是由钢梁和钢柱组成的能承受竖向和水平荷载的结构。各种结构体系中，钢框架结构最为常用，如图 1.1.5 所示。

 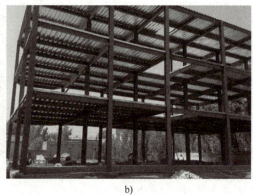

a)　　　　　　　　　　　　　　　　　b)

图 1.1.5　钢框架结构

钢框架-支撑结构是由框架和框架间的支撑构件共同组成的承受竖向和水平荷载的结构。支撑分为中心支撑和偏心支撑，中心支撑的轴线应该交会于梁柱构件轴线的交点，如图 1.1.6a 所示；偏心支撑框架中的每根支撑斜杆，一端与消能梁段相连，另一端连接于柱、梁节点，如图 1.1.6b 所示。

a) 中心支撑框架　　　　　　　　　　　　b) 偏心支撑框架

图 1.1.6　钢框架-支撑结构

框架-剪力墙板结构是在框架梁柱中嵌剪力墙板的结构，如图 1.1.7 所示。

筒体结构的细分以筒体与框架间或筒体间的位置关系为依据。筒与筒间属于内外位置关系的为筒中筒，筒与筒间属于相邻组合位置关系的为束筒，筒体与框架组合的为框架-筒体。框架-筒体结构又可进一步分为传统意义上抗侧效率最高的外周为筒体、内部为主要承受竖向荷载的框架的外筒内框结构，与传统钢筋混凝土框架-核心筒结构相似的外框内筒结构，以及多个筒体在框架中自由布置的框架多筒结构。斜交网格筒全部由交叉斜杆编织成，可以提供很大的刚度，在广州电视塔等 400m 以上结构中已有应用，如图 1.1.8a 所示；剪力墙板筒国内已有实例，其以钢板填充框架而形成筒体，在 300m 以上的天津津塔中应用，如图 1.1.8b 所示。

巨型结构是一个比较宽泛的概念，当竖向荷载或水平荷载在结构中以多个楼层而不是传统意义上的一个楼层作为其基本尺度进行传递时，该结构即可视为巨型结构。巨型结构若将框架或桁架的一部分当作单个组合式构件，以层或跨的尺度作为截面高度构成巨型梁或柱，

a) 剪力墙与钢梁连接　　　　　　　　b) 带竖缝钢板剪力墙

图 1.1.7　框架-剪力墙板结构

a) 广州塔(斜交网格筒)　　　　　　　　b) 天津津塔(剪力墙板筒)

图 1.1.8　筒体结构

进而形成巨大的框架体系，即为巨型框架结构，巨型梁间的次结构的竖向荷载通过巨型梁分段传递至巨型柱。巨型框架结构通过在巨型梁、巨型柱节点间设置支撑，即形成巨型框架-支撑结构；当框架为普通尺度，而支撑的布置以建筑的面宽度为尺度时，可以称为巨型支撑结构，如香港中银大厦。

课堂练习

1. 一般将＿＿＿＿＿＿＿＿＿＿以及＿＿＿＿＿＿＿＿＿＿定义为高层钢结构，不高于以上高度的房屋定义为多层钢结构。

2. 多高层钢结构常用的结构体系有＿＿＿＿＿＿＿＿＿＿＿＿＿＿＿＿＿＿。

三、大跨度钢结构

大跨度钢结构的形式和种类繁多，也存在不同的分类方法，可以按照大跨度钢结构的受力特点分类；也可以按照传力途径，将大跨度钢结构可分为平面结构和空间结构，平面结构又可细分为桁架、拱及钢索、钢拉杆形成的各种预应力结构，空间结构也可细分为网架结构、网壳结构及各种预应力结构，如图 1.1.9 所示。

a) 网架结构

b) 网壳结构

c) 预应力膜结构

图 1.1.9 大跨度钢结构

大跨度钢结构按照受力特点进行分类，简单、明确，能够体现受力特性，设计人员比较熟悉。大跨度钢结构按照受力特点分类见表 1.1.4。

表 1.1.4 大跨度钢结构分类

分类	常见形式
以整体受弯为主的结构	平面桁架、立体桁架、空腹桁架、网架、组合网架钢结构以及与钢索组合形成的各种预应力钢结构
以整体受压为主的结构	实腹钢拱、平面或立体桁架形式的拱形结构、网壳、组合网壳钢结构以及与钢索组合形成的各种预应力钢结构
以整体受拉为主的结构	悬索结构、索桁架结构、索穹顶等

> **课堂练习**
>
> 大跨度钢结构按照受力特点进行分类，可分为：＿＿＿＿＿＿＿＿＿＿＿；
> ＿＿＿＿＿＿＿＿＿＿＿＿＿＿＿＿＿＿＿＿＿＿＿＿＿＿＿＿＿＿＿＿＿＿＿＿＿＿；
> ＿＿＿＿＿＿＿＿＿＿＿＿＿＿＿＿＿＿＿＿＿＿＿＿＿＿＿＿＿＿＿＿＿＿＿＿＿＿。

任务 1.1.3　理解钢结构的特点与应用

一、钢结构的特点

钢结构是用钢板、热轧型钢或冷加工成型的薄壁型钢制造而成的结构，与其他结构相比，钢结构有以下一些特点：

（一）优点

1) 材料的强度高，塑性和韧性好，具有优越的抗震性能。钢材与其他建筑材料诸如混凝土、砖石和木材相比，强度要高得多，结构承载能力高，因此，特别适用于跨度大或荷载很大的构件和结构。钢材还具有塑性和韧性好的特点，塑性好，结构在一般条件下不会因超载而突然断裂；韧性好，结构对动力荷载的适应性强。良好的吸能能力和延性还使钢结构具有优越的抗震性能。

2）材质均匀，与力学计算的假定比较符合。钢材内部组织比较接近于匀质和各向同性体，而且在一定的应力幅度内几乎是完全弹性的，因此，钢结构的实际受力情况与工程力学计算结果比较符合；钢材在冶炼和轧制过程中质量可以严格控制，材质波动的范围小。

3）制造简便，施工周期短，易进行改建和加固。钢结构所用的材料单纯而且是成材，加工比较简便，并能使用机械操作，大量的钢结构一般在专业化的钢结构工厂做成构件，精确度较高；构件在工地拼装，可以采用安装简便的普通螺栓和高强度螺栓，有时还可以在地面拼装和焊接成较大的单元再进行吊装，以缩短施工周期；此外，对已建成的钢结构也比较容易进行改建和加固，用螺栓连接的结构还可以根据需要进行拆迁重建。

4）质量轻。钢材的密度虽比混凝土等建筑材料大，但钢结构却比钢筋混凝土结构轻，原因是钢材的强度与密度之比要比混凝土大得多。以同样的跨度承受同样的荷载，钢屋架的质量最多不过钢筋混凝土屋架的 1/4～1/3，冷弯薄壁型钢屋架甚至接近 1/10，方便吊装。对于需要远距离运输的结构，如建造在交通不便的山区和边远地区的工程，质量轻也是一个重要的有利条件。

5）密封性能好。用钢板焊成的容器具有密封和耐高压的特点，广泛用于冶金、石油、化工企业中，包括油罐、煤气罐、高炉、热风炉等。

6）钢结构节能、节材、节地、节水，有利于资源及环境保护，符合可持续发展战略的需求。

（二）缺点

1）钢材耐腐蚀性差。钢材耐腐蚀的性能比较差，必须对结构注意防护，尤其是暴露在大气中的结构（如桥梁），更应特别注意。这使钢结构维护费用比钢筋混凝土结构高，不过在没有侵蚀性介质的一般厂房中，构件经过彻底除锈并涂上合格的油漆，锈蚀问题并不严重。近年来出现的耐候钢具有较好的抗锈性能，已经逐步推广应用。

2）钢材耐热但不耐火。钢材长期经受 100℃ 辐射热时，强度没有多大变化，具有一定的耐热性能；但温度达 150℃ 以上时，就须用隔热层加以保护。钢材不耐火，重要的结构必须注意采取防火措施，例如，利用蛭石板、蛭石喷涂层或石膏板等加以防护。

3）焊接的钢结构可能发生脆断。脆性断裂是焊接钢结构最可怕的失效形式，它是在应力不高于结构的设计应力和没有显著的塑性变形的情况下发生的，并瞬时扩展到结构整体，具有突然破坏的性质。

> **课堂练习**
>
> 钢结构的优点有：＿＿＿＿＿＿＿＿＿＿；＿＿＿＿＿＿＿＿＿＿；＿＿＿＿＿＿＿＿＿＿；＿＿＿＿＿＿＿＿＿＿；＿＿＿＿＿＿＿＿＿＿。钢结构的缺点有：＿＿＿＿＿＿＿＿＿＿；＿＿＿＿＿＿＿＿＿＿；＿＿＿＿＿＿＿＿＿＿。

二、钢结构的应用

从 20 世纪 50 年代到 20 世纪 90 年代中期，钢结构的应用经历了一个"节约钢材"阶段，即在土建工程中钢结构只用在钢筋混凝土不能代替的地方，原因是钢材短缺。1949 年全国钢产量只有十几万吨，虽然大力发展钢铁工业，但钢产量一直跟不上社会主义建设宏大规模的要求，直至 1996 年钢产量达到 1 亿 t，局面才得到根本改变，钢结构的技术政策改成

"合理使用钢材"。此后，钢结构在土建工程中的应用日益扩展，目前，我国钢铁行业已拥有超过 10 亿 t 产能基数，为大力发展钢结构提供了物质基础，钢结构已成为重要的结构形式，广泛应用于高耸结构和高层建筑、轻型钢结构、重型厂房结构、大跨度结构、装配式住宅等。

我国钢产量已经 20 多年保持世界第一，国家钢结构的整体技术已处于国际领先水平，产业规模全球第一，具有巨大的国内外市场潜力。在大型公共建筑（体育场馆、影剧院、机场航站楼、高铁站站房）、超高层建筑（高度 100m 以上）、大跨度桥梁（跨度 200m 以上）、工业厂房以及大型市场、仓储等建筑中，钢结构的使用已经占有较高比例。

中国钢结构协会于 2021 年 10 月发布《钢结构行业"十四五"规划及 2035 年远景目标》，提出钢结构行业"十四五"期间发展目标：到 2035 年，基本实现钢结构建造智能化。在国家大力推动智能建造与建筑工业化协同发展的今天，可以预期钢结构有着可观的发展空间。

> **课堂练习**
>
> 钢结构已成为重要的结构形式，广泛应用于_____、_____、_____、_____、_____等。

任务 1.1.4　了解钢结构设计方法

在设计工作年限内，钢结构应符合下列规定：
1）应能承受在正常施工和使用期间可能出现的、设计荷载范围内的各种作用。
2）应保持正常使用。
3）在正常使用和正常维护条件下应具有能达到设计工作年限的耐久性能。
4）在火灾条件下，应能在规定的时间内正常发挥功能。
5）当发生爆炸、撞击和其他偶然事件时，结构应保持稳固性，不出现与起因不相称的破坏后果。

一、钢结构设计内容

进行钢结构设计时，必须完成以下内容：结构方案设计，包括结构选型、构件布置；材料选用及截面选择；作用及作用效应分析；结构的极限状态验算；结构、构件及连接的构造；制作、运输、安装、防腐和防火等要求；满足特殊要求结构的专门性能设计。

二、承载能力极限状态和正常使用极限状态

除疲劳设计应采用容许应力法外，钢结构应按承载能力极限状态和正常使用极限状态进行设计。

承载能力极限状态应包括：构件或连接发生强度破坏、脆性断裂，结构因过度变形而不适用于继续承载，结构或构件丧失稳定性，结构转变为机动体系和结构倾覆。正常使用极限状态应包括：影响结构、构件、非结构构件正常使用或外观的变形，影响正常使用的振动，影响正常使用或耐久性能的局部损坏。

三、安全等级

一般工业与民用建筑钢结构的安全等级应取为二级，其他特殊建筑钢结构的安全等级应根据具体情况另行确定。建筑物中各类结构构件的安全等级，宜与整个结构的安全等级相同。可以根据实际情况调整构件的安全等级；对破坏后将产生严重后果的重要构件和关键传

力部位，宜适当提高其安全等级；对一般结构中的次要构件及可更换构件，可根据具体情况适当降低其重要性系数，但安全等级不得低于三级。

课堂练习

1. 除疲劳设计应采用容许应力法外，钢结构应按_____和_____进行设计。
2. 一般工业与民用建筑钢结构的安全等级应取为_____。

四、效应组合与系数

按承载能力极限状态设计钢结构时，应考虑荷载效应的基本组合，必要时尚应考虑荷载效应的偶然组合。按正常使用极限状态设计钢结构时，应考虑荷载效应的标准组合。

计算结构或构件的强度、稳定性以及连接的强度时，应采用荷载设计值；计算疲劳时，应采用荷载标准值。

对于直接承受动力荷载的结构，计算强度和稳定性时，动力荷载设计值应乘以动力系数；计算疲劳和变形时，动力荷载标准值不乘动力系数。计算吊车梁或吊车桁架及其制动结构的疲劳和挠度时，起重机荷载应按作用在跨间内荷载效应最大的一台起重机（也称吊车）确定。

五、防连续倒塌设计

对安全等级为一级或可能遭受爆炸、冲击等偶然作用的结构，宜进行防连续倒塌控制设计，保证部分梁或柱失效时结构有一条竖向荷载重分布的途径，保证部分梁或楼板失效时结构的稳定性，保证部分构件失效后节点仍可有效传递荷载。

六、承载能力极限状态设计表达式

结构构件、连接及节点应采用下列承载能力极限状态设计表达式：

1）持久设计状况、短暂设计状况：

$$\gamma_0 S \leq R$$

2）地震设计状况：

多遇地震

$$S \leq R/\gamma_{RE}$$

设防地震

$$S \leq R_k$$

式中 γ_0——结构的重要性系数：对安全等级为一级的结构构件不应小于1.1，对安全等级为二级的结构构件不应小于1.0，对安全等级为三级的结构构件不应小于0.9；

S——承载能力极限状态下作用组合的效应设计值：对持久或短暂设计状况应按作用的基本组合计算，对地震设计状况应按作用的地震组合计算；

R——结构构件的承载力设计值；

R_k——结构构件的承载力标准值；

γ_{RE}——承载力抗震调整系数。

七、重要事项

钢结构设计文件应注明所采用的规范或标准、建筑结构设计使用年限、抗震设防烈度、钢材牌号、连接材料的型号（或钢号）和设计所需的附加保证项目，还应注明螺栓防松构造要求、端面刨平顶紧部位、钢结构最低防腐蚀设计年限和防护要求及措施、对施工的要求。对焊缝连接,应注明焊缝质量等级及承受动力荷载的特殊构造要求;对高强度螺栓连接,应注明预拉力、摩擦面处理和抗滑移系数;对抗震设防的钢结构,应注明焊缝及钢材的特殊要求。

项目知识图谱

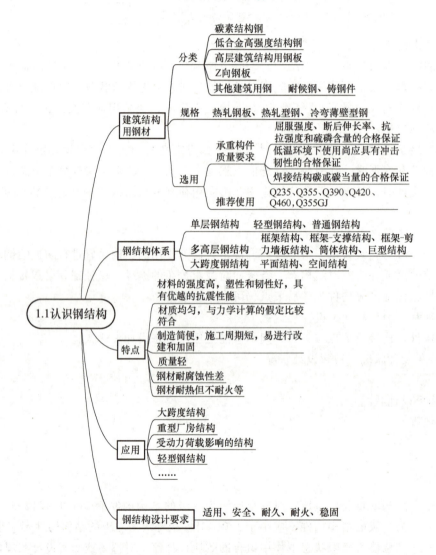

项目1.2　熟悉钢结构构件

在钢结构中,构件根据其受力特点可以分为受弯构件、轴心受力构件、拉弯、压弯构件等。不同类型的钢结构构件具有不同的计算方法和构造要求,在实际工程中,需要根据具体的结构形式和受力情况选择合适的构件类型,并进行详细的设计和分析,以确保结构的安全性。随着计算机技术的发展和应用,各种先进的结构分析软件和模拟工具也为钢结构构件的设计和分析提供了有力的支持。本项目简要介绍钢结构中的受弯构件、轴心受力构件和拉弯、压弯构件的计算方法和典型构件构造。

任务 1.2.1 熟悉受弯构件

一、受弯构件的概念

广义地讲，凡是承受横向荷载和弯矩的构件都称为受弯构件，其截面形式包括实腹式和格构式两类。实腹式受弯构件通常称为梁，在钢结构工程中应用很广泛，例如楼盖梁、工作平台梁、吊车梁、屋面檩条、梁式桥、斜拉桥、悬索桥中的桥面梁、海上采油平台中的梁等。图 1.2.1 所示为钢框架结构，图中的框架梁和次梁均为典型受弯构件。

图 1.2.1 钢框架结构

（一）受弯构件的类型

钢梁分为型钢梁和组合梁两大类。型钢梁构造简单、制造省工、成本较低，应优先采用。但在荷载较大或跨度较大时，由于轧制条件的限制，型钢的尺寸、规格不能满足梁承载力和刚度的要求，就必须采用组合梁。

型钢梁按制作可分为热轧型钢和冷弯薄壁型钢两种。常用的热轧型钢有工字钢（图 1.2.2a）、槽钢（图 1.2.2b）、轧制 H 型钢（图 1.2.2c），其中 H 型钢的截面分布合理，翼缘内外边缘平行，与其他构件连接较方便，应予优先采用。常用的冷弯薄壁型钢有 C 型钢（图 1.2.2d）和 Z 型钢（图 1.2.2e），为增加强度和刚度，也可采用双 C 型钢（图 1.2.2f）。冷弯薄壁型钢常用作檩条、墙梁。

图 1.2.2 钢梁的断面

组合梁常用由三块钢板焊接而成的 H 形截面（图 1.2.2g），荷载很大而高度受到限制或梁的抗扭要求较高时，也采用箱形截面（图 1.2.2h）。组合梁的截面组成比较灵活，可使材料在截面上的分布更为合理，节省钢材。

钢梁可做成简支梁、连续梁、悬臂梁等。简支梁的用钢量虽然较多，但由于制造、安装、修理、拆换较方便，而且不受温度变化和支座沉陷的影响，应用最为广泛。

（二）梁格布置

钢结构楼盖通常由若干梁平行或交叉排列而成梁格。如图 1.2.3 所示，根据主梁和次梁

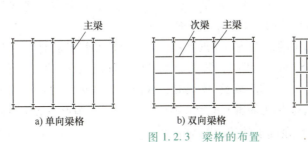

图 1.2.3 梁格的布置

的排列情况，梁格可分为三种类型：单向梁格、双向梁格、复式梁格。

（1）如图1.2.3a所示，单向梁格只有主梁，适用于楼盖或平台结构的横向尺寸较小或面板跨度较大的情况。

（2）如图1.2.3b所示，双向梁格有主梁及一个方向的次梁，次梁由主梁支承，是最为常用的梁格类型。

（3）如图1.2.3c所示，复式梁格在主梁间设纵向次梁，纵向次梁间再设横向次梁。复式梁格荷载传递层次多，梁格构造复杂，应用较少，主要用于荷载较大或主梁间距很大的情况。

（三）钢梁的设计要求

钢梁必须同时满足承载能力极限状态和正常使用极限状态。钢梁的承载能力极限状态包括强度、整体稳定和局部稳定三个方面。钢梁的强度应满足抗弯强度、抗剪强度、局部承压强度和折算应力均不超过相应的强度设计值；整体稳定是指梁不会在刚度较差的侧向发生弯扭失稳，主要通过对梁的受压翼缘设置足够的侧向支撑，或适当加大梁截面以降低弯曲应力至临界应力以下；局部稳定是指梁的翼缘和腹板等板件不会发生局部凸曲失稳，在梁中主要通过限制受压翼缘和腹板的宽厚比不超过规定的限值，对组合梁的腹板则常设置加劲肋以提高其局部稳定性。正常使用极限状态主要控制梁的最大挠度不大于容许挠度。

> **课堂练习**
>
> 1. 钢梁分为_____和_____两大类。型钢梁按制作可分为_____和_____两种；组合梁常采用_____和_____。
> 2. 梁格布置一般可分为三种类型，分别为_____、_____和_____。
> 3. 钢梁必须同时满足_____和_____。钢梁的承载力极限状态应满足_____、_____和_____三个方面的要求，正常使用极限状态应满足梁的_____要求。

二、受弯构件的计算

（一）强度

1. 抗弯强度

在主平面内受弯的实腹式构件，其受弯强度应满足下式要求：

$$\frac{M_x}{\gamma_x W_{nx}} + \frac{M_y}{\gamma_y W_{ny}} \leqslant f$$

式中　M_x、M_y——同一截面处绕 x 轴和 y 轴的弯矩设计值（N·mm）；

　　　W_{nx}、W_{ny}——对 x 轴和 y 轴的净截面模量（mm^3）当截面板件宽厚比等级为S1级、S2级、S3级或S4级时，取全截面模量；

　　　γ_x、γ_y——对主轴 x、y 的截面塑性发展系数，对工字形和箱形截面，当截面板件宽厚比等级为S4或S5级时，截面塑性发展系数应取为1.0。当截面板件宽厚比等级为S1级、S2级及S3级时，截面塑性发展系数：对工字形截面（x 轴为强轴，y 轴为弱轴）$\gamma_x = 1.05$、$\gamma_y = 1.2$，对箱形截面 $\gamma_x = \gamma_y = 1.05$；

　　　f——钢材的抗弯强度设计值（N/mm^2）。

知识链接

截面板件宽厚比等级

截面板件宽厚比是指截面板件平直段的宽度和厚度之比，受弯或压弯构件腹板平直段的高度与腹板厚度之比也可称为板件高厚比。

绝大多数钢构件由板件构成，而板件宽厚比大小直接决定了钢构件的承载力和受弯及压弯构件的塑性转动变形能力，钢构件截面的分类是钢结构设计技术的基础。根据截面承载力和塑性转动变形能力的不同，我国在受弯构件设计中采用截面塑性发展系数比，将截面根据其板件宽厚比分为 5 个等级。S1 级、S2 级为塑性截面，S3 级为考虑一定塑性发展的弹塑性截面，S4 级为弹性截面，S5 级为薄柔截面。

S1 级截面可达全截面塑性，保证塑性铰具有塑性设计要求的转动能力，且在转动过程中承载力不降低，称为一级塑性截面，也可称为塑性转动截面；S2 级截面可达全截面塑性，但由于局部屈曲，塑性铰转动能力有限，称为二级塑性截面或弹塑性截面；S3 级截面翼缘全部屈服，腹板可发展不超过 1/4 截面高度的塑性，称为弹塑性截面；S4 级截面边缘纤维可达屈服强度，但由于局部屈曲而不能发展塑性，称为弹性截面；S5 级截面在边缘纤维达到屈服应力前，腹板可能发生局部屈曲，称为薄壁截面或薄柔截面。

知识链接

截面塑性发展系数

截面塑性发展系数是考虑构件受力时允许截面有一定的塑性发展，其定义为构件截面部分进入塑性阶段后的截面模量与弹性阶段截面模量的比值。

钢梁受弯时，随着弯矩逐渐增大，截面上的应力始终符合平截面假定，如图 1.2.4a 所示，而正应变的发展过程则分为以下三个阶段：当钢梁处于弹性工作阶段时，应力与应变成正比，截面上的应力为直线分布，如图 1.2.4b 所示，此时梁承受的相应弯矩为 $f_y W_{nx}$。当钢梁进入弹塑性工作阶段时，截面上、下各有一个高为 a 的塑性区域，如图 1.2.4c 所示，此时梁承受的相应弯矩大于 $f_y W_{nx}$，即 $\gamma_x f_y W_{nx}$。弯矩继续增大，梁截面的塑性区不断向内发展，当全截面均进入塑性阶段后，如图 1.2.4d 所示，承载力达到极限，并形成塑性铰。截面在受力时不能无限制地利用塑性，只能利用一部分截面塑性，规范给出了截面塑性系数的值。

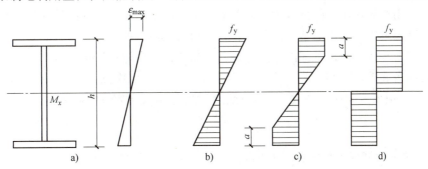

图 1.2.4 钢梁受弯时各阶段正应力的分布情况

2. 抗剪强度

一般情况下，梁既承受弯矩，同时又承受剪力。工字形截面梁腹板上的剪应力分布如图 1.2.5 所示。在主平面内受弯的实腹式构件，其受剪强度应满足下式要求：

$$\tau = \frac{VS}{It_w} \leq f_v$$

式中　V——计算截面沿腹板平面作用的剪力设计值（N）；

　　　S——计算剪应力处以上（或以下）毛截面对中和轴的面积矩（mm^3）；

　　　I——构件的毛截面惯性矩（mm^4）；

　　　t_w——构件的腹板厚度（mm）；

　　　f_v——钢材的抗剪强度设计值（N/mm^2）。

3. 局部承压

当梁受集中荷载且该荷载处又未设置支承加劲肋时，应满足局部压应力计算要求。计算部位包括梁上翼缘受有沿腹板平面作用的集中荷载且该荷载处又未设置支承加劲肋，以及不设置支承加劲肋的梁支座。

当计算不能满足要求时，在固定集中荷载处（包括支座处），应对腹板用支承加劲肋予以加强，如图 1.2.6 所示，并对支承加劲肋进行计算；对移动集中荷载，则只能修改梁截面，加大腹板厚度。

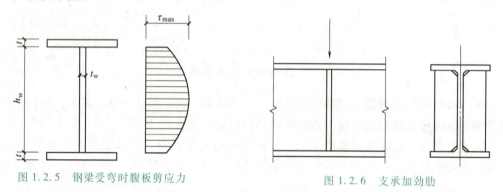

图 1.2.5　钢梁受弯时腹板剪应力　　　　图 1.2.6　支承加劲肋

4. 折算应力

在梁的腹板计算高度边缘处，若同时承受较大的正应力、剪应力和局部压应力，或同时承受较大的正应力和剪应力时，应满足折算应力要求。

（二）刚度

梁的刚度用荷载作用下的挠度大小来度量。梁的刚度不足，就不能保证其正常使用。如楼盖梁的挠度超过正常使用的某一限值时，一方面给人们一种不舒服和不安全的感觉，另一方面可能使其上部的楼面及下部的抹灰开裂，影响结构的功能；吊车梁挠度过大，会加剧吊车运行时的冲击和振动，甚至使吊车运行困难等。梁的刚度应满足下式，即由荷载标准值（不考虑荷载分项系数和动力系数）产生的最大挠度不应大于容许挠度值：

$$v \leq [v]$$

式中　v——由荷载标准值产生的最大挠度；

　　　$[v]$——容许挠度值。

吊车梁、楼盖梁、屋盖梁、工作平台梁以及墙架构件的挠度不宜超过表1.2.1所列的容许值。

表1.2.1 受弯构件的挠度容许值

项次	构件类别	挠度容许值 $[v_T]$	挠度容许值 $[v_Q]$
1	吊车梁和吊车桁架（按自重和起重量最大的一台吊车计算挠度） 1) 手动起重机和单梁起重机（含悬挂起重机） 2) 轻级工作制桥式起重机 3) 中级工作制桥式起重机 4) 重级工作制桥式起重机	$l/500$ $l/750$ $l/900$ $l/1000$	—
2	手动或电动葫芦的轨道梁	$l/400$	—

3	楼（屋）盖梁或桁架、工作平台梁（第3项除外）和平台板
	1) 主梁或桁架（包括设有悬挂起重设备的梁和桁架）
	2) 仅支承压型金属板屋面和冷弯型钢檩条
	3) 除支承压型金属板屋面和冷弯型钢檩条外，尚有吊顶
	4) 抹灰顶棚的次梁
	5) 除第1)款~第4)款外的其他梁（包括楼梯梁）
	6) 屋盖檩条
	    支承压型金属板屋面者
	    支承其他屋面材料者
	    有吊顶
	7) 平台板
		$l/400$
		$l/180$
		$l/240$
		$l/250$
		$l/250$
		
		$l/150$
		$l/200$
		$l/240$
		$l/150$
			$l/500$
			
			$l/350$
			$l/300$
			
			—
			—
			—
			—

注：1. l 为受弯构件的跨度（对悬臂梁和伸臂梁为悬臂长度的2倍）。
    2. $[v_T]$ 为永久和可变荷载标准值产生的挠度（如有起拱应减去拱度）的容许值，$[v_Q]$ 为可变荷载标准值产生的挠度的容许值。
    3. 当吊车梁或吊车桁架跨度大于12m时，其挠度容许值 $[v_T]$ 应乘以0.9的系数。

（三）整体稳定

有些梁在荷载作用下，虽然其截面的正应力低于钢材的强度，但其变形会突然偏离原来的弯曲变形平面，同时发生弯曲和扭转，梁从平面弯曲状态转变为弯扭状态的现象称为整体失稳，也称弯扭失稳。

梁整体失稳的原因包括侧向刚度太小、抗扭刚度太小、侧向支承点的间距太大等。钢梁整体失稳时，梁将发生较大的侧向弯曲和扭转变形。因此，为了提高梁的稳定承载能力，任何钢梁在其端部支承处都应采取构造措施，以防止其端部截面的扭转。当铺板密铺在梁的受压翼缘上并与其牢固相连，能阻止梁受压翼缘的侧向位移时，可不计算梁的整体稳定性。

（四）局部稳定

组合梁一般由翼缘和腹板等板件组成，如果梁受压翼缘的宽度与厚度之比太大，或腹板的高度与厚度之比太大，板中压应力或剪应力达到某一数值后，腹板或受压翼缘有可能偏离其平面位置，出现波形鼓曲，这种现象称为梁的局部失稳。

为了保证受压翼缘不会局部失稳，应控制宽度与厚度的比值，采用加劲肋将其分隔成较小的区格也是提高其抵抗局部屈曲的能力的重要措施。

知识链接

加劲肋布置

如图 1.2.7 所示，焊接梁腹板配置的加劲肋包括横向加劲肋、纵向加劲肋、短加劲肋。工程实践中，可单独配置横向加劲肋；在弯曲应力较大区格的受压区配置纵向加劲肋；局部压应力很大的梁，必要时宜在受压区配置短加劲肋。此外，梁的支座处和上翼缘受有较大固定集中荷载处，宜设置支承加劲肋。

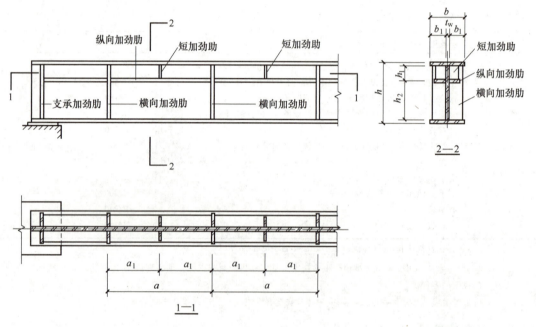

图 1.2.7　焊接工字形板梁的加劲肋

1. 加劲肋的设置应符合的规定

1）加劲肋宜在腹板两侧成对配置，也可单侧配置，但支承加劲肋、重级工作制吊车梁的加劲肋不应单侧配置。

2）横向加劲肋的最小间距应为 $0.5h_0$，最大间距宜为 $2h_0$，对无局部受压的梁，最大间距可放宽到 $2.5h_0$。纵向加劲肋至腹板计算高度受压边缘的距离应为 $\dfrac{h_c}{2.5} \sim \dfrac{h_c}{2}$，腹板受压区高度 h_c 可取腹板高度的一半。

3）在腹板两侧成对配置的钢板横向加劲肋，其截面尺寸（外伸宽度、厚度）应满足相应构造要求。在腹板一侧配置的钢板横向加劲肋，其截面尺寸应较双侧配置适当加大。

4）短加劲肋外伸宽度应取横向加劲肋外伸宽度的 0.7~1.0，厚度不应小于短加劲肋外伸宽度的 1/15。

5）焊接梁的横向加劲肋与翼缘板、腹板相接处应切角，当作为焊接工艺孔时，切角宜采用半径 $R=30$mm 的 1/4 圆弧。

2. 梁的支承加劲肋应符合的规定

梁的支承加劲肋是指承受较大固定集中荷载或支座反力的横向加劲肋。这种加劲肋应在腹板两侧成对布置,并应进行整体稳定和端面承压验算,其截面往往要比中间横向加劲肋大。

课堂练习

1. 受弯构件应满足_____、_____、_____、_____条件,并采取适当的构造措施。
2. 梁的强度计算包括_____、_____、_____和_____计算。
3. 梁的刚度应满足_____。
4. 为了提高梁的稳定承载能力,任何钢梁在其端部支承处都应采取构造措施,以防止_____;当铺板密铺在梁的受压翼缘上并与其牢固相连,能阻止梁受压翼缘的侧向位移时,可不计算_____。
5. 为了保证受压翼缘不会局部失稳,应控制_____,采用_____将其分隔成较小的区格也是提高其抵抗局部屈曲的能力的重要措施。
6. 加劲肋包括_____、_____、_____。梁的支座处和上翼缘受有较大固定集中荷载处,宜设置_____。

三、典型受弯构件的构造

(一) 工作平台主梁

图 1.2.8 为工作平台主梁,为单向弯曲组合梁,采用焊接 H 型钢,截面尺寸为 1548mm×450mm×10mm×24mm,承受多个次梁传递的集中荷载,在集中荷载处设置了横向加劲肋,在支座处设计支承加劲肋和垫板。

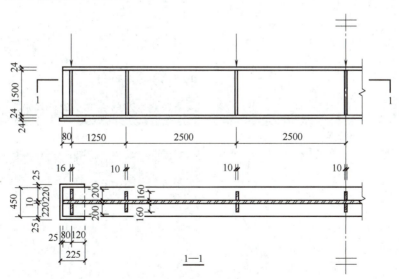

图 1.2.8 工作平台主梁

(二) 檩条

檩条为双向弯曲型钢梁,如图 1.2.9 所示,其截面一般为冷弯薄壁 C 型钢、冷弯薄壁 Z 型钢或 H 型钢(檩条跨度较大时)。这些型钢的腹板垂直于屋面放置,因而竖向线荷载可分

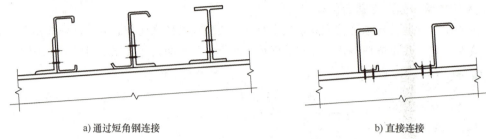

a) 通过短角钢连接　　　　　　　　b) 直接连接

图 1.2.9　檩条与屋架弦杆的连接

解为垂直于截面两个主轴 x-x 和 y-y 的分荷载，钢梁双向受弯。

檩条在支座处应有足够的侧向约束，一般每端用两个螺栓连于预先焊在屋架上弦的短角钢上，如图 1.2.9a 所示，短角钢的垂直高度不宜小于檩条截面高度的 3/4，H 型钢檩条宜在连接处将下翼缘切去一半，以便于与支承短角钢相连。檩条的翼缘宽度较大时，可直接用螺栓连于屋架上，如图 1.2.2b 所示，但宜设置支座加劲肋，以加强檩条端部的抗扭能力。

任务 1.2.2　熟悉轴心受力构件

一、轴心受力构件的概念

如图 1.2.10 所示，钢结构轴心受力构件的应用十分广泛，如管桁架、钢桁架桥、网架

a) 管桁架　　　　　　　　　　　　b) 钢桁架桥

c) 网架　　　　　　　　　　　　　d) 塔架

图 1.2.10　轴心受拉构件和轴心受压构件

和塔架等的杆件，这类杆件的节点通常为铰接，当无节间荷载作用时，只受轴向拉力或压力的作用，分别称为轴心受拉构件或轴心受压构件。

如图 1.2.11 所示，工业建筑的工作平台支柱也是较为典型的轴心受压构件。非抗震的多高层钢结构中，当采用双重抗侧力体系时，若考虑其核心筒或支撑等抗侧力结构承受全部或大部分侧向及扭转荷载进行设计，其框架中的梁与柱的连接可以做成铰接，此时的柱也可简化为轴心受压柱。

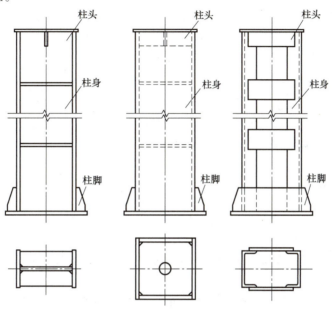

图 1.2.11 工作平台支柱

轴心受力构件的常用截面形式可分为实腹式和格构式两大类。

实腹式构件制作简单，与其他构件连接也较方便，其常用截面形式很多。如图 1.2.12

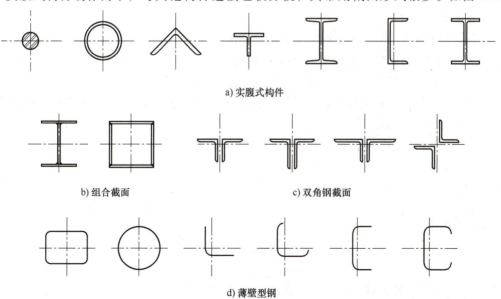

图 1.2.12 实腹式轴心受力构件截面形式

所示，可直接选用单个型钢截面，如圆钢、钢管、角钢、T型钢、工字钢、槽钢、H型钢等；也可选用由型钢或钢板组成的组合截面，如H形截面、箱形截面；一般桁架结构中的弦杆和腹杆，除T型钢外，常采用角钢或双角钢组合截面；小型构件也可采用薄壁型钢。

如图1.2.13所示，格构式构件容易使压杆实现两主轴方向的等稳定性，刚度大，抗扭性能也好，用料较省，其截面一般由两个或多个型钢肢件组成，肢件间采用缀条或缀板连成整体。

在进行轴心受力构件的设计时，应同时满足承载能力极限状态和正常使用极限状态的要求。对于轴心受拉构件，应满足强度要求和刚度要求。对于轴心受压构件，应同时满足强度、整体稳定、局部稳定以及刚度的要求。

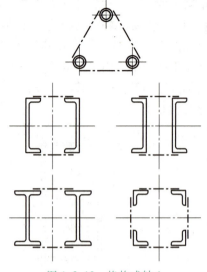

图1.2.13 格构式轴心受力构件截面形式

> **课堂练习**
>
> 1. 网架结构中的杆件为_____；工作平台支柱一般为_____；双重抗侧力体系中，若框架中的梁与柱的连接做成铰接，此时的柱可简化为_____。
> 2. 轴心受力构件的常用截面形式可分为_____和_____两大类。实腹式柱可选用_____；格构式柱肢件间采用_____连成整体。

二、轴心受力构件的计算

（一）轴心受力构件的强度

1. 轴心受拉构件

轴心受拉构件的承载能力极限状态有两种情况：第一种是毛截面的平均应力达到材料的屈服强度，这时，构件将产生很大的变形，即达到不适于承载的变形极限状态；第二种是净截面的平均应力达到材料的抗拉强度，即达到最大承载力极限状态。

当端部连接及中部拼接处组成截面的各板件都由连接件直接传力时，轴心受拉构件截面强度计算应符合下列规定：

1）除采用高强度螺栓摩擦型连接者外，其截面强度应采用下列公式计算：

毛截面屈服：

$$\sigma = \frac{N}{A} \leqslant f \tag{1.2.1}$$

净截面断裂：

$$\sigma = \frac{N}{A_n} \leqslant 0.7 f_u \tag{1.2.2}$$

式中　N——所计算截面处的拉力设计值（N）；

　　　f——钢材的抗拉强度设计值（N/mm²）；

A——构件的毛截面面积（mm²）；

A_n——构件的净截面面积（mm²），当构件多个截面有孔时，取最不利的截面；

f_u——钢材的抗拉强度最小值（N/mm²）。

2）采用高强度螺栓摩擦型连接的构件，其毛截面强度计算应采用式（1.2.1），净截面断裂按下式计算：

$$\sigma = \left(1 - 0.5\frac{n_1}{n}\right)\frac{N}{A_n} \leqslant 0.7f_u \qquad (1.2.3)$$

式中 n——在节点或拼接处，构件一端连接的高强度螺栓数目；

n_1——所计算截面（最外列螺栓处）高强度螺栓数目。

如图 1.2.14 所示，式（1.2.3）中的 $0.5\dfrac{n_1}{n}$ 是验算最外列螺栓处危险截面强度时，考虑螺栓孔前摩擦力的影响。

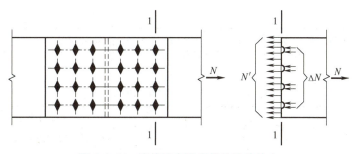

图 1.2.14 摩擦型高强度螺栓孔前传力

3）当沿构件长度有排列较密的螺栓孔时，应由净截面屈服控制，以免变形过大。当构件为沿全长都有排列较密螺栓的组合构件时，其截面强度应按下式计算：

$$\frac{N}{A_n} \leqslant f$$

2. 轴心受压构件

当端部连接及中部拼接处组成截面的各板件都由连接件直接传力时，轴心受压构件，截面强度应按式（1.2.1）计算。但含有虚孔的构件尚需在孔心所在截面按式（1.2.2）计算。轴压构件孔洞有螺栓填充者，不必验算净截面强度。

（二）轴心受力构件的刚度

按照结构的使用要求，钢结构中的轴心受力构件不应过分柔弱而应具有足够的刚度，以保证构件不产生过大的变形。当轴心受力构件刚度不足时，会在运输和安装过程中产生过大的弯曲变形，或在使用期间因其自重而产生明显的挠曲，或在动力荷载作用下发生较大的振动，或使得轴心压杆的极限承载力显著降低。因此，应严格控制轴心受力构件的刚度。

受拉和受压构件的刚度是通过限制长细比 λ 来实现的，即

$$\lambda_{max} = \left(\frac{l_0}{i}\right)_{max} \leqslant [\lambda]$$

式中 λ_{max}——构件的最大长细比；

l_0——构件的计算长度（mm），拉杆取几何长度，压杆应考虑杆端约束的影响；

i——构件的截面回转半径（mm）；

$[\lambda]$——构件的容许长细比。

1. 计算长度

确定桁架弦杆和单系腹杆的长细比时，其计算长度 l_0 应按表 1.2.2 的规定采用；采用相贯焊缝连接的钢管桁架，其构件计算长度可按表 1.2.3 的规定取值；除钢管结构外，无节点板的腹杆计算长度在任意平面内均应取其等于几何长度。桁架再分式腹杆体系的受压主斜杆及 K 形腹杆体系的竖杆等，在桁架平面内的计算长度则取节点中心间距离。

表 1.2.2　桁架弦杆和单系腹杆的计算长度 l_0

弯曲方向	弦杆	腹杆	
		支座斜杆和支座竖杆	其他腹杆
桁架平面内	l	l	$0.8l$
桁架平面外	l_1	l	l
斜平面	—	l	$0.8l$

注：1. l 为构件的几何长度（节点中心间距离），l_1 为桁架弦杆侧向支承点之间的距离。
　　2. 斜平面是指与桁架平面斜交的平面，适用于构件截面两主轴均不在桁架平面内的单角钢腹杆和双角钢十字形截面腹杆。

表 1.2.3　钢管桁架构件计算长度 l_0

桁架类别	弯曲方向	弦杆	腹杆	
			支座斜杆和支座竖杆	其他腹杆
平面桁架	平面内	$0.9l$	l	$0.8l$
	平面外	l_1	l	l
立体桁架		$0.9l$	l	$0.8l$

注：1. l_1 为平面外无支撑长度，l 为杆件的节间长度。
　　2. 对端部缩头或压扁的圆管腹杆，其计算长度取 l。
　　3. 对于立体桁架，弦杆平面外的计算长度取 $0.9l$，同时尚应以 $0.9l$ 按格构式压杆验算其稳定性。

2. 容许长细比

构件容许长细比的规定，主要是避免构件柔度太大，在本身自重作用下产生过大的挠度和在运输、安装过程中造成弯曲，以及在动力荷载作用下发生较大振动。对受压构件来说，由于刚度不足产生的不利影响远比受拉构件严重。调查证明，主要受压构件的容许长细比取为 150，一般的支撑压杆取为 200，能满足正常使用的要求。

轴心受压构件的容许长细比宜符合下列规定：跨度等于或大于 60m 的桁架，其受压弦杆、端压杆和直接承受动力荷载的受压腹杆的长细比不宜大于 120；轴心受压构件的长细比不宜超过表 1.2.4 规定的容许值，但当杆件内力设计值不大于承载能力的 50% 时，容许长细比可取 200。

受拉构件的长细比不宜超过表 1.2.5 规定的容许值。柱间支撑按拉杆设计时，竖向荷载作用下柱子的轴力应按无支撑时考虑。

（三）轴心受力构件的整体稳定

轴心受力构件的整体稳定比较复杂，除可考虑屈服后强度的实腹式构件外，轴心受压构件的稳定性应满足计算要求。

表 1.2.4　受压构件的容许长细比

构件名称	容许长细比
轴心受压柱、桁架和天窗架中的压杆	150
柱的缀条、吊车梁或吊车桁架以下的柱间支撑	150
支撑	200
用以减小受压构件计算长度的杆件	200

表 1.2.5　受拉构件的容许长细比

构件名称	承受静力荷载或间接承受动力荷载的结构			直接承受动力荷载的结构
	一般建筑结构	对腹杆提供平面外支点的弦杆	有重级工作制起重机的厂房	
桁架的构件	350	250	250	250
吊车梁或吊车桁架以下柱间支撑	300	—	200	—
除张紧的圆钢外的其他拉杆、支撑、系杆等	400	—	350	—

（四）实腹式轴心受压构件的局部稳定

实腹式轴心受压构件在轴向压力作用下，在丧失整体稳定之前，其腹板和翼缘都有可能达到极限承载力而丧失稳定，此种现象称为局部失稳。

实腹式轴心受压构件要求不出现局部失稳者，应限制其板件宽厚比，各类实腹式轴心受压构件的限制项见表 1.2.6。

表 1.2.6　各类实腹式轴心受压构件的限制项

H 形截面腹板	H 形截面翼缘	箱形截面壁板	T 形截面翼缘	等边角钢	圆管
h_0/t_w	b/t_f	b/t	h_0/t_w	w/t	D/t

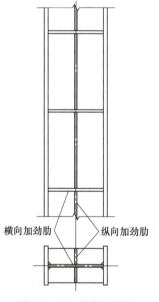

图 1.2.15　实腹柱腹板加劲肋设置

当轴心受压构件的腹板局部稳定不满足要求时，增加板厚往往不够经济，一般可采用设置加劲肋的措施，以满足宽厚比限值。轴心受压构件的加劲肋设置包括横向加劲肋、纵向加劲肋，以及同时设置横向加劲肋与纵向加劲肋，如图 1.2.15 所示。

> **课堂练习**
>
> 1. 轴心受拉构件的强度计算一般需满足＿＿＿＿和＿＿＿＿条件；当沿构件长度有排列较密的螺栓孔时，应由＿＿＿＿控制，以免变形过大。轴心受压构件，一般也需满足以上两个条件，但孔洞有螺栓填充者，不必验算＿＿＿＿。
>
> 2. 轴心受力构件的刚度，包括受拉和受压构件的刚度，通过限制＿＿＿＿来实现。

3. 实腹轴心受压构件通过限制_____，以实现局部稳定；当轴心受压构件的腹板局部稳定不满足要求时，可通过设置_____的措施，以满足宽厚比限值。

三、典型轴心受力构件的构造

（一）实腹式柱

如图 1.2.16 所示，平台结构中的轴心受压柱，承受轴心压力，柱两端铰接，截面无削弱，钢材为 Q235。该构件的截面可选用：普通轧制工字钢；轧制 H 型钢；焊接工字形截面，翼缘为焰切边。

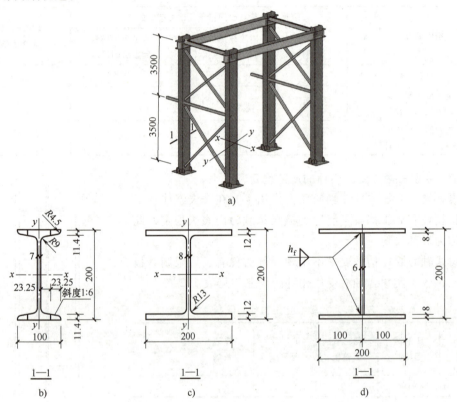

图 1.2.16 平台结构中的实腹式轴心受压柱的截面形式

（二）格构式柱

格构式轴心受压柱可采用缀条柱和缀板柱，或钢管+缀管，其构造如图 1.2.17 所示。

任务 1.2.3 熟悉拉弯、压弯构件

一、拉弯、压弯构件的概念

如图 1.2.18、图 1.2.19 所示，同时承受轴向力和弯矩的构件称为压弯（或拉弯）构件。弯矩可能由轴向力的偏心作用、端弯矩作用或横向荷载作用三种因素形成。当弯矩作用在截面的一个主轴平面内时称为单向压弯（或拉弯）构件，作用在两主轴平面的称为双向压弯（或拉弯）构件。

在钢结构中压弯和拉弯构件的应用十分广泛，例如有节间荷载作用的桁架上下弦杆，受风荷载作用的墙架柱以及天窗架的侧立柱等。

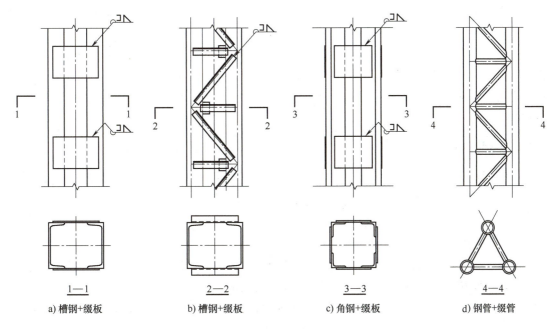

a) 槽钢+缀板　　b) 槽钢+缀板　　c) 角钢+缀板　　d) 钢管+缀管

图 1.2.17　格构式轴心受压柱的截面形式

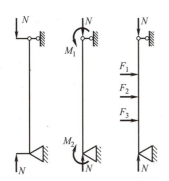

图 1.2.18　压弯构件

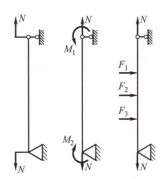

图 1.2.19　拉弯构件

柱通常为压弯构件，如工业建筑中的厂房框架柱（图 1.2.20）、多层（或高层）建筑中的框架柱（图 1.2.21）等。它们不仅要承受上部结构传下来的轴向压力，同时还受有弯矩和剪力。

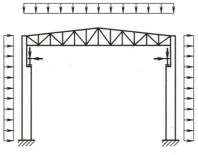

图 1.2.20　单层工业厂房框架柱

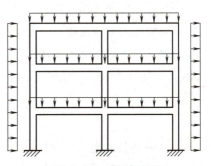

图 1.2.21　多层框架柱

拉弯、压弯构件的常用截面形式与轴心受力构件基本相同，同样可分为实腹式和格构式两大类。

与轴心受力构件一样，在进行拉弯和压弯构件设计时，应同时满足承载能力极限状态和正常使用极限状态的要求。拉弯构件需要计算其强度和刚度（限制长细比）；压弯构件则需要计算强度、整体稳定（弯矩作用平面内稳定和弯矩作用平面外稳定）、局部稳定和刚度（限制长细比）。

压弯构件和拉弯构件的弯矩可能由轴向力的_____、_____或_____三种因素形成。

二、拉弯、压弯构件的计算

（一）拉弯、压弯构件的截面强度

拉弯、压弯构件的截面强度计算需考虑轴力和弯矩的共同作用，弯矩作用在两个主平面内的拉弯构件和压弯构件，其截面强度应符合下列规定：

1) 除圆管截面外，弯矩作用在两个主平面内的拉弯构件和压弯构件，其截面强度应按下式计算：

$$\frac{N}{A_n} \pm \frac{M_x}{\gamma_x W_{nx}} \pm \frac{M_y}{\gamma_y W_{ny}} \leq f$$

2) 弯矩作用在两个主平面内的圆形截面拉弯构件和压弯构件，其截面强度应按下式计算：

$$\frac{N}{A_n} + \sqrt{\frac{M_x^2 + M_y^2}{\gamma_m W_n}} \leq f$$

式中　　N——同一截面处轴心压力设计值（N）；

　　M_x、M_y——分别为同一截面处绕 x 轴和 y 轴的弯矩设计值（N·mm）；

　　γ_x、γ_y——截面塑性发展系数，取值见《钢结构设计标准》（GB 50017）的规定；

　　γ_m——圆形构件的截面塑性发展系数，对圆管截面，当截面板件宽厚比等级为 S1 级、S2 级及 S3 级时，截面塑性发展系数取 1.15；

　　A_n——构件的净截面面积（mm²）；

　　W_n——构件的净截面模量（mm³）。

（二）拉弯、压弯构件的刚度

与轴心受力构件相同，拉弯、压弯构件的刚度也是通过控制长细比来保证的，即

$$\lambda_{\max} \leq [\lambda]$$

式中　　$\lambda_{\max}$——构件的最大长细比；

　　$[\lambda]$——构件的容许长细比。

拉弯构件的容许长细比与轴心拉杆相同；压弯构件的容许长细比与轴心压杆相同。

（三）压弯构件的整体稳定

压弯构件应进行整体稳定验算，压弯构件的整体稳定验算较为复杂。

（四）压弯构件的局部稳定

与轴心受压构件和受弯构件相似，实腹式压弯构件可能因强度不足或丧失整体稳定而破坏，也可能因丧失局部稳定而降低其承载力。压弯构件丧失局部稳定是指构件在均匀的压应力、不均匀压应力或剪力作用下，当压应力达到一定值时，可能偏离其平面位置发生波状凸曲的现象。实腹式压弯构件要求不出现局部失稳者，通过限制腹板高厚比、翼缘宽厚比来实现。也可通过设置加劲肋提高局部稳定。

课堂练习

拉弯构件需要计算其_____和_____；对压弯构件，则需要计算_____、_____、_____和_____。

三、典型压弯（拉弯）构件的构造

压弯构件包括实腹式构件和格构式构件，其构造与轴心受压构件基本相同。拉弯构件的构造与轴心受拉构件基本相同。

配套图纸 1.2 组合构件示例（登录机工教育服务网 www.cmpedu.com 注册下载）。

实物模型 1.2 组合构件

项目知识图谱

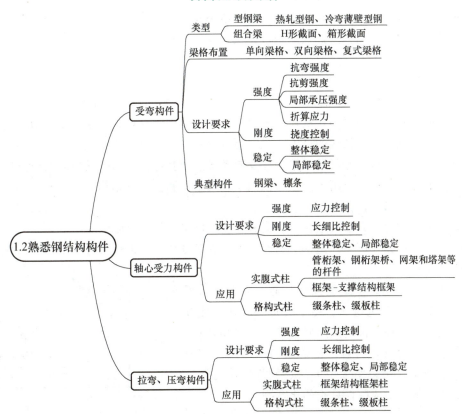

项目 1.3　掌握钢结构连接构造

如图 1.3.1 所示，钢结构的连接方法分为焊缝连接、铆钉连接和螺栓连接。

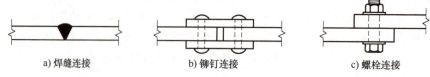

图 1.3.1　钢结构的连接方法

焊缝连接是钢结构最主要的连接方法，其优点是构造简单、不削弱构件截面、节约钢材、加工方便、易于采用自动化操作、连接的密封性好、刚度大。**铆钉连接**的优点是传力可靠，抗震、耐冲击，塑性和韧性较好，质量也便于检查，特别使用于重型和直接承受动力荷载的结构，但因其构造复杂，操作劳动强度大，生产效率低，目前在钢结构房屋中已很少采用。**螺栓连接**包括普通螺栓连接和高强度螺栓连接。普通螺栓施工简单、拆装方便，靠螺栓杆抗剪和孔壁承压来传递剪力；高强度螺栓施工时给螺栓杆施加很大的预拉力，使被连接构件的接触面之间产生挤压力，板面之间垂直于螺栓杆方向受剪时有很大的摩擦力，依靠接触面间的摩擦力来阻止其相互滑移。

本项目主要介绍焊缝连接和螺栓连接。焊缝连接部分的内容包括焊接方法，焊缝连接形式及焊缝形式，焊缝缺陷及焊缝质量检验，对接焊缝和角焊缝的连接构造，焊缝符号表示方法；螺栓连接部分的内容包括普通螺栓的受力原理及破坏形式，高强度螺栓连接的种类与紧固方法，螺栓的排列，高强度螺栓的构造，螺栓、螺栓孔的表示方法。

任务 1.3.1　掌握焊缝连接构造

焊缝连接是钢结构最主要的连接方法，其优点是构造简单、不削弱构件截面、节约钢材、加工方便、易于采用自动化操作、密封性好、刚度大。缺点是焊接残余应力和残余变形对结构有不利影响，焊接结构的低温冷脆问题也比较突出。目前除少数直接承受动力荷载结构的某些连接，如重级工作制吊车梁和柱及制动梁的相互连接、桁架式桥梁的节点连接，不宜采用焊接外，焊接可广泛用于工业与民用建筑钢结构和桥梁钢结构。

一、钢结构常用焊接方法

钢结构常用的焊接方法有电弧焊、电渣焊、气体保护焊和电阻焊等。

电弧焊的质量比较可靠，是钢结构最常用的焊接方法。电弧焊可分为手工电弧焊、自动或半自动埋弧焊。

如图 1.3.2 所示，手工电弧焊是通电后在涂有焊药的焊条与焊件间产生电弧，由电弧提供热源，使焊条熔化，滴落在焊件上被电弧所吹成的小凹槽熔池中，并与焊件熔化部分结成焊缝。由焊条药皮形成的熔渣和气体覆盖熔池，防止空气中的氧、氮等气体与熔化的液体金属接触而形成脆性易裂的化合物。

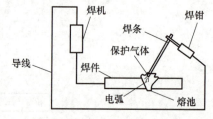

图 1.3.2　手工电弧焊

手工电弧焊焊条应与焊件金属强度相适应，对 Q235 钢焊件用 E43 系列型焊条，Q355 钢焊件用 E50 系列型焊条，Q390 和 Q420 钢焊件用 E55 系列型焊条。对不同钢种的钢材连接时，宜用与低强度钢相适应的焊条。

埋弧焊是电弧在焊剂层下燃烧的一种电弧焊方法。焊丝送进和电弧沿焊接方向移动由专门机构控制完成的称为自动埋弧焊，如图 1.3.3 所示。焊丝送进由专门机构完成，而电弧沿焊接方向的移动由手工操作完成的称为半自动埋弧焊。埋弧焊的焊丝不涂药皮，但施焊端为焊剂所覆盖，能对较细的焊丝采用大电流，故电弧热量集中、熔深大。由于采用了自动或半自动化操作，焊接效率高，且焊接时的工艺条件稳定，焊缝化学成分均匀，焊缝质量好，焊件变形小，同时高的焊速也减小了热影响区的范围，但埋弧焊对焊件边缘的装配精度（如间隙）要求比手工电弧焊高。埋弧焊所用焊丝和焊剂应与主体金属强度相适应，即要求焊缝与主体金属等强度。

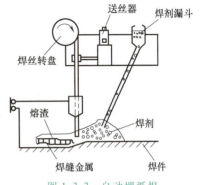

图 1.3.3 自动埋弧焊

电渣焊是利用电流通过熔渣所产生的电阻来熔化金属，焊丝作为电极伸入并穿过渣池，使渣池产生电阻热将焊件金属及焊丝熔化，沉积于熔池中，形成焊缝。电渣焊一般在立焊位置进行，目前多用熔嘴电渣焊，以管状焊条作为熔嘴，焊丝从管内递进。

气体保护焊是用焊枪中喷出的惰性气体代替焊剂，焊丝可自动送入，如 CO_2 气体保护焊是以 CO_2 作为保护电源气体，使被熔化的金属不与空气接触，电弧加热集中，焊件熔化深度大，焊接速度快，焊缝强度高，塑性好。CO_2 气体保护焊采用高锰、高硅型焊丝，具有较强的抗锈蚀导线能力，焊缝不易产生气孔，适用于低碳钢、低合金钢的焊接。气体保护焊既可用手工操作，也可进行自动焊接。对于气体保护焊，在操作时应采取避风措施，否则容易出现焊坑、气孔等缺陷。

电阻焊是利用电流通过焊件接触点表面的电阻所产生的热量来熔化金属，再通过压力使其焊合。在一般钢结构中电阻焊只适用于板叠厚度不大于 12mm 的焊接。对冷弯薄壁型钢构件，电阻焊可用来缀合壁厚不超过 3.5mm 的构件，如将两个冷弯槽钢或 C 型钢组合为 I 形截面构件。

钢结构常用焊接方法有 _____、_____、_____ 和 _____ 等。

二、焊缝连接形式及焊缝形式

如图 1.3.4 所示，按照被连接构件间的相对位置，焊缝连接形式通常有平接（图 1.3.4a、b）、搭接（图 1.3.4c、d）、T 形连接（图 1.3.4e、f）和角接连接（图 1.3.4g、h）。这些连接所采用的焊缝形式主要有对接焊缝和角焊缝。

对接焊缝按所受力的方向分为正对接焊缝和斜对接焊缝，如图 1.3.5 所示。角焊缝按所受力的方向可分为正面角焊缝、侧面角焊缝和斜焊缝，如图 1.3.6 所示。

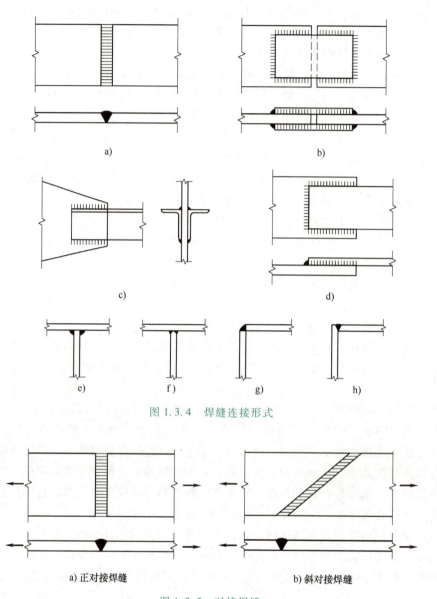

图 1.3.4 焊缝连接形式

图 1.3.5 对接焊缝
a) 正对接焊缝 b) 斜对接焊缝

角焊缝按沿长度方向的布置分为连续角焊缝和断续角焊缝，如图 1.3.7 所示。连续角焊缝的受力性能较好，为主要的角焊缝形式。断续角焊缝的起、灭弧处容易引起应力集中，重要结构或重要的焊缝连接应避免采用，只能用于一些次要构件的连接或受力很小的连接中。断续角焊缝焊段的长度不得小于 $10h_f$（h_f 为角焊缝的焊脚尺寸）和 50mm；其间断距离 l 不宜过长，以免连接不紧密。一般在受压构件中应满足 $l \leq 15t$，在受拉构件中 $l \leq 30t$，t 为较薄焊件的厚度。

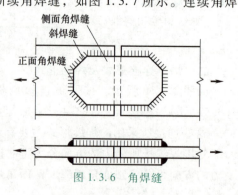

图 1.3.6 角焊缝

单元一　钢结构基础知识

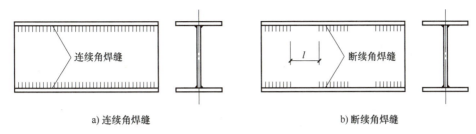

a) 连续角焊缝　　　　　　　　　　　b) 断续角焊缝

图 1.3.7　连续角焊缝和断续角焊缝

焊缝按施焊位置分为平焊、横焊、立焊及仰焊，如图 1.3.8 所示。平焊（又称俯焊）施焊方便；立焊和横焊要求焊工的操作水平比平焊高一些；仰焊的操作条件最差，焊缝质量不易保证，因此应尽量避免采用仰焊。

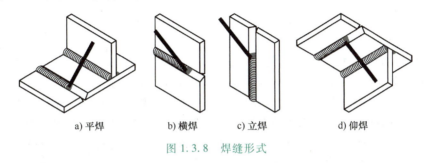

a) 平焊　　　　b) 横焊　　　　c) 立焊　　　　d) 仰焊

图 1.3.8　焊缝形式

> **课堂练习**
>
> 按照被连接构件间的相对位置，焊缝连接的形式通常有_____、_____、_____ 和_____。这些连接所采用的焊缝形式主要有_____ 和_____，对接焊缝按所受力的方向分为_____ 和_____，角焊缝按所受力的方向可分为_____、_____ 和_____。角焊缝按沿长度方向的布置分为_____ 和_____。焊缝按施焊位置分为_____、_____、_____ 及_____。

三、焊缝缺陷及焊缝质量检验

（一）焊缝缺陷

焊缝缺陷是指焊接过程中产生于焊缝金属或附近热影响区钢材表面或内部的缺陷。常见的缺陷有裂纹、焊瘤、烧穿、弧坑、气孔、夹渣、咬边、未熔合、未焊透等，如图 1.3.9 所示，以及焊缝尺寸不符合要求、焊缝成型不良等。裂纹是焊缝连接中最危险的缺陷，产生裂纹的原因很多：如钢材的化学成分不当，焊接工艺条件（如电流、电压、焊速、施焊次序等）选择不合适，焊件表面油污未清除干净等。

（二）焊缝质量检验

焊缝缺陷的存在将削弱焊缝的受力面积，并在缺陷处引起应力集中，对连接的强度、冲击韧性及冷弯性能等均有不利影响，因此，焊缝质量检验极为重要。焊缝质量检验包括外观检查和焊缝内部缺陷的检查。外观检查主要采用目视检查（借助直尺、焊缝检测尺、放大镜等）辅以磁粉探伤、渗透探伤检查表面和近表面缺陷。内部缺陷的检查主要采用射线探

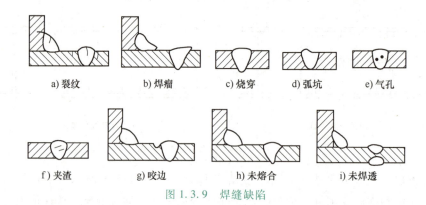

图 1.3.9 焊缝缺陷

伤和超声波探伤,由于钢结构节点形式繁多,其中 T 形连接和角部连接较多,超声波探伤比射线探伤适用性更佳。

《钢结构工程施工质量验收标准》(GB 50205)规定,焊缝质量检查标准分为三级,其中第三级只要求通过外观检查,即检查焊缝实际尺寸是否符合设计要求和有无看得见的裂纹、咬边等缺陷。对于重要结构或要求焊缝金属强度等于被焊金属强度的对接焊缝,必须进行一级或二级质量检验,即在外观检查的基础上再做无损检验。其中二级要求用超声波检验每条焊缝的 20%长度,一级要求用超声波检验每条焊缝全部长度,以便揭示焊缝内部缺陷。

焊缝的缺陷将削弱焊缝的受力面积,而且在缺陷处形成应力集中,裂缝往往先从缺陷处开始,并扩展开裂,成为连接破坏的根源,对结构十分不利。因此,焊缝质量检查极为重要。

焊缝质量等级应根据钢结构的重要性、荷载特性、焊缝形式、工作环境以及应力状态等情况,按下列原则选用:

1)在承受动力荷载且需要进行疲劳验算的构件中,凡要求与母材等强连接的焊缝应焊透,其质量等级应符合下列规定:

① 作用力垂直于焊缝长度方向的横向对接焊缝或 T 形对接与角接组合焊缝,受拉时应为一级,受压时不应低于二级。

② 作用力平行于焊缝长度方向的纵向对接焊缝不应低于二级。

③ 铁路、公路桥的横梁接头板与弦杆角焊缝应为一级,桥面板与弦杆角焊缝、桥面板与 U 形肋角焊缝(桥面板侧)不应低于二级。

④ 重级工作制(A6~A8)和起重量 $Q \geqslant 50t$ 的中级工作制(A4、A5)吊车梁的腹板与上翼缘之间以及吊车桁架上弦杆与节点板之间的 T 形接头焊缝应焊透,焊缝形式宜为对接与角接的组合焊缝,其质量等级不应低于二级。

2)不需要疲劳验算的构件中,凡要求与母材等强的对接焊缝宜焊透,其质量等级受拉时不应低于二级,受压时不宜低于二级。

3)部分焊透的对接焊缝、采用角焊缝或部分焊透的对接与角接组合焊缝的 T 形接头,以及搭接连接角焊缝,其质量等级应符合下列规定:

① 直接承受动力荷载且需要疲劳验算的结构和吊车起重量等于或大于 50t 的中级工作制吊车梁以及梁柱、牛腿等重要节点不应低于二级。

② 其他结构可为三级。

焊缝质量检查标准分为_____，其中三级只要求_____，二级要求_____，一级要求_____。

四、对接焊缝的连接构造

（一）对接焊缝的形式

对接焊缝按是否焊透分为焊透（全焊透）的对接焊缝和未焊透（或部分焊透）的对接焊缝。当焊缝融熔金属充满焊件间隙或坡口，且在焊接工艺上采用清根措施时，属于焊透的对接焊缝，如图 1.3.10a 所示；若焊件只要求一部分焊透，另一部分不焊透时属于未焊透的对接焊缝，如图 1.3.10b 所示。焊透的对接焊缝强度高，受力性能好，故一般采用焊透的对接焊缝。

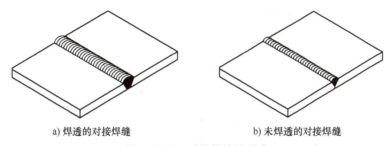

a) 焊透的对接焊缝　　　　b) 未焊透的对接焊缝

图 1.3.10　对接焊缝的形式

（二）焊缝的坡口

1. 焊透的对接焊缝

如图 1.3.11 所示，焊透的对接焊缝按坡口形式分为 I 形（垂直坡口）、单边 V 形、V 形、单边 U 形（J 形）、U 形、K 形、X 形、无钝边 V 形等。各种坡口中，沿板件厚度方向通常有高度为 p 的一段不开坡口，称为钝边，焊接从钝边处（根部）开始。其中 p 叫钝边高度，b 叫根部间隙，坡口与钝边延长线夹角叫坡口面角度，两坡口间的夹角叫坡口角度。

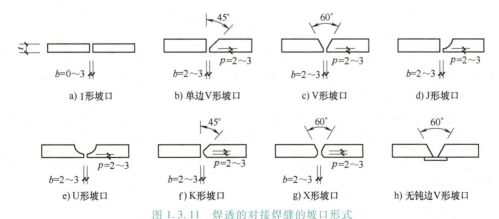

a) I 形坡口　　b) 单边 V 形坡口　　c) V 形坡口　　d) J 形坡口

e) U 形坡口　　f) K 形坡口　　g) X 形坡口　　h) 无钝边 V 形坡口

图 1.3.11　焊透的对接焊缝的坡口形式

当采用手工焊时，若焊件厚度很小（$t \leq 10\text{mm}$），可采用不切坡口的 I 形缝。对于稍厚（$t=10\sim20\text{mm}$）的焊件，可采用有斜坡口的带钝边单边 V 形缝或 V 形缝，以便斜坡口和焊缝根部共同形成一个焊条能够运转的施焊空间，使焊缝易于焊透。焊件更厚（$t>20\mathrm{mm}$）时，应采用带钝边 U 形缝或 X 形缝。其中 V 形和 U 形坡口焊缝需正面焊好后再从背面清根补焊（封底焊缝），对于没有条件清根和补焊者，要事先加垫板，以保证焊透。当焊件可随意翻转施焊时，可用 K 形或 X 形焊缝从两面施焊。用 U 形或 X 形坡口与用 V 形坡口相比可减少焊缝体积。

在直接承受动力荷载的结构中，为提高疲劳强度，应将对接焊缝的表面磨平，打磨方向应与应力方向平行。垂直于受力方向的焊缝应采用焊透的对接焊缝，不宜采用部分焊透的对接焊缝。

2. 部分焊透的对接焊缝

在钢结构设计中，有时遇到板件较厚，而板件间连接受力较小时，可以采用部分焊透的对接焊缝，例如当用四块较厚的钢板焊成箱形截面轴心受压柱时，由于焊缝主要起联系作用，就可以用部分焊透的坡口焊缝。在此情况下，用焊透的坡口焊缝并非必要，若采用角焊缝则外形不能平整，都不如采用部分焊透的坡口焊缝好。部分焊透的对接焊缝坡口形式如图 1.3.12 所示。

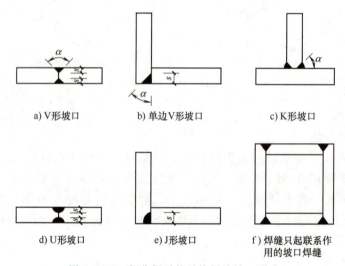

图 1.3.12　部分焊透的对接焊缝坡口形式

当垂直于焊缝长度方向受力时，因部分焊透处的应力集中带来不利的影响，对于直承受动力荷载的连接不宜采用；但当平行于焊缝长度方向受力时，其影响较小可以采用。

（三）不同宽度或厚度的钢板连接

在钢板宽度或厚度有变化的连接中，为了减少应力集中，应从板的一侧或两侧做成坡度不大于 1∶2.5（承受静力荷载者）或 1∶4（需要计算疲劳者）的斜坡，形成平缓过渡，如图 1.3.13 所示。如板厚相差不大于 4mm 时，可不做斜坡（图 1.3.13d）。焊缝的计算厚度取较薄板的厚度。

（四）引弧板的设置

对接焊缝的起弧和落弧点，常因不能熔透而出现焊口，形成裂纹和应力集中。为消除焊口影响，焊接时可将焊缝的起点和终点延伸至引弧板，如图 1.3.14 所示。角焊缝也可设置引弧板。

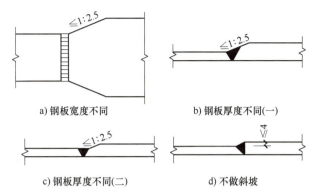

a) 钢板宽度不同　　　　　　b) 钢板厚度不同(一)

c) 钢板厚度不同(二)　　　　d) 不做斜坡

图 1.3.13　承受静力荷载的不同宽度或厚度的钢板连接

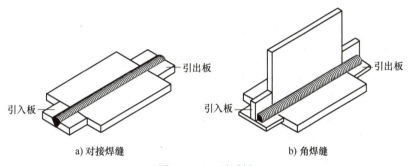

a) 对接焊缝　　　　　　　b) 角焊缝

图 1.3.14　引弧板

> **课堂练习**
>
> 1. 对接焊缝按是否焊透分为_____和_____。
> 2. 全焊透的对接焊缝按坡口形式分为_____、_____、_____、_____、_____、_____、_____、_____等。
> 3. 在钢板宽度或厚度有变化的连接中,为了减少应力集中,应从板的一侧或两侧做成_____,坡度不大于_____(承受静力荷载者)或_____(需要计算疲劳者)的斜坡。

配套图纸 1.3 对接焊缝（登录机工教育服务网 www.cmpedu.com 注册下载）。

五、角焊缝的连接构造

(一) 角焊缝的形式

角焊缝是最常用的焊缝。如图 1.3.15 所示,角焊缝按其与作用力的关系可分为:焊缝长度方向与作用力垂直的正面角焊缝,焊缝长度方向与作用力平行的侧面角焊缝,介于正面角焊缝和侧面角焊缝之间的斜焊缝。

角焊缝按其截面形式可分为普通型、平坦型和凹面型。直角角焊缝通常焊成表面微凸的等腰直角三角形截面,即普通型截面,如

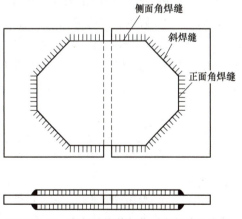

图 1.3.15　角焊缝按其与作用力的关系分类

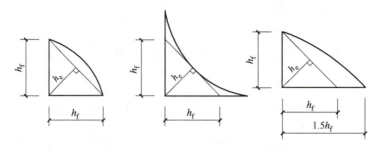

a) 等腰直角角焊缝截面　b) 等腰凹形直角角焊缝截面　c) 不等腰直角角焊缝截面

图 1.3.16　直角角焊缝截面形式

图 1.3.16a 所示。焊脚尺寸与直角角焊缝的计算厚度是有关于角焊缝的两个概念，对于普通型角焊缝，焊脚尺寸一般是指焊缝根角至焊缝外边的尺寸，即在角焊缝横截面中画出的最大等腰直角三角形中直角边的长度，用 h_f 表示；直角角焊缝的有效厚度用 h_e 表示，当两焊件间隙 $b \leq 1.5mm$ 时，$h_e = 0.7h_f$，当 $1.5mm < b \leq 5mm$ 时，$h_e = 0.7(h_f - b)$。对直接承受动力荷载结构中的角焊缝，为了减少应力集中，常将焊缝表面做成凹面形，如图 1.3.16b 所示。由于凹面形表面收缩时拉应力较大，容易在焊后产生裂纹，而且手工焊施焊成型极为困难，所以手工焊采用平坦型表面，或先焊微凸表面再用砂轮打磨为直线形表面。当用自

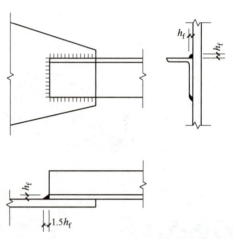

图 1.3.17　不等腰直角角焊缝截面的应用

动焊时，由于电流强度大，金属熔化速度快，熔深大，焊缝金属冷却后自然形成凹形表面，此种凹形表面不易开裂，且动力性能较好。对直接承受动力荷载结构中的正面角焊缝，为了满足疲劳强度的要求，最好两焊脚尺寸成比例，可根据实际情况取两焊脚尺寸比例为 1：1.5（长边顺内力方向），如图 1.3.16c 所示；对直接承受动力荷载结构中的侧面角焊缝两焊脚尺寸比例仍采用 1：1。不等腰直角角焊缝截面的应用如图 1.3.17 所示，正面角焊缝采用不等腰直角角焊缝，侧面角焊缝采用等腰直角角焊缝。

如图 1.3.18 所示，当焊缝的两焊脚边相互垂直时，称为直角角焊缝；两焊件有一定的倾斜角度时称为斜角角焊缝。直角角焊缝受力性能较好，应用广泛。斜角角焊缝大多用于钢管结构中，当两焊脚边夹角 α 大于 90°或小于 90°时，除钢管结构外，不宜用作受力焊缝。

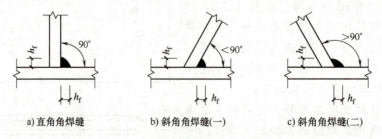

a) 直角角焊缝　　b) 斜角角焊缝(一)　　c) 斜角角焊缝(二)

图 1.3.18　直角角焊缝与斜角角焊缝

(二) 角焊缝的构造要求

1. 承受动力荷载时焊缝的构造要求

承受动力荷载时，塞焊、槽焊、角焊、对接连接应符合下列规定：

1）承受动力荷载不需要进行疲劳验算的构件，采用塞焊、槽焊时，孔或槽的边缘到构件边缘在垂直于应力方向上的间距不应小于此构件厚度的 5 倍，且不应小于孔或槽宽度的 2 倍；构件端部搭接连接的纵向角焊缝长度不应小于两侧焊缝间的垂直间距 a，且在无塞焊、槽焊等其他措施时，间距 a 不应大于较薄板件厚度 t 的 16 倍，如图 1.3.19 所示。

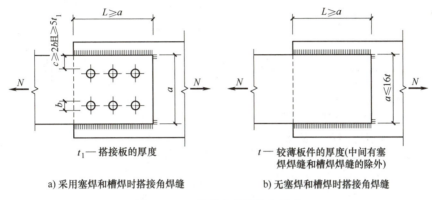

a) 采用塞焊和槽焊时搭接角焊缝　　　　b) 无塞焊和槽焊时搭接角焊缝

图 1.3.19　搭接角焊缝构造要求

2）不得采用焊脚尺寸小于 5mm 的角焊缝，如图 1.3.20a 所示。

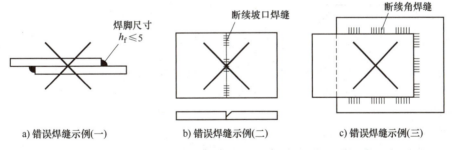

a) 错误焊缝示例（一）　　b) 错误焊缝示例（二）　　c) 错误焊缝示例（三）

图 1.3.20　承受动力荷载构件部分错误焊缝类型

3）严禁采用断续坡口焊缝和断续角焊缝，如图 1.3.20b、c 所示。

4）对接与角接组合焊缝和 T 形连接的全焊透坡口焊缝应采用角焊缝加强，加强焊脚尺寸不应大于连接部位较薄板件厚度的 1/2，但最大值不得超过 10mm。

5）承受动力荷载需经疲劳验算的连接，当拉应力与焊缝轴线垂直时，严禁采用部分焊透的对接焊缝。

6）除横焊位置以外，不宜采用 L 形和 J 形坡口。

7）不同板厚的对接连接承受动力荷载时，应按规定做成平缓过渡。

2. 角焊缝的尺寸

1）角焊缝的最小计算长度应为其焊脚尺寸 h_f 的 8 倍，且不应小于 40mm；焊缝计算长度应为扣除引弧、收弧长度后的焊缝长度。

2）断续角焊缝焊段的最小长度不应小于最小计算长度。

3）角焊缝最小焊脚尺寸宜按表1.3.1取值，承受动力荷载时角焊缝焊脚尺寸不宜小于5mm。

4）被焊构件中较薄板厚度不小于25mm时，宜采用开局部坡口的角焊缝。

5）采用角焊缝焊接连接，不宜将厚板焊接到较薄板上。

表1.3.1　角焊缝最小焊脚尺寸　　　　　　　　　　（单位：mm）

母材厚度 t	角焊缝最小焊脚尺寸 h_f
$t \leq 6$	3
$6 < t \leq 12$	5
$12 < t \leq 20$	6
$t > 20$	8

注：1. 采用不预热的非低氢焊接方法进行焊接时，t 等于焊接连接部位中较厚板件厚度，宜采用单道焊缝；采用预热的非低氢焊接方法或低氢焊接方法进行焊接时，t 等于焊接连接部位中较薄板件厚度。
　　2. 焊脚尺寸 h_f 不要求超过焊接连接部位中较薄板件厚度的情况除外。

3. 搭接连接角焊缝的尺寸及布置

1）传递轴向力的部件，其搭接连接最小搭接长度应为较薄板件厚度的5倍，且不应小于25mm，如图1.3.21所示，并应施焊纵向或横向双角焊缝。

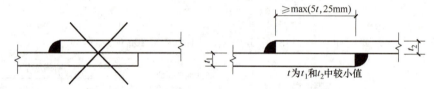

图1.3.21　搭接连接要求

2）只采用纵向角焊缝连接型钢杆件端部时，型钢杆件的宽度不应大于200mm，当宽度大于200mm时，应加横向角焊缝或中间塞焊；型钢杆件每一侧纵向角焊缝的长度不应小于型钢杆件的宽度。

3）型钢杆件搭接连接采用围焊时，在转角处应连续施焊。杆件端部搭接角焊缝作绕焊时，绕焊长度不应小于焊脚尺寸的2倍，并应连续施焊。

4）搭接焊缝沿母材棱边的最大焊脚尺寸，当板厚不大于6mm时，应为母材厚度；当板厚大于6mm时，应为母材厚度减去1~2mm，如图1.3.22所示。

5）用搭接焊缝传递荷载的套管连接可只焊一条角焊缝，其管材搭接长度 L 不应小于 $5(t_1+t_2)$，且不应小于25mm。搭接焊缝焊脚尺寸应符合设计要求，如图1.3.23所示。

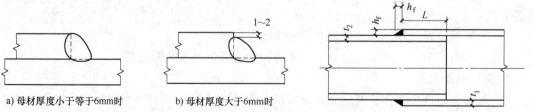

图1.3.22　搭接焊缝沿母材棱边的最大焊脚尺寸
a）母材厚度小于等于6mm时　　b）母材厚度大于6mm时

图1.3.23　管材套管连接的搭接焊缝最小长度
h_f—焊脚尺寸，按设计要求

4. 塞焊和槽焊焊缝的尺寸、间距、焊缝高度

1）塞焊和槽焊的有效面积应为贴合面上圆孔或长槽孔的标称面积。

2）塞焊焊缝的最小中心间隔应为孔径的 4 倍，槽焊焊缝的纵向最小间距应为槽孔长度的 2 倍，垂直于槽孔长度方向的两排槽孔的最小间距应为槽孔宽度的 4 倍，如图 1.3.24 所示。

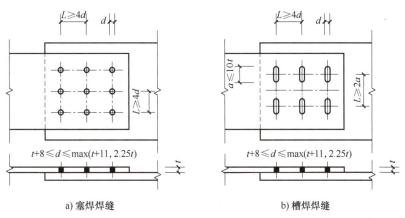

a) 塞焊焊缝   b) 槽焊焊缝

图 1.3.24　塞焊焊缝与槽焊焊缝构造要求

3）塞焊孔的最小直径不得小于开孔板厚度加 8mm，最大直径应为最小直径加 3mm 和开孔件厚度的 2.25 倍两值中较大者。槽孔长度不应超过开孔件厚度的 10 倍，最小及最大槽宽规定应与塞焊孔的最小及最大孔径规定相同，如图 1.3.24 所示。

4）塞焊和槽焊的焊缝高度应符合下列规定：

① 当母材厚度不大于 16mm 时，应与母材厚度相同。

② 当母材厚度大于 16mm 时，不应小于母材厚度的一半和 16mm 两值中较大者。

5）塞焊焊缝和槽焊焊缝的尺寸应根据贴合面上承受的剪力计算确定。

5. 断续角焊缝

在次要构件或次要焊接连接中，可采用断续角焊缝。如图 1.3.25 所示，断续角焊缝焊段的长度不得小于 $10h_f$ 或 50mm，其净距不应大于 $15t$（对受压构件）或 $30t$（对受拉构件），t 为较薄焊件厚度。腐蚀环境中不宜采用断续角焊缝。

6. 角焊缝的其他构造要求

如图 1.3.26 所示，杆件与节点板的连接焊缝，一般采用两面侧焊，也可采用三面围焊，对角钢杆件也可用 L 形围焊，所有围焊的转角处必须连续施焊。当角焊缝的端部在构件转角处时，可连续地作长度为 $2h_f$ 的绕角焊，以免起落弧缺陷发生在应力集中较大的转角处，从而改善连接的工作。

当板件仅用两条侧焊缝连接时，为了避免应力传递过分弯折而使板件应力过分不均，宜使 $L_W \geqslant b$，同时为了避免因焊缝横向收缩时板件拱曲太大，宜使 $b \leqslant 16t$（$t>12$mm 时）或 190mm（$t \leqslant 12$mm 时），t 为较薄

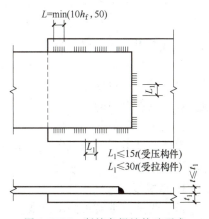

图 1.3.25　断续角焊缝构造要求

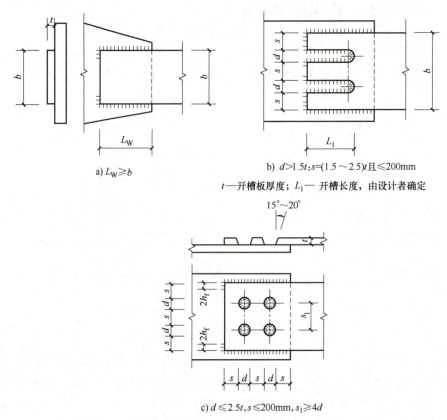

图 1.3.26 由槽焊、塞焊防止板件拱曲

焊件厚度。当 b 不满足此规定时，应加正面角焊缝，或加槽焊。

> **课堂练习**
>
> 角焊缝按其与作用力的关系可分为＿＿＿＿、＿＿＿＿和＿＿＿＿。按两焊脚边相互位置关系分为＿＿＿＿和＿＿＿＿。按焊缝截面形式可分为＿＿＿＿、＿＿＿＿和＿＿＿＿。

配套图纸 1.4 角焊缝（登录机工教育服务网 www.cmpedu.com 注册下载）。

六、焊缝符号表示方法

在技术图样或文件上需要表示焊缝或接头时，宜采用焊缝符号。焊缝符号应清晰表述所要说明的信息，不使图样增加更多的注解。完整的焊缝符号包括基本符号、指引线、补充符号、尺寸符号及数据等。为了简化，在图样上标注焊缝时通常只采用基本符号和指引线，其他内容一般在有关的文件中（如焊接工艺规程等）明确。

（一）焊缝符号的组成

焊缝符号主要由指引线和表示焊缝截面形状的基本符号组成，必要时还可以加上辅助符号、补充符号和焊缝尺寸符号。

1. 指引线

指引线是由带箭头的引出线（简称箭头线）和两条基准线（一条为细实线，另一条为细虚线）组成，如图 1.3.27 所示。

2. 符号

基本符号是表示焊缝横截面形状的符号；辅助符号是表示焊缝表面形状特征的符号；补充符号是为了补充说明焊缝的某些特征而采用的符号；焊缝尺寸符号是表示焊缝基本尺寸而规定使用的一些符号，实际施工图中常标注为具体的焊缝尺寸数据。

基本符号表示焊缝横截面的基本形式或特征，见表 1.3.2。标注双面焊焊缝或接头时，基本符号可以组合使用，见表 1.3.3。补充符号用来补充说明有关焊缝或接头的某些特征（诸如表面形状、衬垫、焊缝分布、施焊地点等），见表 1.3.4。

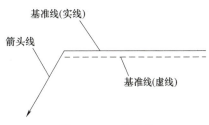

图 1.3.27　指引线

表 1.3.2　基本符号

序号	名称	示意图	符号
1	I 形焊接		‖
2	V 形焊接		V
3	单边 V 形焊接		V
4	带钝边 V 形焊接		Y
5	带钝边单边 V 形焊接		Y
6	角焊缝		◿
7	塞焊缝或槽焊缝		▢

表 1.3.3　基本符号的组合

序号	名称	示意图	符号
1	双面 V 形焊缝（X 焊接）		X
2	双面单 V 形焊缝（K 焊接）		K
3	带钝边的双面 V 形焊缝		X
4	带钝边的双面单 V 形焊缝		K

表 1.3.4 补充符号

序号	名称	符号	说明
1	平面	—	焊缝表面通常经过加工后平整
2	凹面	 ⌣	焊缝表面凹陷
3	凸面	⌢	焊缝表面凸起
4	圆滑过渡	 ↧	焊趾处过渡圆滑
5	永久衬垫	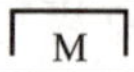 M	衬垫永久保留
6	临时衬垫	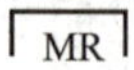 MR	衬垫在焊接完后拆除
7	三面焊缝	⊐	三面带有焊缝
8	周围焊缝	 ○	沿着工件周边施焊的焊缝 标注位置为基准线与箭头线的交点处
9	现场焊缝	 ▶	在现场焊接的焊缝
10	尾部	 <	可以表示所需的信息

（二）基本符号和指引线的位置规定

在焊缝符号中，基本符号和指引线为基本要素。焊缝的准确位置通常由基本符号和指引线之间的相对位置决定。具体位置包括箭头线的位置、基准线的位置、基本符号的位置。

1. 指引线

箭头线一般指向接头位置，如图 1.3.28 所示，箭头直接指向的接头侧为接头的箭头侧，与之相对的则为接头的非箭头侧。

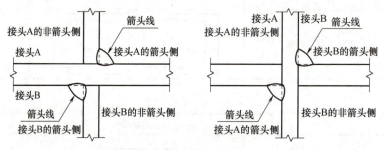

图 1.3.28 接头的箭头侧及非箭头侧示例

基准线一般应与图样的底边平行，必要时也可与底边垂直，实线和虚线的位置可根据需要互换。基本符号在实线侧时，表示焊缝在箭头侧，如图 1.3.29a 所示；基本符号在虚线侧

a) 焊缝在接头的箭头侧　　b) 焊缝在接头的非箭头侧　　c) 对称焊缝　　d) 双面焊缝

图 1.3.29 基本符号与基准线的相对位置

时，表示焊缝在非箭头侧，如图 1.3.29b 所示；对称焊缝允许省略虚线，如图 1.3.29c 所示；在明确焊缝分布位置的情况下，有些双面焊缝也可省略虚线，如图 1.3.29d 所示。

2. 尺寸及标注

必要时，可以在焊缝符号中标注尺寸，尺寸符号参见表 1.3.5。

表 1.3.5 尺寸符号

符号	名称	示意图	符号	名称	示意图
δ	工件厚度	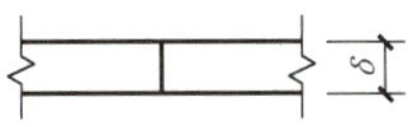	c	焊缝宽度	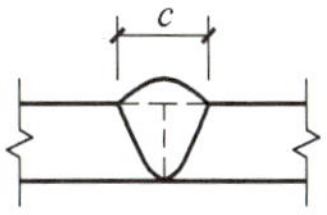
α	坡口角度	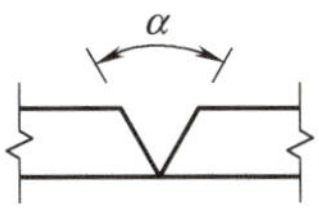	K	焊脚尺寸	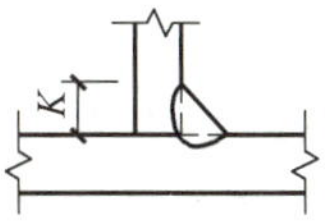
β	坡口面角度	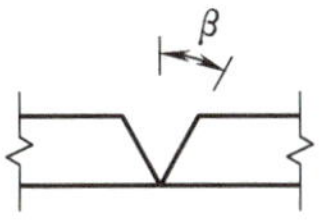	d	电焊:熔核直径 塞焊:孔径	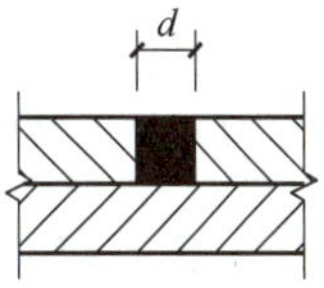
b	根部间隙	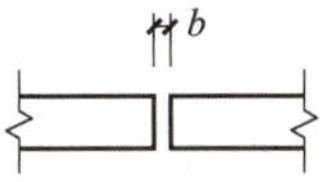	n	焊缝段数	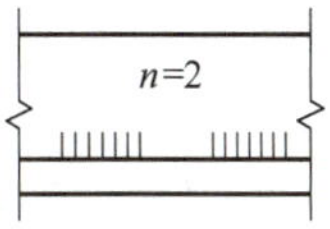
p	钝边	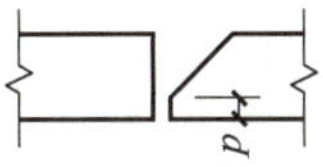	l	焊缝长度	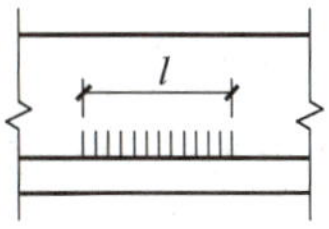
R	根部半径	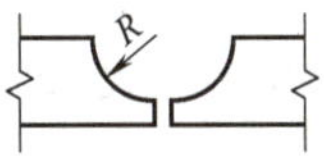	e	焊缝间距	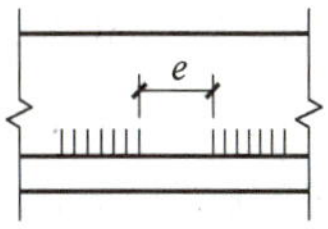
H	坡口深度	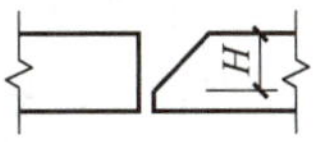	N	相同焊缝数量	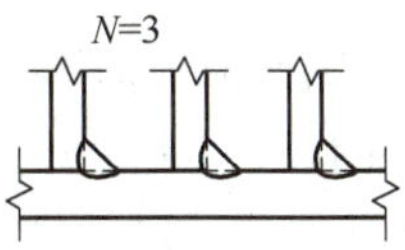
S	焊缝有效厚度	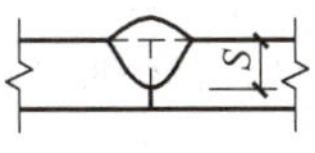	h	余高	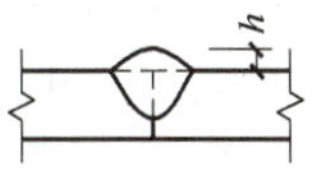

尺寸的标注方法如图 1.3.30 所示。横向尺寸标注在基本符号的左侧；纵向尺寸标注在基本符号的右侧；坡口角度、坡口面角度、根部间隙标注在基本符号的上侧或下侧；相同焊缝数量标注在尾部；当尺寸较多、不易分辨时，可在尺寸数据前标注相应的尺寸符号。当箭头线方向改变时，上述规则不变。

确定焊缝位置的尺寸不在焊缝符号中标注，应将其标注在图样上。在基本符号的右侧既无任何尺寸标注又无其他说明时，意味着焊缝在工件的整个长度方向上是连续的。在基本符号的左侧既无任何尺寸标注又无其他说明时，意味着对接焊缝应完全焊透。塞焊缝、槽焊缝带有斜边时，应标注其底部的尺寸。

图 1.3.30 尺寸的标注方法

课堂练习

完整的焊缝符号包括_____、_____、_____、_____等。

配套图纸 1.5 焊接钢结构焊缝的标注方法、常用焊缝符号及符号尺寸（登录机工教育服务网 www.cmpedu.com 注册下载）。

任务 1.3.2　掌握螺栓连接构造

螺栓连接是指通过螺栓将两个或多个部件或构件连成整体，可以分为普通螺栓连接和高强度螺栓连接。

一、普通螺栓连接

普通螺栓连接的优点是施工简单、拆装方便，缺点是用钢量多，适用于安装连接和需要经常拆装的结构，普通螺栓分为 C 级螺栓和 A、B 级螺栓。

C 级螺栓为粗制螺栓，性能等级为 4.6 级和 4.8 级，这种螺栓加工粗糙，尺寸不够准确，只要求 Ⅱ 类孔，成本低，栓径和孔径之差通常取 1.0~1.5mm。由于螺栓杆与螺孔之间存在着较大的间隙，受剪力作用时，将会产生较大的剪切滑移，故连接变形大。但 C 级螺栓安装方便，且能有效传递拉力，故可用于沿螺栓杆轴方向受拉的连接，以及次要的连接或安装时的临时固定。

A、B 级螺栓为精制螺栓，性能等级为 5.6 级和 8.8 级，A、B 两级的区别只是尺寸不同，其中 A 级螺栓为 $d\leq24$mm，且 $l\leq10d$ 和 $l\leq150$mm 的较小值的螺栓；B 级螺栓为 $d>24$mm 且 $l>10d$ 和 $l>150$mm 的较小值的螺栓，d 为螺杆直径，l 为螺杆长度。A、B 级螺栓需要机械加工，尺寸准确，要求 Ⅰ 类孔，螺栓的孔径 d_0 较螺栓公称直径大 0.2~0.5mm。这种螺栓连接传递剪力的性能较好，变形很小，但制造和安装比较复杂，价格昂贵，目前在钢结构中较少采用。Ⅰ 类孔的精度要求：连接板组装时，孔口精确对准，孔壁平滑，孔轴线与板面垂直。质量达不到 Ⅰ 类孔要求的都为 Ⅱ 类孔。

知识链接

螺栓性能等级的含义

螺栓性能等级，即钢结构连接用螺栓性能等级，分 3.6、4.6、4.8、5.6、5.8、6.8、8.8、9.8、10.9、12.9 等十个等级。

螺栓性能等级标号由两部分数字组成，分别表示螺栓材料的公称抗拉强度值和屈强比值。

例如，性能等级 4.6 级的螺栓，其含义是：螺栓材质公称抗拉强度达 400MPa 级；螺栓材质的屈强比值为 0.6；螺栓材质的公称屈服强度达 400MPa×0.6＝240MPa 级。

再如，性能等级 10.9 级高强度螺栓，其材料经过热处理后，应符合：螺栓材质公称抗拉强度达 1000MPa 级；螺栓材质的屈强比值为 0.9；螺栓材质的公称屈服强度达 1000MPa×0.9＝900MPa 级。

课堂练习

1. 普通螺栓分为 _____，C 级螺栓为 _____，A、B 级螺栓为 _____。

2. 性能等级 5.6 级的螺栓，其含义是：螺栓材质公称抗拉强度达 _____ 级；螺栓材质的屈强比值为 _____；螺栓材质的公称屈服强度达 _____ 级。

二、普通螺栓连接的受力原理及破坏形式

如图 1.3.31 所示，普通螺栓连接按其传力方式可分为外力与螺栓杆垂直的受剪螺栓连接、外力与螺栓杆平行的受拉螺栓连接以及同时受剪和受拉的拉剪螺栓连接。受剪螺栓依靠螺栓杆抗剪和螺栓杆对孔壁的承压传力；受拉螺栓由板件使螺栓张拉传力。

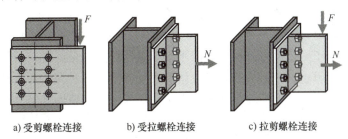

a) 受剪螺栓连接　　b) 受拉螺栓连接　　c) 拉剪螺栓连接

图 1.3.31　普通螺栓按传力方式分类

（一）受剪螺栓连接的破坏

受剪螺栓连接的破坏可能有五种形式，如图 1.3.32 所示。

1）当螺栓杆的直径较小而板件较厚时，螺栓杆可能被剪断，这时连接的承载能力由螺栓的抗剪强度控制。

2）当螺栓杆直径较大，构件相对较薄时，连接将由于孔壁被挤压而产生破坏。

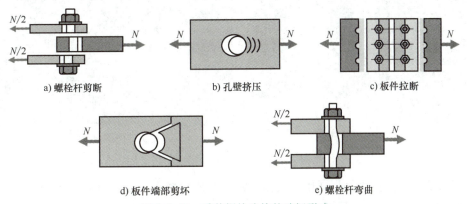

a) 螺栓杆剪断　　b) 孔壁挤压　　c) 板件拉断

d) 板件端部剪坏　　e) 螺栓杆弯曲

图 1.3.32　受剪螺栓连接的破坏形式

3）板件本身由于截面开孔削弱过多而被拉断。
4）由于板件端部螺栓孔端距太小而被剪坏。
5）由于连接板叠太厚，螺栓杆太长，杆身可能发生过大的弯曲而破坏。

上述五种破坏形式中，前三种破坏须通过计算加以防止，后两种破坏可通过构造措施加以防止。板件受拉的计算属于构件的计算，防止杆身被剪断和孔壁挤压破的计算坏则属于连接的计算。端距 $\geq 2d_0$（d_0 为螺栓孔直径）可避免端板被剪坏，板叠厚度 $\leq 5d$（d 为螺栓杆直径）可避免螺栓杆发生过大弯曲而破坏。

（二）受拉螺栓连接的破坏

受拉螺栓连接的破坏形式是螺栓杆被拉断，拉断的部位通常在螺纹削弱的截面处，因此一个受拉螺栓的承载力设计值应根据螺纹削弱处的有效直径或有效面积来确定。

（三）拉剪螺栓连接的破坏

拉剪螺栓连接的破坏发生在最危险螺栓处，可能发生受剪或受拉破坏。

> **课堂练习**
>
> 普通螺栓连接按其传力方式可分为_____以及_____。

三、高强度螺栓

高强度螺栓性能等级为 8.8 级和 10.9 级，施工时给螺栓杆施加很大的预拉力，使被连接构件的接触面之间产生挤压力，板面之间垂直于螺栓杆方向受剪时有很大的摩擦力，依靠接触面间的摩擦力来阻止其相互滑移，以达到传递外力的目的，高强度螺栓连接变形较小。

高强度螺栓抗剪连接分为摩擦型连接和承压型连接。摩擦型连接以滑移作为承载能力的极限状态；承压型连接的极限状态和普通螺栓连接相同，允许接触面滑移，直到螺栓杆与孔壁接触，此后连接就靠螺栓杆身剪切和孔壁承压以及板件接触面间的摩擦力共同传力，最后以杆身剪切或孔壁承压破坏作为极限状态。高强度螺栓及连接如图 1.3.33 所示。

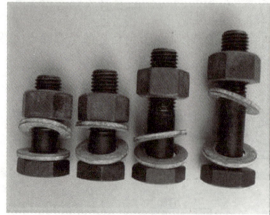
a) 高强度螺栓

b) 高强度螺栓连接

图 1.3.33　高强度螺栓及连接

高强度螺栓摩擦型连接只利用摩擦传力，具有连接紧密、受力良好、耐疲劳、可拆换、安装简单以及动力荷载作用下不易松动等优点，目前在桥梁、工业与民用建筑结构中得到广泛应用，尤其在栓焊桁架桥、重级工作制厂房的吊车梁系统和重要建筑物的支撑连接中已被证明具有明显的优越性。摩擦型高强度螺栓适用于重要的结构和承受动力荷载的结构，以及可能出现反向内力构件的连接。摩擦型高强度螺栓孔应采用钻成孔，其孔径比螺栓的公称直径大 1.5~2.0mm。

高强度螺栓承压型连接，起初由摩擦传力，后期则依靠螺栓杆抗剪和承压传力，由于它的承载能力比摩擦型的高，可以节约钢材，也具有连接紧密、可拆换、安装简单等优点。但这种连接在摩擦力被克服后的剪切变形较大，规范规定高强度螺栓承压型连接不得用于直接承受动力荷载的结构。承压型高强度螺栓的孔径比螺栓的公称直径大 1.0~1.5mm。

摩擦型连接和承压型连接在受拉时，两者受力特性无太大区别，除了在设计计算的考虑和孔径方面有所不同外，在材料、预拉力、接触面的处理以及施工要求等方面均无差异。

与普通螺栓相同，高强度螺栓连接按其传力方式也可分受剪螺栓连接、受拉螺栓连接以及同时受剪和受拉的拉剪螺栓连接。

高强度螺栓不能重复使用，尤其是 10.9 级螺栓，拆卸后即不能再用。

课堂练习

高强度螺栓性能等级为_____级和_____级。高强度螺栓抗剪连接分为_____型连接和_____型连接。

四、高强度螺栓连接的种类与紧固方法

我国现有大六角头型和扭剪型两种高强度螺栓。大六角头型和普通六角头粗制螺栓相同，螺栓的连接副（即一套螺栓）由一个螺栓、一个螺母和两个垫圈组成，如图 1.3.34a 所示。扭剪型的螺栓头与铆钉头相仿，螺栓连接副由一个螺栓、一个螺母和一个垫圈组成，在它的螺纹端头设置了一个梅花卡头和一个能够控制紧固扭矩的环形槽沟，如图 1.3.34b 所示。

高强度螺栓的紧固方法有 3 种：大六角头型采用转角法和扭矩法，扭剪型采用扭掉螺栓尾部的梅花卡头法。

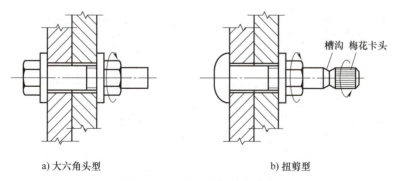

a) 大六角头型　　　　　　　　b) 扭剪型

图 1.3.34　高强度螺栓的种类

1）转角法。先用扳手将螺母拧到贴紧板面位置（初拧）并作标记线，再用长扳手将螺母转动到一个额定角度（终拧角度）。终拧角度与螺栓直径和连接件厚度等有关。此法实际上是通过螺栓的应变来控制预拉力，不需专用扳手，工具简单但预拉力不够精确。

2）扭矩法。先用普通扳手初拧（不小于终拧扭矩值的50%），使连接件紧贴，然后用扭力扳手按施工扭矩值终拧。终拧扭矩值根据预先测定的扭矩和预拉力之间的关系确定，施拧时偏差不得超过±10%。

3）扭掉螺栓尾部的梅花卡头法。紧固螺栓时采用特制的电动扳手，这种扳手有内外两个套筒，外套筒卡住螺母，内套筒卡住梅花卡头。接通电源后，两个套筒按反方向转动，螺母逐步拧紧，梅花卡头的环形槽沟受到越来越大的剪力，当达到所需要的紧固力时，环形槽沟处剪断，梅花卡头掉下，这时螺栓预拉力达到设计值，紧固完毕。

紧固时，高强度螺栓的预拉力值应尽可能高些，但需保证螺栓在拧紧过程中不会屈服或断裂，所以控制预拉力是保证连接质量的关键性因素。《钢结构设计标准》（GB 50017）规定的预拉力设计值 P，见表1.3.6。

表1.3.6　一个高强度螺栓的预拉力设计值 P　　　　　　（单位：kN）

螺栓的承载力 性能等级	螺栓的公称直径/mm					
	M16	M20	M22	M24	M27	M30
8.8级	80	125	150	175	230	280
10.9级	100	155	190	225	290	355

为增加摩擦型连接的摩擦面抗滑移系数，钢材表面可做以下处理：喷硬质石英砂或铸钢棱角砂、抛丸（喷砂）、钢丝刷清除浮锈等。

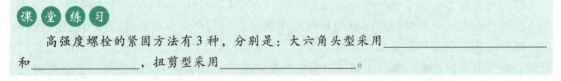

高强度螺栓的紧固方法有3种，分别是：大六角头型采用_____和_____，扭剪型采用_____。

五、螺栓的排列

螺栓在构件上的排列应简单、统一、整齐而紧凑，通常分为并列和错列两种形式，如图1.3.35所示。并列排放螺栓排列整齐紧凑，所用连接板尺寸小，螺栓孔对构件截面的削弱比错列方式大；错列排放不如并列排放紧凑，螺栓孔对构件截面的削弱小，连接板尺寸较大。

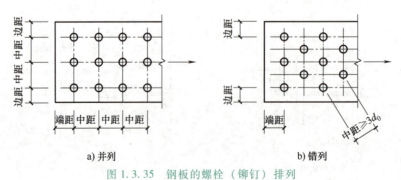

a）并列　　　　　　b）错列

图1.3.35　钢板的螺栓（铆钉）排列
d_0—螺栓孔径

螺栓在构件上的排列应考虑以下要求：

（1）受力要求　为避免钢板端部被剪断，螺栓的端距不应小于$2d_0$（d_0为螺栓孔径）。对于受拉构件，各排螺栓垂直于受力方向的中距及边距不能过小，避免螺栓周围应力集中相互影响，同时防止钢板截面削弱过多降低其承载能力。对于受压构件，沿受力方向各排螺栓的中距不宜过大，否则在连接板件间容易发生鼓曲现象。

（2）构造要求 螺栓的中距及边距不宜过大，否则钢板间不能紧密贴合，潮气易侵入缝隙使钢材锈蚀。

（3）施工要求 要保证有一定空间，便于用扳手拧紧螺母。根据扳手尺寸和工人的施工经验，规定最小中距为 $3d_0$。

综上所述，螺栓连接宜采用紧凑布置，其连接中心宜与被连接构件截面的重心相一致。螺栓的孔距、边距和端距容许值应符合表 1.3.7 的规定。

表 1.3.7 螺栓的孔距、边距和端距容许值

名称	位置和方向			最大容许间距（取两者的较小值）	最小容许间距
中心距离	外排（垂直内力方向或顺内力方向）			$8d_0$ 或 $12t$	$3d_0$
	中间排	垂直内力方向		$16d_0$ 或 $24t$	
		顺内力方向	构件受压力	$12d_0$ 或 $18t$	
			构件受拉力	$16d_0$ 或 $24t$	
	沿对角线方向			—	
中心至构件边缘距离	顺内力方向			$4d_0$ 或 $8t$	$2d_0$
	垂直内力方向	剪切边或手工切割边			$1.5d_0$
		轧制边、自动气割或锯割边	高强度螺栓		
			其他螺栓		$1.2d_0$

注：1. d_0 为螺栓或铆钉的孔径，对槽孔为短向尺寸，t 为外层较薄板件的厚度。
2. 钢板边缘与刚性构件（如角钢、槽钢等）相连的高强度螺栓的最大间距，可按中间排的数值采用。
3. 计算螺栓孔引起的截面削弱时可取 $d+4mm$ 和 d_0 的较大者，d 为螺栓杆直径。

此外，角钢、普通工字钢、槽钢上螺栓的线距应满足图 1.3.36、表 1.3.8~表 1.3.10 的要求。H 型钢腹板上 c 值可参考普通工字钢，翼缘上 e 值或 e_1、e_2 值可根据外伸宽度参照角钢。

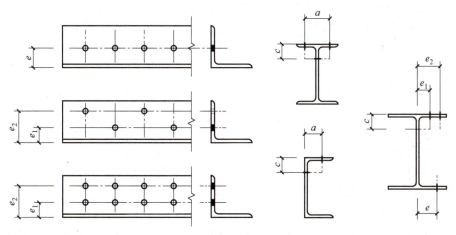

图 1.3.36 型钢的螺栓（铆钉）排列

表 1.3.8　角钢上的螺栓线距　　　　　　　　　　　　　　　　（单位：mm）

单行排列	角钢肢距	40	45	50	56	63	70	75	80	90	100	110	125
	线距 e	25	25	30	30	35	40	40	45	50	55	60	70
	螺孔最大直径	11.5	13.5	15.5	17.5	20	22	22	24	24	24	26	26

双行排列	角钢肢距	125	140	160	180	200	双行并列	角钢肢距	160	180	200
	e_1	55	60	70	70	80		e_1	60	70	80
	e_2	90	100	120	140	160		e_2	130	140	160
	螺孔最大直径	24	26	26	26	26		螺孔最大直径	24	24	26

表 1.3.9　工字钢和槽钢腹板上的螺栓线距　　　　　　　　　　（单位：mm）

工字钢型号	12	14	16	18	20	22	25	28	32	36	45	50	56	63
线距 c_{min}	40	45	45	45	50	50	55	60	60	65	70	75	75	75
槽钢型号	12	14	16	18	20	22	25	28	32	36	40	—	—	—
线距 c_{min}	40	45	50	50	55	55	55	60	65	70	75	—	—	—

表 1.3.10　工字钢和槽钢翼缘上的螺栓线距　　　　　　　　　（单位：mm）

工字钢型号	12	14	16	18	20	22	25	28	32	36	40	45	50	56	63
线距 a_{min}	40	40	50	55	60	65	65	70	75	80	80	85	90	95	95
槽钢型号	12	14	16	18	20	22	25	28	32	36	40	—	—	—	—
线距 a_{min}	30	35	35	40	45	45	45	50	56	60	—	—	—	—	—

课堂练习

螺栓在构件上的排列通常分为_____和_____两种形式，且应满足_____、_____和_____容许值要求。

六、高强度螺栓的构造

高强度螺栓的排列、布置、间距等要求，均与普通螺栓相同，但在具体布置时，应考虑使用拧紧工具进行施工的可能性且符合以下特别规定：

1）高强度螺栓孔的孔径与孔型应符合下列规定：

① 高强度螺栓承压型连接采用标准圆孔时，其孔径 d_0 可按表 1.3.11 采用。

② 高强度螺栓摩擦型连接可采用标准圆孔、大圆孔和槽孔，孔型尺寸可按表 1.3.11 采用；采用扩大孔连接时，同一连接面只能在盖板和芯板其中之一的板上采用大圆孔或槽孔，其余仍采用标准圆孔。

表 1.3.11　高强度螺栓连接的孔型尺寸匹配　　　　　　　　　（单位：mm）

螺栓公称直径			M12	M16	M20	M22	M24	M27	M30
孔型	标准圆孔	直径	13.5	17.5	22	24	26	30	33
	大圆孔	直径	16	20	24	28	30	35	38
	槽孔	短向	13.5	17.5	22	24	26	30	33
		长向	22	30	37	40	45	50	55

③ 高强度螺栓摩擦型连接盖板按大圆孔、槽孔制孔时，应增大垫圈厚度或采用连续型垫板，其孔径与标准垫圈相同，对 M24 及以下的螺栓，厚度不宜小于 8mm；对 M24 以上的

螺栓，厚度不宜小于10mm。

2）直接承受动力荷载构件的螺栓连接应符合下列规定：

① 抗剪连接时应采用摩擦型高强度螺栓。

② 普通螺栓受拉连接应采用双螺母或其他能防止螺母松动的有效措施。

③ 当型钢构件拼接采用高强度螺栓连接时，其拼接件宜采用钢板。

3）螺栓连接设计应符合下列规定：

① 连接处应有必要的螺栓施拧空间。

② 螺栓连接或拼接节点中，每一杆件一端的永久性的螺栓数不宜少于2个；对组合构件的缀条，其端部连接可采用1个螺栓。

③ 沿杆轴方向受拉的螺栓连接中的端板（法兰板），宜设置加劲肋。

配套图纸1.6 螺栓连接（登录机工教育服务网 www.Cmpedu.com 注册下载）。

实物模型1.3
螺栓连接

七、螺栓、螺栓孔的表示方法

在钢结构施工图上，螺栓及螺栓孔的表示方法见表1.3.12。

表1.3.12 螺栓及螺栓孔的表示方法

序号	名称	图例	说明
1	永久螺栓	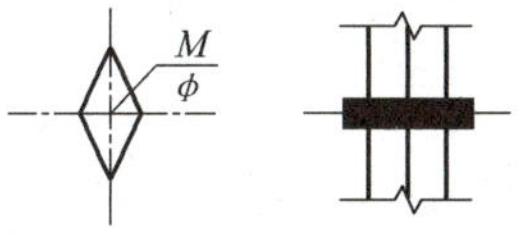	
2	高强度螺栓	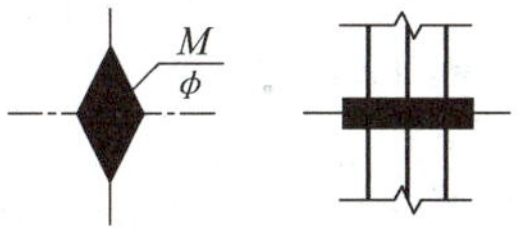	
3	安装螺栓	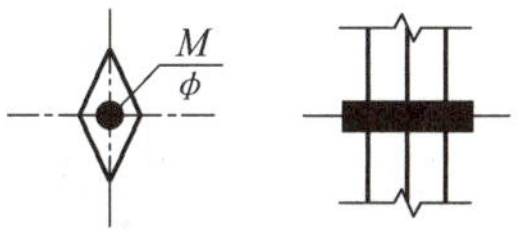	1. 细"+"线表示定位线 2. M 表示螺栓型号 3. ϕ 表示螺栓孔直径 4. 采用引出线标注螺栓时，横线上标注螺栓规格，横线下标注螺栓孔直径
4	圆形螺栓孔	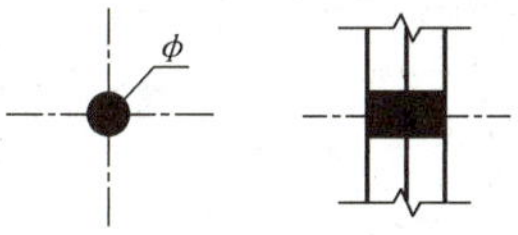	
5	长圆形螺栓孔	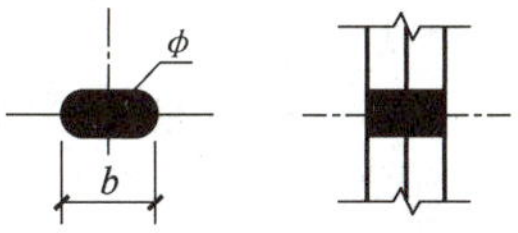	

知识链接

铆 钉 连 接

铆钉连接的优点是塑性和韧性较好，传力可靠，质量易于检查，适用于直接承受动力荷载结构的连接；缺点是构造复杂，用钢量多，目前已很少采用。铆钉连接如图1.3.37所示。

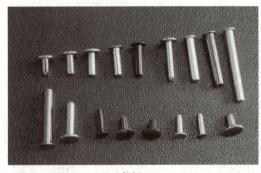
a) 铆钉

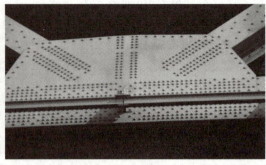
b) 铆钉连接的应用

图 1.3.37 铆钉连接

项目知识图谱

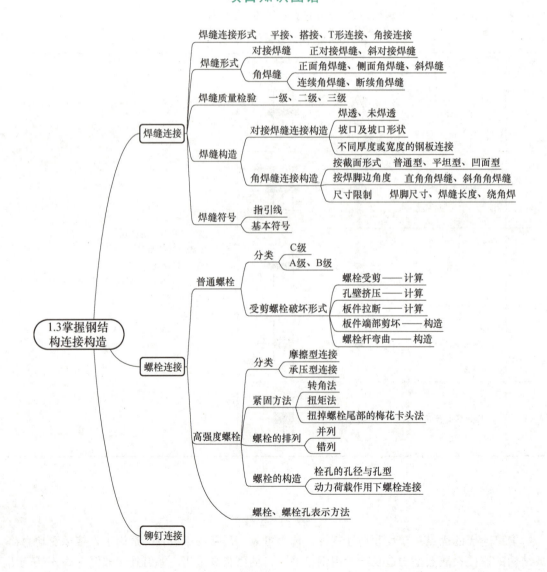

识 图 训 练

1. 查阅国家标准,绘制以下型钢断面。
（1）热轧等边角钢：∟100×8。
（2）热轧不等边角钢：∟125×80×8。
（3）热轧工字钢：I 32a。
（4）热轧轻型槽钢：Q⊏20。
（5）热轧中翼缘 H 型钢：HM300×200。
（6）热轧窄翼缘剖分 T 型钢：TN150×150。
（7）热轧无缝钢管：ϕ399×20。
（8）热轧方形钢管：F400×20。
（9）热轧矩形钢管：J200×120×6。
（10）冷弯内卷边槽钢：CN160×60×20×2.5。
（11）冷弯卷边 Z 型钢：ZJ160×60×20×2.5。

2. 绘制对接焊缝坡口形状示意图,并绘出焊缝符号。
（1）全焊透焊缝构造（平接）。
1）I 形坡口全焊透焊缝,板厚均 6mm。
2）I 形坡口全焊透焊缝（反面加设衬垫）,板厚均 6mm。
3）单边 V 形坡口全焊透对接焊缝（反面加设衬垫）,板厚均 10mm。
4）V 形坡口全焊透对接焊缝（反面清根后补焊）,板厚均 16mm。
（2）全焊透焊缝构造（T 形连接）。
1）V 形坡口全焊透 T 形连接焊缝（反面加设衬垫）,板厚均 16mm。
2）K 形坡口全焊透 T 形连接焊缝（反面清根）,板厚均 20mm。
（3）全焊透焊缝构造（角接）。
1）单边 V 形坡口全焊透角接焊缝（反面加设衬垫）,板厚均 16mm。
2）V 形坡口全焊透角接焊缝（反面加设衬垫）,板厚均 28mm。
（4）部分焊透焊缝构造（平接）。
1）V 形坡口部分焊透焊缝（反面补焊）,板厚均 20mm。
2）单边 V 形坡口部分焊透焊缝（反面补焊）,板厚均 20mm。
（5）部分焊透焊缝构造（T 形连接）。
1）单边 V 形坡口部分焊透 T 形连接焊缝（反面补焊）,板厚均 20mm。
2）K 形坡口部分焊透 T 形连接焊缝,板厚均 30mm。
（6）部分焊透焊缝构造（角接）。
1）V 形坡口部分焊透焊缝（单面）,板厚均 20mm。
2）单边 V 形坡口部分焊透角接焊缝（单面）,板厚均 20mm。

3. 图 1.3.38 为焊接 H 形钢梁（即 H 形截面钢梁）和焊接箱形柱（即箱形截面柱）的断面,请解释焊缝含义。

4. 轴心受拉钢板,宽度为 400mm,厚度为 20mm,用两块－400×12 的拼接板及摩擦型高强度螺栓进行连接,经计算,至少需要螺栓 2×13M20,试按照构造要求,绘出高强度螺

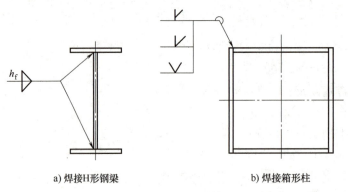

a) 焊接H形钢梁　　　　　　b) 焊接箱形柱

图 1.3.38　识图训练 3

栓的排列。

5. H 形钢梁的连接，可采用全栓连接、栓焊混合连接、全焊连接，试绘出连接构造示意图。

单元二　多高层钢结构房屋

我国多高层钢结构房屋起步较晚，但发展很快，在高层、超高层钢结构领域，已建立起较完整的分析理论，形成了成套技术，并建成了大量的钢结构房屋。世界上高度排名前十的建筑均为钢结构房屋，一半以上在我国。但我国多高层钢结构房屋的应用，与钢结构应用较多的国家相比较，比例还相对较低，而且主要集中在特大和大型城市，中、小城市应用较少。多高层钢结构房屋符合抗震、高强、绿色、环保及可持续发展要求，在国家大力推广钢结构房屋的背景下，发展空间很大。图 2.0.1 为高层钢结构房屋。

通过本单元的学习，应了解多高层钢结构房屋的应用与发展，熟悉结构体系，理解结构布置，重点掌握构件连接构造，并进行施工图识图训练。读者可结合虚实模型进行本单元的学习，有条件可到施工现场或已建成的房屋进行学习与实践，以便更好地理解多高层钢结构房屋的构造，更好地识读施工图。

a) 芝加哥家庭保险公司大楼

b) 帝国大厦

c) 纽约世界贸易中心大厦

d) 威利斯大厦

e) 吉隆坡石油双塔

f) 哈利法塔

g) 上海中心大厦

h) 深圳平安金融中心　i) 广州广商中心

j) 中银大厦

k) 香港国际金融中心

l) 台北101大厦

图 2.0.1　高层钢结构房屋

思政园地

中国之巅看工匠精神：揭秘我国第一高楼不为人知的世界级"绝活"

上海中心大厦（图 2.0.2）位于上海浦东陆家嘴金融贸易区核心区，主体建筑高 632m，地上 127 层，地下 5 层，总建筑面积 57.8 万 m^2，是一座集办公、酒店、会展、商业、观光等功能于一体的超级巨型地标式摩天大楼。我国第一高楼上海中心大厦 2016 年正式揭幕，直插云霄成为中国之巅，完成了许多世界建筑史上"不可能的任务"，极致体现了当代中国"工匠精神"。

图 2.0.2 上海中心大厦

位于长江口冲积平原的上海拥有 280 多米深的松软土壤，对建造超高层建筑来说，这样的地质条件，简直是"噩梦"。"把根留住"的世界级难题，没有难住建设者。通过我国技术团队的自主创新，终于找到了一个解决办法——后注浆钻孔灌注桩，预先在钢筋笼的底部和侧面埋设三根注浆管，进行高压注浆，一根桩的极限承载力从 800t 提升到 3100t，而且质量更稳定，将上海中心大厦稳稳擎起。

万丈高楼平地起，上海中心大厦的地下工程又是一项世界级的难题。632m 高的上海中心大厦地下室至少深 30m，地下总面积达 16.4 万 m^2。这意味着，上海中心大厦将挖出目前超高层建筑中规模最大（相当于 4.8 个足球场）、深度最深（最深挖土深度达 32m）的巨型深基坑。在上海中心大厦巨大的地下空间施工中，采用了"岛式挖土"和"临时地下连续墙圆形维护"的方法，完成主楼地下室圆形基坑，"超级大开挖"完成后，以约 1100 方/h 的浇筑量经过 63h 连续不间断的作业，顺利浇筑完成上海中心大厦主楼超级大底板，创出了民用建筑一次性连续浇筑方量最大基础底板的世界新纪录，也打造了上海中心大厦的坚强基础。

盘旋而上的上海中心大厦，技术含量最高、绿色效应最强、难度系数最大的要数 14 万 m^2 的柔性幕墙。上海中心大厦的柔性幕墙，不仅能充分利用自然光照，减少对人造光源的依赖，而且双层幕墙像热水瓶一样，起到冬暖夏凉的作用，采暖和制冷的能耗比单层幕墙降低 50% 左右，最特别的是，通过对双层幕墙体系进行分区及使外幕墙缓慢旋转，创造了 21 个"空中花园"，降低了楼内人群下到地面的交通需求，从而降低了能耗。

上海中心大厦外幕墙从设计、制作到施工、安装等各方面面临多重世界级挑战，控制结构变形是上海中心大厦外幕墙工程的最大关键点。上海中心大厦外幕墙采用柔性分区吊挂系统，在全球范围内前所未有，不仅要面临上下跨度大、支承玻璃幕墙钢环梁构件超长等难题，还需要综合分析如何在台风、地震、高低温、幕墙玻璃自重等各种因素影响下，对幕墙变形及结构安全实施有效的控制。我国技术团队反复研究，最终上海中心大厦外幕墙工程选择了在支承结构体系关键点上安装允许结构伸缩的可滑移支座的方案，避免结构因应力过大而破坏，为外幕墙攻克了关键性的难题。

上海中心大厦体现我国建筑业和高端制造业走向了世界的顶尖，从中国制造走向"中国智造"，上海中心大厦幕墙、桩基、吊装等世界级难题，完全依靠我国创新技术解决，堪称当代工匠精神的集中体现。

项目2.1　认识多高层钢结构房屋

多高层钢结构房屋是近代经济发展和科学技术进步的产物，至今已有100多年的发展史。多高层钢结构房屋结构自重小，施工速度快，抗震性能好，有良好的延性，同时钢结构建筑有助于环保和可持续发展，有广泛的应用前景。通过本项目的学习，应了解多高层钢结构房屋的应用与发展，熟悉结构体系，理解结构布置。

任务2.1.1　了解多高层钢结构房屋的应用与发展

一、国外多高层钢结构房屋的应用

自1885年美国兴建第一幢高层钢结构建筑——芝加哥家庭保险公司大楼（10层，42m，后加至12层）以来，高层钢结构房屋得到了不断发展。进入20世纪以后，随着钢结构设计技术的发展，以及高层建筑在结构与构造技术上的逐渐成熟，大量高层钢结构陆续建成。如1913年在纽约建造的伍尔沃斯大楼，采用钢框架体系，57层，总高241m；1931年在纽约修建的帝国大厦，102层，高381m，保持世界最高建筑的记录达41年之久；1972年建造的纽约世界贸易中心大厦，110层，北塔楼高417m，南塔楼高415m，打破了帝国大厦已保持了41年的世界最高建筑的纪录，塔楼平面为正方形，尺寸为63m×63m，结构采用筒中筒体系，内筒由电梯井及辅助用房组成，外筒为钢框筒，该大楼已毁于2001年"9.11"事件；1974年，美国又在芝加哥建成了西尔斯大厦（现为威利斯大厦），110层，高443m，结构为由9个标准方筒组成的束筒体系，外形特点是逐级上收，它的出现标志着现代建筑技术的新发展。

欧洲一些经济比较发达国家的城市，如巴黎、伦敦、罗马、柏林、法兰克福等，也建造了一些高层建筑，但这些建筑总体来说不是太高，大多数为100多米。其中，1997年5月竣工的德国法兰克福商业银行中心新大楼，地上53层，高299m，为欧洲高层钢结构第一高楼。

自20世纪60年代以来，亚洲陆续建造了一些高度超过200m，甚至超过400m的超高层建筑，并正在向更大的高度发展。在日本，超过100m的建筑几乎全部采用钢结构。马来西亚于1997年在吉隆坡建成石油双塔，88层，高452m。新加坡、首尔等地也于20世纪80年代中期就已建成高度超200m的钢结构建筑。阿拉伯联合酋长国建造了大量的高层建筑，最具代表性的哈利法塔始建于2004年，原名迪拜塔，是世界第一高楼，建筑面积52.67万 m^2，高度 828m，地上 162 层。

二、国内多高层钢结构房屋的应用

在我国，高层钢结构建筑虽然起步较晚，但发展较快。自 20 世纪 80 年代中期始建高层钢结构，在这短短的几十年中，我国已建成大量的高层钢结构建筑。目前最高的上海中心大厦 2016 年完工，建筑面积 57.8 万 m^2，高度 632m，地上 127 层，地下 5 层。深圳平安金融中心 2016 年建成，118 层，高度 599m。在中国香港，继中银大厦（地面以上 70 层，高 367m）和香港汇丰银行大厦（地面以上 46 层，高 180m）建成之后，于 2003 年又建成了高达 415m 的国际金融中心大厦等高楼。在中国台湾，85 层的 T&C 大厦，高 348m；台北 101 大厦，地面以上 101 层，高 508m。

三、多高层钢结构房屋的发展前景

在全世界 100 幢最高建筑物中，全钢结构约占 60%，钢与混凝土混合结构约占 25%，两项合计占总数的 85% 左右，且高层钢结构所占比例还在增加。世界十大高楼，要么是全钢结构，要么是以钢结构为主的混合结构。可见高层建筑，特别是超高层建筑最适合的结构类型应是钢结构或以钢为主的混合或组合结构，这也充分说明了该结构类型具有广泛的前景。

随着城市建设和社会发展，多高层建筑必将会高速发展。在确保高层建筑具有足够可靠度的前提下，为了进一步节约材料和降低造价，结构构件和材料正在不断更新，设计概念也在不断发展。

钢结构具有强度高、质量轻、构件截面小、有效空间大、施工速度快等特点，不但适宜于建造高层、大跨建筑，在多层民用房屋中也具有广泛的应用前景。与传统钢筋混凝土结构相比，它具有较好的延性、韧性和耗能能力，是地震区多层民用建筑优先考虑的结构形式之一，具有较好的综合效益。

超高层建筑最适合的结构类型应是_____或_____。

任务 2.1.2 熟悉多高层钢结构房屋的结构体系

一、多高层钢结构房屋的结构类型

多高层建筑结构根据主要结构用材分为钢筋混凝土结构、纯钢结构、钢-混凝土混合结构、钢-混凝土组合结构四种结构类型。后 3 种结构类型可统称为多高层钢结构。

（一）纯钢结构

这种结构类型的梁、柱、支撑、剪力墙等主要构件均采用钢材。该类型主要有钢框架体系、钢框架-支撑体系、钢框架-钢板剪力墙体系。

（二）钢-混凝土混合结构

这种结构类型的梁、柱构件采用钢材，而主要抗侧力构件采用钢筋混凝土内筒或钢筋混凝土剪力墙。该类型主要有钢框架-混凝土核心筒体系或钢框架-混凝土剪力墙体系。

（三）钢-混凝土组合结构

这种结构类型包括钢骨（型钢）混凝土结构、钢管混凝土结构。该类结构的柱和主要抗侧力构件（筒体、剪力墙等竖向构件）常采用钢骨混凝土或钢管混凝土，而梁等横向构件仍采用钢材。

二、多高层钢结构房屋的结构体系

（一）钢框架结构体系

钢框架结构体系是指房屋的纵向和横向均采用钢框架作为主要承重构件和抗侧力构件的结构体系。钢框架由水平杆件（钢梁）和竖向杆件（钢柱）正交连接形成。钢框架结构体系中，框架的纵横梁与柱的连接一般采用刚性连接；在某些情况下，为加大结构的延性或防止梁与柱连接焊缝的脆断，也可采用半刚性连接。

钢框架结构体系的优点是建筑平面布置灵活，能够提供较大的内部使用空间，因而能适应多种类型的使用功能。钢框架构造简单，构件易于标准化和定型化，施工速度快，工期短。对不太高的高层结构而言，钢框架结构体系是一种比较经济合理、运用广泛的结构体系。钢框架结构比较经济的高度为30m以下，高度大于30m的建筑可通过增设支撑来提高经济性。

钢框架结构在地震力作用下，由于结构较柔，自振周期长，且结构自重小，结构影响系数小，因而所受地震力小，利于抗震。同时由于结构较柔，地震时侧向位移大。

采用钢框架结构体系时，甲、乙类建筑和高层的丙类建筑不应采用单跨框架，多层的丙类建筑不宜采用单跨框架。

图2.1.1所示为某宾馆标准层结构平面，该建筑地下2层，地上26层，高94m，标准楼层层高3.3m，平面尺寸为48m×22.8m，按8度抗震设防，采用钢框架结构体系，方管柱，H形截面钢梁，基本柱网尺寸为8m×9.8m。

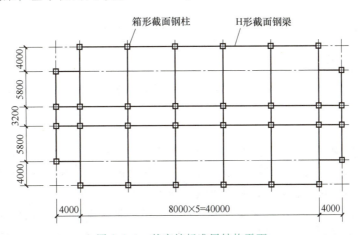

图2.1.1 某宾馆标准层结构平面

（二）双重抗侧力结构体系

钢框架结构体系的主要不足之处是抗侧刚度差，当建筑达到一定高度时，在侧向力作用下，结构的侧移较大，可能影响正常使用，因而建筑高度受到限制。当房屋高度较高时，在框架的纵、横方向设置支撑或剪力墙等抗侧力构件，形成钢框架与支撑或剪力墙共同抵抗侧向力的体系，称之为双重抗侧力结构体系。

双重抗侧力结构体系的抗侧刚度比钢框架结构体系大，在相同侧移限值标准的情况下，可以建造更高的钢结构房屋。

根据抗侧力构件的不同，双重抗侧力结构体系可分为三类：钢框架-支撑体系，钢框架-剪力墙（现浇钢筋混凝土剪力墙、现浇型钢混凝土剪力墙、嵌入式钢板剪力墙、嵌入式内藏钢板支撑的预制钢筋混凝土剪力墙和预制的带竖缝钢筋混凝土剪力墙）体系，钢框架-核心筒（钢筋混凝土核心筒、钢骨混凝土核心筒或钢结构支撑芯筒）体系。

1. 钢框架-支撑体系

房屋高度较高，或纯框架体系在风荷载、地震作用下，不能满足设计要求时，可以采用带支撑的框架，即在框架体系中，沿结构的纵、横两个方向或其他主轴方向，布置一定数量的竖向支撑，所形成的结构体系称为钢框架-支撑体系，如图2.1.2所示。

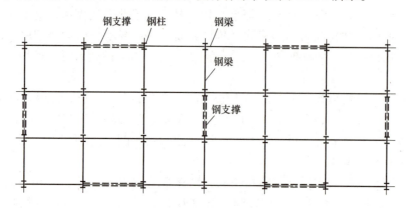

图 2.1.2　钢框架-支撑体系

在这种体系中，框架布置原则、柱网尺寸和构造要求基本上与钢框架结构体系相同。竖向支撑的布置，在结构的纵、横等主轴方向，均应基本对称。

2. 钢框架-剪力墙体系

钢框架-剪力墙体系是在钢框架的基础上，沿结构的纵、横两个方向或其他主轴方向，配置一定数量的剪力墙而形成的。钢框架-剪力墙体系的受力特性和变形特点与钢框架-支撑体系相似。

剪力墙可分为预制和现浇两大类。预制剪力墙板通常嵌入钢框架框格内，因此常被称为嵌入式墙板。预制墙板有以下几种类型：带纵、横肋的钢板，内藏钢板支撑的钢筋混凝土墙板，带竖缝的钢筋混凝土墙板。预制墙板嵌入钢框架梁、柱形成的框格内，一般应从结构底层到顶层连续布置。为使墙板承受水平剪力而不承担竖向荷载，墙板四周与钢框架梁、柱之间的连接应在主体结构完成后进行。现浇剪力墙板一般沿房屋的纵向和横向两个方向布置，水平截面的形状可以是一字形（片状）、L形、T形、工字形，剪力墙的数量根据设防烈度和房屋具体情况由计算确定。工程中，现浇剪力墙板可以是钢筋混凝土墙板或型钢混凝土（钢骨混凝土）墙板。

图2.1.3所示为某高层办公楼，地上22层，地下2层，标准层层高为4.2m，房屋总高度为96.6m。建筑平面为矩形，标准柱网尺寸为8.4m×8.4m。根据结构特点及建筑使用功能的要求，地面以下采用型钢混凝土框架和现浇钢筋混凝土抗震墙；地面以上采用钢框架-嵌入式钢板剪力墙体系。框架柱及钢板剪力墙边框柱采用箱形柱，框架梁、次梁采用H型钢，楼盖采用设置一道钢次梁的钢筋桁架楼承板，楼板厚度为150mm。

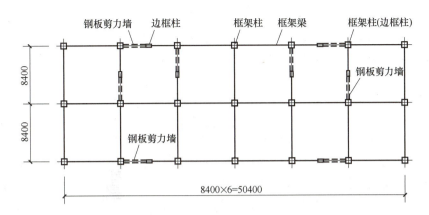

图 2.1.3　钢框架-嵌入式钢板剪力墙体系

3. 钢框架-核心筒体系

钢框架-核心筒体系是指由外侧钢框架与内部芯筒所组成的混合结构体系，内部芯筒可以是钢筋混凝土芯筒或钢骨混凝土芯筒或钢结构支撑芯筒。这种结构体系可以将所有服务性设施集中在楼面中心部位，沿服务性面积周围设置钢筋混凝土墙（形成钢筋混凝土核心筒）或钢骨混凝土墙（形成钢骨混凝土核心筒）或钢结构支撑（形成钢结构支撑核心筒）。

钢框架与核心筒之间通过钢梁连接。钢梁与钢筋混凝土核心筒常为铰接连接，与钢骨混凝土核心筒及钢结构支撑核心筒宜采用刚接，也可铰接；钢梁与钢框架柱的连接宜采用刚接，也可采用铰接。

图 2.1.4 所示为超高层酒店，地下 3 层，地上 53 层，高 188m，平面形状为三角形。主

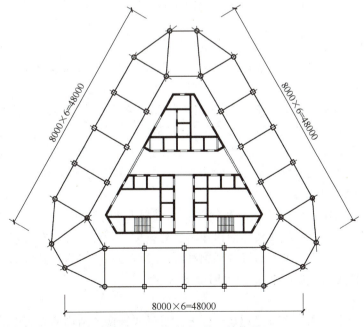

图 2.1.4　钢框架-核心筒体系

楼结构采用钢框架混凝土芯筒体系，利用房屋中心的服务竖井，做成三角形钢筋混凝土芯筒，作为主要抗侧力构件。由于钢筋混凝土芯筒和竖墙具有很大的抗侧刚度，所以承担竖向荷载的钢梁与钢柱可以采用铰接，从而简化施工。

（三）筒体结构体系

筒体结构体系因其抗侧力构件采用了立体构件而使结构具有较大的抗侧刚度，有较强的抗侧力能力，能形成较大的使用空间，在超高层建筑中运用较为广泛。所谓筒体结构体系，就是由若干片纵横交接的"密柱深梁型"框架或抗剪桁架所围成的筒状封闭结构。每一层的楼面结构又加强了各片框架或抗剪桁架之间的相互连接，形成一个具有很大空间整体刚度的空间筒状封闭构架。根据筒体的组成、布置、数量的不同，可将筒体结构体系分为框筒结构体系、筒中筒结构体系、束筒结构体系、框架-核心筒结构体系，如图2.1.5所示。

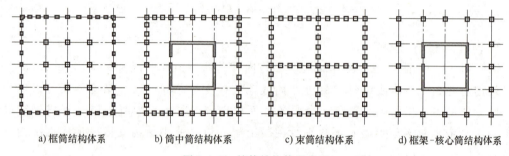

a) 框筒结构体系　　b) 筒中筒结构体系　　c) 束筒结构体系　　d) 框架-核心筒结构体系

图2.1.5　筒体结构体系类型

1. 框筒结构体系

框筒是由框架结构发展起来的，它不设内部支撑式墙体，仅靠悬臂框筒的作用来抵抗水平力。为减少楼盖结构的内力和挠度，框筒的中间往往要布置一些柱子，以承受楼面竖向荷载，钢框筒结构最有代表性的应用是美国纽约世界贸易中心大厦。

2. 筒中筒结构体系

筒中筒结构体系由外部的框筒与内部的核心筒组成，外框筒由间距一般在4m以内的密柱和高度很高的裙梁所组成，内筒则为实体筒体，具有很大的抗侧刚度和承载力。

3. 束筒结构体系

两个以上筒体（框筒或薄壁筒）排列在一起称为束筒。束筒结构体系中的每一个框筒体，可以是方形、矩形或者三角形；多个筒体可以组成不同的平面形状，其中任一个筒体可以根据需要在适当高度终止。由于集中了多个筒体共同抵御外部荷载，因而束筒结构体系具有比筒中筒结构体系更大的抗侧能力，常用于75层以上的高层建筑中。

4. 框架-核心筒结构体系

双重抗侧力结构体系中钢框架-核心筒体系也可划入筒体结构体系，钢框架-核心筒结构根据建筑功能的需要在内部组成实体筒体作为主要抗侧力构件，外侧布置钢框架，也可在筒体外侧布置多排柱，由于其平面布置的规则性与内部核心筒的稳定性及抗侧力作用的空间有效性，故抗震性能优于一般的框架-剪力墙结构。

（四）巨型结构体系

巨型结构的概念产生于20世纪60年代末，由梁式转换层结构发展而形成。巨型结构体系又称超级结构体系，它是由不同于常规梁柱概念的大型构件——巨型梁和巨型柱所组成的主结构与常规结构构件组成的次结构共同工作的一种高层建筑结构体系。

巨型结构的梁和柱一般都是空心的立体杆件。巨型构件的截面尺寸通常很大，其中巨型柱的尺寸常超过一个普通框架的柱距，其形式上可以是巨大的实腹钢骨混凝土柱、空间格构式柱或是筒体；巨型梁采用高度在一层以上的空间钢桁架，一般隔若干层才设置一道。巨型结构的主结构通常为主要抗侧力体系，次结构只承担竖向荷载，并负责将力传给主结构。巨型结构是一种超常规的具有巨大抗侧刚度及整体工作性能的大型结构。

上海证券大厦，27层，高109m，采用了巨型框架结构体系。该结构是在相距63m的两个塔楼的19~26层用横向巨型桁架梁相连，9层以下由裙房连接，所构成的巨型框架结构体系，如图2.1.6所示。

香港汇丰银行大厦，地下4层，基础埋深20m；地上46层，高180m。大楼采用矩形平面，其底层平面尺寸为55m×72m。大楼采用巨型框架结构体系，整个巨型框架结构由8根钢管组合柱与5层纵、横向立体桁架梁组成。每根组合柱由4根钢管组成；每层纵、横向立体桁架梁两端伸出柱外10.8m，楼面通过吊杆悬挂在桁架梁上，各层立体桁架梁间的吊杆悬挂4~7层楼盖，如图2.1.7所示。

图2.1.6 上海证券大厦

图2.1.7 香港汇丰银行大厦

课堂练习

1. 根据主要结构用材，可将多高层建筑结构分为_____、_____、_____、_____。
2. 多高层钢结构房屋的结构体系包括：_____、_____、_____、_____。双重抗侧力结构体系可分为_____、_____和_____。筒体结构体系可分为_____、_____和_____。

任务2.1.3 理解多高层钢结构房屋的结构布置

一、多高层钢结构房屋的结构布置

（一）平面布置

多高层钢结构房屋的结构平面布置应在符合建筑功能要求的同时，考虑柱网及梁格布置的合理性，平面宜简单、规则、对称，纵横向刚度可靠、均匀。

多高层钢结构房屋柱网形式和柱距是根据建筑使用要求而定的，常见的形式有矩形、方形、圆形、梯形、三角形等。柱网尺寸根据建筑要求、荷载大小、钢梁经济跨度、结构受力特点等确定。主梁的经济跨度为8~15m，次梁为6~12m。

高层钢结构房屋高度较大，一般为塔形建筑，其平面尺寸往往达不到需要设置伸缩缝的程度。体型复杂、平立面不规则的建筑，应根据不规则程度、地基基础等因素，确定是否设防震缝；当在适当部位设置防震缝时，宜形成多个较规则的抗侧力结构单元。防震缝应根据抗震设防烈度、结构类型、结构单元的高度和高差情况，留有足够的宽度，其上部结构应完全分开；防震缝的宽度不应小于钢筋混凝土框架结构缝宽的1.5倍。

（二）立面布置

建筑立面与竖剖面宜规则，抗侧刚度宜均匀变化，竖向抗侧力构件截面尺寸与材料强度宜自下而上逐渐减小，避免突变。多高层钢结构沿竖向的布置可以采用分段变截面（柱及支撑）的做法，但应防止楼层间的抗侧刚度的突变。高度相差较多或质量相差较大的同一建筑应采用上下贯通的沉降缝分隔。

（三）抗侧力体系布置

多高层钢结构建筑的动力特性取决于各抗侧力构件的平面布置状况。抗侧力构件沿房屋纵、横轴方向布置，尽量做到"分散、均匀、对称"，避免或减少扭转振动。

抗侧力构件的布置，应力求使各楼层抗侧刚度中心与楼层水平剪力的合力中心相重合，以减小结构扭转振动效应。框筒、墙筒、支撑筒等抗侧刚度较大的芯筒，在平面上应居中或对称布置。具有较大受剪承载力的预制钢筋混凝土墙板，应尽可能由楼层平面中心部位移至楼层平面周边，以提高整个结构的抗倾覆和抗扭转能力。建筑的开间、进深应尽量统一，以减少构件规格，便于制作和安装。构件的布置以及柱网尺寸的确定，应尽量避免使钢柱的截面尺寸过大。

（四）楼盖布置

多高层钢结构体系相应的各层楼（屋）盖均应采用平面刚性楼（屋）盖，常用做法有钢梁与现浇混凝土组合楼板、压型钢板与现浇混凝土组合楼板、叠合式楼板、装配整体式楼板等，以保证整体空间刚度及空间协调工作。多高层钢框架楼盖做法很多，确定方案时应考虑以下因素：

1）应保证楼盖有足够的平面整体刚度。对设备、管道孔口较多的楼层，应采用现浇板或设置水平刚性支撑。8度及以上抗震设防地区宜用现浇混凝土楼板。

2）减轻结构自重。减轻自重以降低地震破坏作用，可采用轻型楼板、压型钢板组合楼板等。

3）楼板与钢梁应有可靠连接。靠钢梁上设置抗剪连接件与混凝土板可靠连接来保证钢梁稳定、传递水平剪力、承受竖向拉力。

4）应有利于安装方便及快速施工，注意防火、隔声、便于铺设管道。

结构布置的总的原则是_____。

二、多高层钢结构房屋的结构构件

多高层钢结构房屋的主要受力构件按照其功能和构造特点可分为承重构件和抗侧力构件两大类。承重构件包括梁（框架梁和非框架梁）、柱、组合楼盖；抗侧力构件包括框架、支撑和剪力墙等。

（一）梁

在多层钢结构建筑中，梁是主要承受横向荷载的受弯构件，其受力状态主要表现为单向受弯。无论框架梁还是承受重力荷载的梁，其截面一般采用双轴对称的轧制或焊接H型钢，如图 2.1.8a、b 所示。对于跨度较大或受荷很大，而高度又受到限制时，可选用抗弯和抗扭性能较好的箱形截面，如图 2.1.8c 所示。

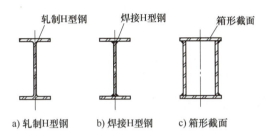

图 2.1.8　钢梁的常用截面形式

（二）柱

多高层钢结构房屋钢柱常用的截面形式有 H 形截面、方管截面、圆管截面和十字形截面，如图 2.1.9 所示。

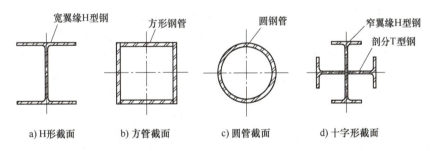

图 2.1.9　钢柱的常用截面形式

对于在相互垂直的两个方向均与梁刚性连接的框架柱，宜采用箱形截面；十字形截面常用作钢骨混凝土柱的钢骨；对于仅沿一个方向与梁刚性连接的框架柱，宜采用 H 形截面，并将柱腹板置于刚接框架平面内。

（三）支撑

根据支撑斜杆轴线与框架梁、柱轴线交点的区别，可将竖向支撑划分为中心支撑和偏心支撑两大类。

中心支撑是指支撑斜杆的轴线与框架梁、柱轴线的交点交会于同一点的支撑，中心支撑又称轴交支撑。如图 2.1.10 所示，在多高层钢结构建筑中，中心支撑宜采用十字交叉（X形）支撑、单斜杆支撑、人字形或 V 形支撑，当采用只能受拉的单斜杆体系时，必须设置

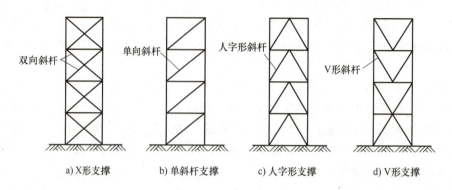

图 2.1.10　中心支撑的类型

两组不同倾斜方向的支撑。

偏心支撑是在构造上使支撑斜杆轴线偏离梁和柱轴线交点的支撑，偏心支撑又称偏交支撑。偏心支撑包括八字形支撑、单斜杆支撑、A 形支撑、人字形支撑和 V 形支撑等形式，如图 2.1.11 所示。

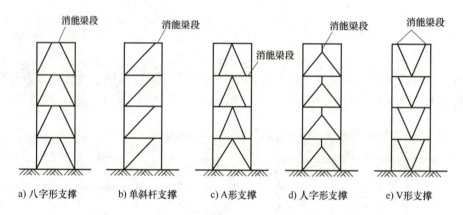

图 2.1.11　偏心支撑的形式

偏心支撑框架的设计原则是强柱、强支撑和弱消能梁段，大震时消能梁段屈服形成塑性铰，而柱、支撑和其他梁段仍保持弹性。偏心支撑框架在弹性阶段呈现较好的刚度（其弹性刚度接近中心支撑框架），在大震作用下通过消能梁段的非弹性变形消能，达到抗震的目的，而支撑不屈曲，提高了整个结构体系的抗震可靠度。

偏心支撑框架中的每根支撑斜杆，只能在一端与消能梁段相连。为使偏心支撑斜杆能承受消能梁段的端部弯矩，支撑斜杆与横梁的连接应设计成刚接。沿竖向连续布置的偏心支撑，在底层室内地坪以下，宜改用中心支撑或剪力墙的形式延伸至基础。

支撑斜杆截面宜采用轧制或焊接 H 型钢、箱形截面、圆管等双轴对称截面。

（四）剪力墙

剪力墙是多高层钢结构工程中抗侧力构件的主要类型之一。根据制作安装方式，可将其分为现浇和预制两大类；根据所用材料，可将其分为现浇钢筋混凝土剪力墙、现浇型钢混凝土剪力墙、预制钢板剪力墙等。

多高层钢结构工程中,特别是有抗震设防要求的高层钢结构工程,多选用钢板剪力墙,根据使用条件、建筑功能以及技术经济性能要求确定钢板剪力墙类型,可选用的类型包括非加劲钢板剪力墙(图2.1.12a)、加劲钢板剪力墙(图2.1.12b)、防屈曲钢板剪力墙(图2.1.12c)、开缝钢板剪力墙(图2.1.12d)等。预制钢板剪力墙嵌置于钢框架的梁柱框格内,可与梁柱框格螺栓连接或焊接,构造和计算均与现浇剪力墙有较大的区别。

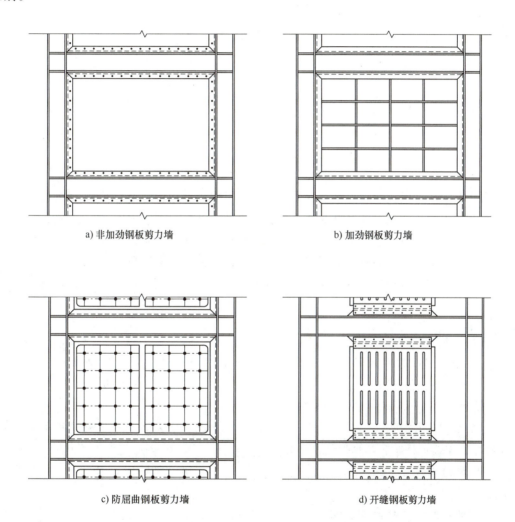

a) 非加劲钢板剪力墙　　　　　　　　b) 加劲钢板剪力墙

c) 防屈曲钢板剪力墙　　　　　　　　d) 开缝钢板剪力墙

图 2.1.12　钢板剪力墙类型

(五) 组合楼盖

多高层钢结构房屋一般采用钢与混凝土组合楼(屋)盖,钢与混凝土组合楼(屋)盖由组合梁与楼板组成,其构造如图2.1.13所示。

组合梁是指钢梁与梁上铺设的楼板通过抗剪连接件共同组成的梁,它可以提高结构的强度和刚度、节约钢材、降低造价、减轻结构自重,具有较显著的技术经济效果。梁上铺设的楼板普遍使用的是压型钢板-混凝土组合楼板,也可以是现浇混凝土板。

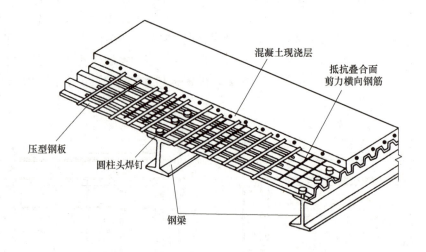

图 2.1.13 组合楼盖的构造

组合楼板由压型钢板和板上浇筑混凝土组成,根据压型钢板是否与混凝土共同工作可分为组合板和非组合板。其主要区别在于:组合板中的压型钢板不仅用作永久性模板,而且代替混凝土板的下部受拉钢筋与混凝土一起工作,承担楼面荷载;非组合板中的压型钢板仅用作永久性模板,不考虑与混凝土共同工作,楼面荷载由混凝土板承受。

组合楼板不仅具有良好的结构性能和合理的施工工序,而且比其他组合楼盖有更好的综合经济效益,更能显示其优越性。

> **课堂练习**
>
> 1. 多高层钢结构房屋的主要受力构件按照其功能和构造特点可分为_____和_____两大类。承重构件包括_____、_____、_____;抗侧力构件包括_____、_____和_____等。
> 2. 梁截面一般采用_____。对于跨度较大或受荷很大,而高度又受到限制时,可选用抗弯和抗扭性能较好的_____。
> 3. 柱截面形式可采用_____等,通常采用_____或由_____。
> 4. 根据支撑斜杆轴线与框架梁、柱轴线交点的区别,可将支撑划分为_____和_____两大类。
> 5. 中心支撑包括_____等形式。偏心支撑包括_____等形式。
> 6. 根据所用材料,剪力墙可分为_____、_____、_____等。
> 7. 多高层钢结构房屋一般采用_____,钢与混凝土组合楼(屋)盖由_____和_____组成。

项目知识图谱

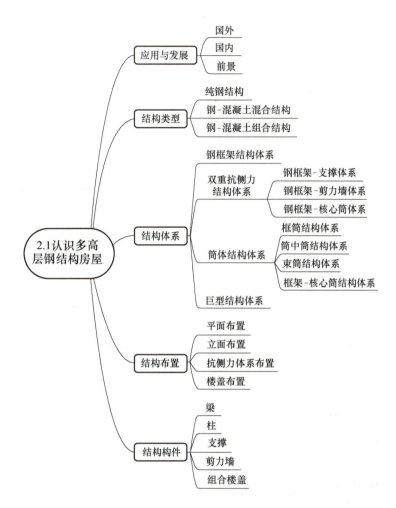

项目 2.2　掌握多高层钢结构房屋结构构件的连接构造

多高层钢结构房屋结构构件的连接节点是保证结构安全可靠的关键部位，掌握各类连接构造，是理解多高层钢结构房屋，识读施工图的基础。多高层钢结构房屋中，主要连接节点包括柱脚、柱与柱、梁与柱、梁与梁、支撑与梁柱、钢板剪力墙与梁柱的连接。通过本项目的学习，应掌握多高层钢结构房屋结构构件的连接构造，能熟练识读节点构造详图。

任务 2.2.1　掌握柱脚构造

多高层钢结构的柱脚，依连接方式的不同可分为外露式、埋入式和外包式三种形式。高层钢结构房屋宜采用埋入式柱脚，当三、四级抗震及非抗震设防时，也可采用外包式柱脚。对于多层钢结构房屋，抗震设防时，应采用外包式柱脚；非抗震设防或仅需传递竖向荷载的铰接柱脚，可采用外露式柱脚。

77

一、外露式柱脚

钢柱外露式柱脚通过锚栓固定于混凝土基础上,根据受力特点,可分为铰接柱脚和刚接柱脚。

（一）铰接柱脚

图 2.2.1 为 H 形截面柱铰接柱脚构造,当柱截面较小时,可采用两个锚栓固定,如图 2.2.1a 所示；当柱截面较大时,采用四个锚栓固定,如图 2.2.1b 所示。

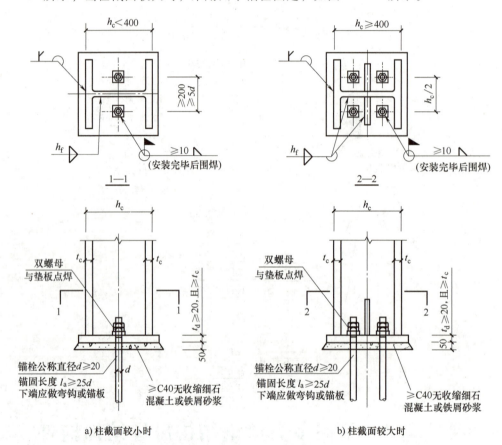

图 2.2.1 H 形截面柱铰接柱脚构造

铰接柱脚的底板一般不小于 20mm 和柱翼缘厚度的较大值。铰接柱脚柱底端宜磨平顶紧,柱翼缘与底板可采用半熔透坡口对接焊缝连接,柱腹板与底板采用双面角焊缝连接,加劲板与底板和柱腹板采用双面角焊缝连接。

铰接柱脚的锚栓作为安装过程的固定及抗拔之用,宜采用 Q355、Q390 钢材制作,也可用 Q235 钢材制作,其直径应根据计算确定,一般不小于 20mm,三级及以上抗震等级时,锚栓截面面积不宜小于钢柱下端截面面积的 20%。

柱脚底板上的锚栓孔径一般可比螺栓大 2mm,为安装方便,可将螺栓孔设计成长圆孔或开到板边的孔。锚栓螺母下的垫板孔径取锚栓直径加 2mm,垫板厚度一般为 $0.4d \sim 0.5d$（d 为锚栓外径）,且不宜小于 20mm。

柱脚底板和基础顶面之间应留有一定空隙,柱脚铰接时不宜大于 50mm,柱脚刚接时不宜大于 100mm,可用调整螺母对柱脚底板的水平度及标高进行精确调整。安装定位后,应采用不低于C40无收缩细石混凝土或铁屑砂进行二次压灌密实。

课堂练习

1. 多高层钢结构的柱脚，依连接方式的不同可分为_____、_____和_____三种形式。
2. 外露式柱脚通过锚栓固定于混凝土基础上，根据受力特点，可分为_____和_____。外露式柱脚当剪力大于摩擦力时，应设置_____，并由抗剪键承受全部剪力。
3. 柱脚锚栓预埋精度直接影响后期钢结构的安装质量，一般通过_____固定。

知识链接

锚栓连接构造

锚栓用于上部钢结构与下部基础的连接，应埋置在钢筋混凝土中，承受柱弯矩引起的柱脚底板与基础间形成的拉力，剪力由柱底板与基础面之间的摩擦力抵抗，若摩擦力不足以抵抗剪力，则需在柱底板上焊接抗剪键以增大抗剪能力。

锚栓可选用Q235、Q355、Q390或强度更高的钢材，其质量等级不宜低于B级。工作温度不高于-20℃时，应选用更高质量等级的钢材。锚栓的螺纹、螺母及垫圈标准紧固件应符合现行国家标准的规定。锚栓一端埋入混凝土中，埋入的长度要以混凝土对其的握裹力不小于其自身强度为原则，所以对于不同的混凝土强度和锚栓强度，所需最小埋入长度也不一样。为了增加握裹力，对于小直径锚栓，需将其下端弯成L形，弯钩的长度为$4d$（d为锚栓直径），如图2.2.2a所示；对于大直径锚栓，因其直径过大不便于折弯，可在其下端设置带焊接锚板锚栓、带螺栓连接锚板锚栓、带加劲锚板锚栓，如图2.2.2b、c、d所示。

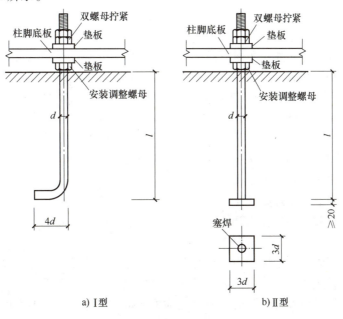

图 2.2.2 锚栓连接

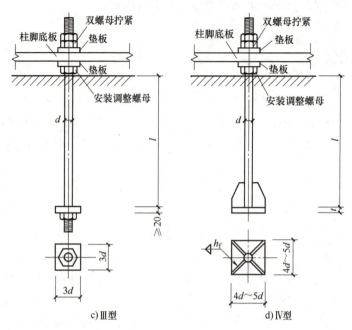

图 2.2.2 锚栓连接（续）

锚栓应设置双螺母，安装完毕后，垫板与底板通过角焊缝焊牢，双螺母与垫板之间点焊。锚栓安装时应采用固定架定位。

地脚螺栓主要有_____、_____、_____、_____。锚栓应设置_____，安装完毕后，垫板与底板通过_____焊牢，双螺母与垫板之间_____。

（二）刚接柱脚

刚接柱脚的锚栓在弯矩作用下承受拉力，同时也作为安装过程的固定之用，图 2.2.3 所示为箱形截面柱的刚接柱脚。在弯矩和轴力作用下，柱底端锚栓出现较小拉力或不出现拉力时，可选用设置 T 形靴梁的形式（图 2.2.3a）；柱底端锚栓出现较大拉力时，可选用设置槽形靴梁的形式（图 2.2.3b）。

刚接柱脚的底板一般不小于 30mm，锚栓支承加劲肋的板厚不小于 16mm。抗震设防的结构，柱底与底板间宜采用完全熔透的坡口对接焊缝连接，锚栓支承加劲板与底板间宜采用双面角焊缝连接。非抗震设防的结构，柱底与底板间可采用半熔透的坡口对接焊缝连接，锚栓支承加劲板仍采用双面角焊缝连接。

刚接柱脚的锚栓数量与直径由计算确定，直径一般在 30～76mm 的范围内选用。

（三）抗剪键

外露式柱脚底部的剪力不大于由底板与混凝土之间的摩擦力时，可不设抗剪键；当剪力大于摩擦力时，应设置抗剪键，由抗剪键承受全部剪力，如图 2.2.4 所示。抗剪键可采用 H 型钢、槽钢、角钢等，设置抗剪键时，应避免锚栓与抗剪键碰撞。抗剪键可设置在柱脚底板下（图 2.2.4a），也可设置在底板外（图 2.2.4b）。

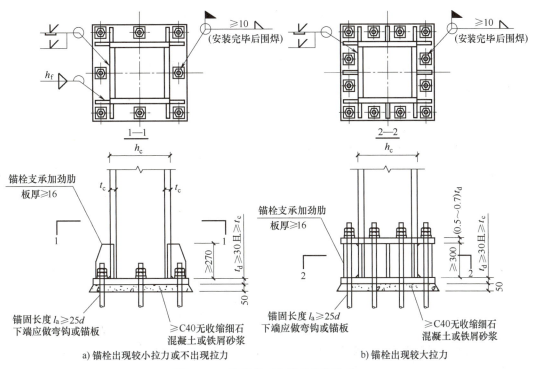

图 2.2.3 箱形截面柱刚接柱脚构造

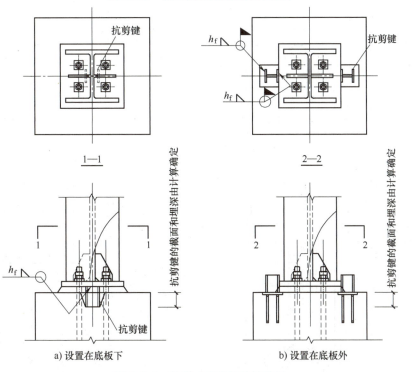

图 2.2.4 外露式柱脚抗剪键设置

（四）外露式柱脚的防护措施

当外露式柱脚埋置在地面以下时，应用低强度混凝土包裹地下钢结构部分至地面以上

150mm，混凝土厚度不小于 50mm，并设防裂钢筋网片，如图 2.2.5a 所示；当外露式柱脚在室外时，应高于室外地面 100mm，如图 2.2.5b 所示。

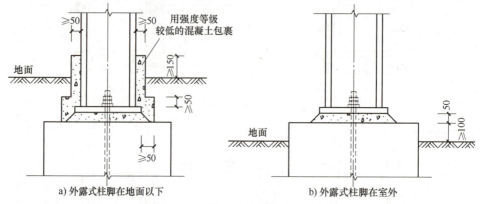

图 2.2.5　外露式柱脚的防护措施

知识链接

柱脚锚栓固定支架

柱脚锚栓预埋精度直接影响后期钢结构的安装质量，柱脚锚栓一般通过安装支架固定，以保证定位准确，如图 2.2.6 所示。柱脚锚栓固定支架常用角钢锚栓固定架或横隔板锚栓固

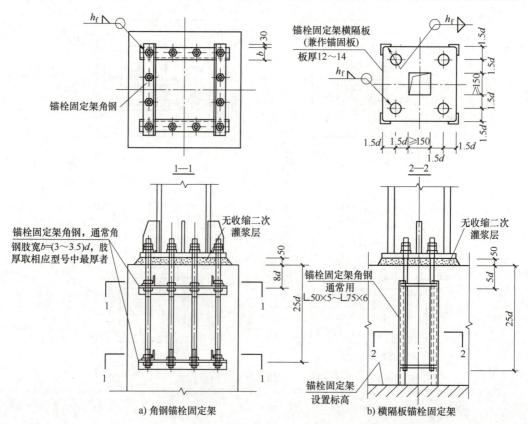

图 2.2.6　柱脚锚栓固定支架

定架。图中 d 为锚栓直径，在角钢或横隔板上的孔径取 $d+1.5$mm。

二、埋入式柱脚

如图 2.2.7 所示，埋入式柱脚是将钢柱底端直接埋入钢筋混凝土基础内的一种柱脚形式，柱脚的嵌固容易保证。埋入式柱脚的埋入方法有两种：一种是预先将钢柱脚按要求组装固定在设计标高上，然后浇筑基础混凝土；另一种是预先浇筑基础混凝土，并留出安装钢柱脚的杯口，待安装好钢柱脚后，再用细石混凝土填实。埋入式柱脚对应的基础形式有筏形基础、独立基础或条形基础，当上部荷载较大时，也采用桩基础。埋入式柱脚的钢柱包括 H

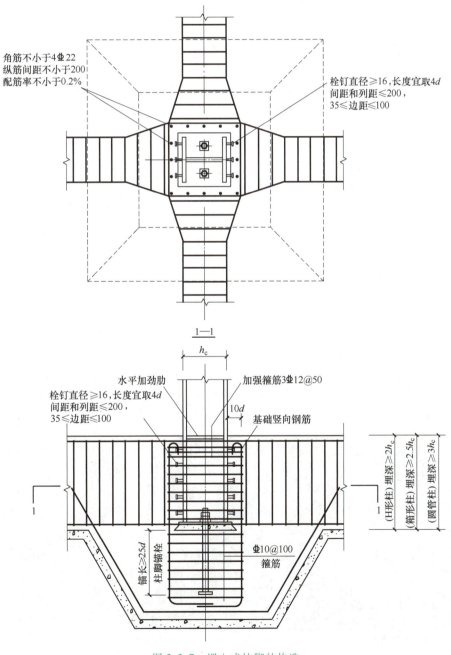

图 2.2.7 埋入式柱脚的构造

形截面柱（H 形柱）、十字形截面柱（十字形柱）、箱形截面柱（箱形柱）和圆管形截面柱（圆管柱）。

（一）钢柱的埋置深度与锚栓构造

如图 2.2.7 所示，H 形柱的埋置深度不应小于钢柱截面高度的 2 倍；箱形柱的埋置深度不应小于柱截面长边的 2.5 倍；圆管柱的埋置深度不应小于柱外径的 3 倍。钢柱脚底板应设置锚栓与下部混凝土连接，锚栓的锚固长度不应小于 $25d$（d 为锚栓直径），锚栓底部应设锚板或弯钩，锚板厚度宜大于 1.3 倍锚栓直径。锚栓应按混凝土基础要求设置保护层，锚栓四周及底部的混凝土应有足够厚度，避免基础冲切破坏。

（二）钢柱的保护层厚度

当钢柱埋入基础梁时，埋入部分的侧边混凝土保护层厚度应满足相应要求。对中柱，不得小于钢柱受弯方向截面高度的一半，且不小于 250mm，如图 2.2.8a 中 C_1 所示；对边柱和角柱，外侧不得小于钢柱受弯方向截面高度的 2/3，且不小于 400mm，如图 2.2.8b、c 中 C_2 所示，内侧要求同中柱。

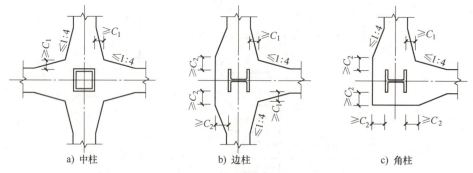

a) 中柱　　　　　b) 边柱　　　　　c) 角柱

图 2.2.8　钢柱埋入部分的混凝土保护层厚度

（三）栓钉设置

为保证埋入钢柱与周边混凝土的整体性，埋入式柱脚在钢柱的埋入部分宜设置栓钉，如图 2.2.9 所示。栓钉的数量和布置按计算确定，其直径不应小于 16mm（一般取 19mm），长度一般取 4 倍栓钉直径，水平和竖向中心距均不应大于 200mm，且栓钉至钢柱边缘的距离不大于 100mm、不小于 35mm。

a) 钢管柱　　　　　　　　　b) H形钢柱

图 2.2.9　钢柱的埋入部分的栓钉

(四) 水平加劲肋（隔板）与填充混凝土

对埋入式柱脚，在钢柱埋入部分的顶部，应设置水平加劲肋（H形柱）或隔板（箱形柱），以防止钢柱的局部失稳，减少局部变形。隔板包括内隔板和外隔板，如图 2.2.10a、b 所示。隔板的厚度按计算确定，采用外隔板时，外伸长度不应小于柱边长（或管径）的 1/10。

对于箱形截面柱，埋入部分填充混凝土可起到加强作用，填充混凝土后，埋入部分的顶部可不设隔板，如图 2.2.10c 所示。填充混凝土的高度，应高出埋入部分钢柱外围混凝土顶面柱截面高度的 1 倍以上。

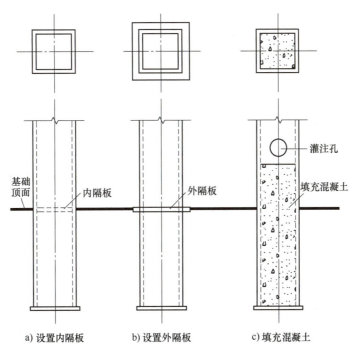

a) 设置内隔板　　b) 设置外隔板　　c) 填充混凝土

图 2.2.10　钢柱埋入式柱脚的隔板设置与填充混凝土

(五) 外围混凝土钢筋配置

如图 2.2.10 所示，钢柱柱脚埋入部分的外围混凝土内应配置竖向钢筋，其配筋率不小于 0.2%，沿周边的间距不应大于 200mm，4 根角筋不宜小于 ⌀22，中间的架立筋不宜小于 ⌀16。箍筋不小于 ⌀10，间距不大于 100mm，在埋入部分的顶部应增设不少于 3 道 ⌀12、间距不大于 50mm 的加强箍筋。竖向钢筋应在上端设弯钩，在钢柱柱脚底板以下的长度满足锚固要求。

如图 2.2.11 所示，对于边柱和角柱，还应在柱脚埋入部分的顶部和底部设置 U 形加强筋，U 形加强筋的开口向内，U 形加强筋的锚固长度应从钢柱内侧算起，满足锚固长度要求。

> **课堂练习**
>
> 埋入式柱脚应满足＿＿＿＿＿＿、＿＿＿＿＿＿、＿＿＿＿＿＿，且宜＿＿＿＿＿＿。在钢柱埋入部分的顶部，H 形钢柱应设置＿＿＿＿＿＿，箱形钢柱应设置＿＿＿＿＿＿。外围混凝土应配置＿＿＿＿＿＿，边柱和脚柱还应配置＿＿＿＿＿＿。

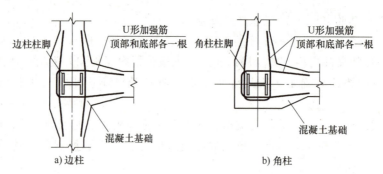

图 2.2.11 边柱和角柱 U 形加强筋的设置

三、外包式柱脚

如图 2.2.12 所示,外包式柱脚是将钢柱脚底板搁置在混凝土地下室墙体或基础(基础梁)顶面,再外包由基础伸出的钢筋混凝土短柱所形成的一种柱脚形式。

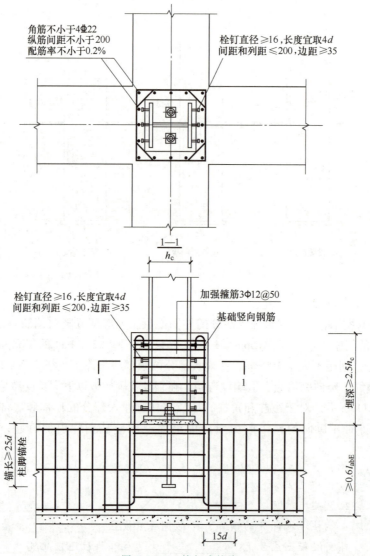

图 2.2.12 外包式柱脚

钢柱外包式柱脚由钢柱脚和外包混凝土组成，位于混凝土基础顶面以上。

（一）外包混凝土的高度与锚栓长度

钢柱脚外包混凝土的高度不应小于钢柱截面高度的 2.5 倍，柱脚底板用锚栓固定，锚栓伸入基础内的锚固长度不应小于 $25d$（d 为锚栓直径），锚栓底部应设锚板或弯钩。

（二）钢柱的保护层厚度

柱脚钢柱外侧的混凝土保护层厚度不应小于 180mm。

（三）栓钉设置

焊于柱翼缘上的栓钉起着传递弯矩和轴力的重要作用，外包部分的钢柱翼缘表面宜设置栓钉，栓钉的数量和布置按计算确定，基本构造要求与埋入式柱脚相同。

（四）水平加劲肋（隔板）与填充混凝土

外包混凝土的顶部，钢柱应设置水平加劲肋；当箱形柱壁板宽厚比大于 30 时，应在包入部分的顶部设置隔板；也可在箱形柱的包入部分填充混凝土。

（五）外围混凝土钢筋配置

外包混凝土实质上是从基础伸出的钢筋混凝土短柱，除满足高度不应小于钢柱截面高度的 2.5 倍外，从柱脚底板到外包层顶部箍筋的距离与外包混凝土宽度之比不应小于 1.0。

外包式钢柱脚轴向压力由钢柱底板直接传给基础，钢柱柱底的弯矩和剪力由外包层混凝土和钢柱脚共同承担。外包混凝土内的竖向钢筋按计算确定，其间距不应大于 200mm，在基础内应满足锚固长度要求，且四角主筋的上、下都应加弯钩，弯钩投影长度不应小于 $15d$；外包层中应配置箍筋，外包钢筋混凝土短柱的顶部应集中设置不小于 3Φ12 的加强箍筋，其竖向间距宜取 50mm。

> **课堂练习**
> 外包式柱脚应满足_____、_____、_____，且宜_____。外包混凝土应配置_____。

实物模型 2.1 柱脚

任务 2.2.2 掌握柱与柱的连接构造

钢框架柱宜采用箱形截面柱、圆管截面柱、H 形截面柱，钢骨混凝土柱中钢骨宜采用 H 形或十字形截面。

一、柱的工厂制作

如图 2.2.13 所示，箱形截面柱宜为焊接柱，其角部的组装焊缝一般应采用 V 形坡口部分熔透焊缝，组装焊缝厚度不应小于板厚的 1/3（非抗震设防）或 1/2（抗震设防），且不应小于 16mm。当梁与柱刚性连接时，在框架梁翼缘的上、下 500mm（柱宽度不大于 600mm）或 600mm（柱宽度大于 600mm）范围内，应采用全焊透焊缝。此外，箱形截面柱应将不含组装焊缝的一侧置于主要受力方向。

圆管截面柱宜采用无缝钢管。

H 形截面柱可采用宽翼缘轧制 H 型钢，也可采用焊接 H 型钢。焊接 H 型钢由翼缘和腹板焊接而成，焊缝可采用角焊缝、单边 V 形或 K 形坡口部分焊透 T 形连接焊缝。如图 2.2.14 所示，梁柱连接节点及其上下各 500mm 范围内应采用全焊透焊缝。加劲肋与 H 形

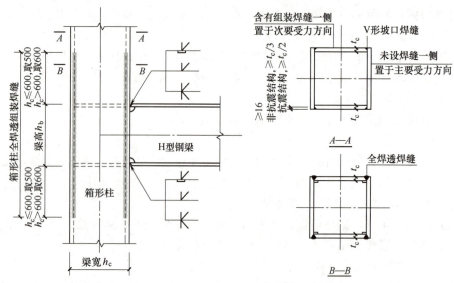

图 2.2.13 箱形柱的焊接

截面柱焊接采用单边 V 形或 K 形坡口全焊透 T 形连接焊缝。

如图 2.2.15 所示，十字形截面柱应由钢板或两个 H 型钢焊接组合而成；组装焊缝均应采用部分焊透的 K 形坡口焊缝，每边焊接深度不应小于 1/3 板厚。

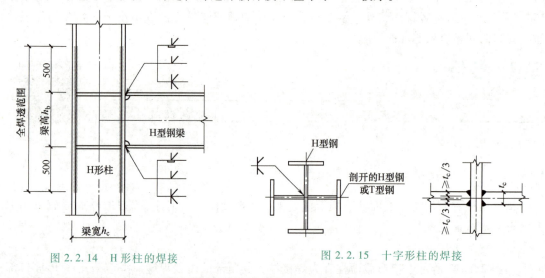

图 2.2.14 H 形柱的焊接　　　　图 2.2.15 十字形柱的焊接

柱的工厂拼接一般可以采用直接对焊或拼接板加角焊缝。

> **课堂练习**
>
> 1. 钢框架柱宜采用_____、_____、_____，钢骨混凝土柱中钢骨宜采用_____。
> 2. 箱形截面柱宜为焊接柱，其角部的组装焊缝一般应采用_____焊缝。当梁与柱刚性连接时，在框架梁翼缘的上、下一定范围内，应采用_____。此外，箱形截面柱应将不含组装焊缝的一侧置于_____。

二、等截面柱的工地拼接

为便于施工，并考虑结构的合理性，框架柱的拼接处至梁面的距离应为 1.2~1.3m，或柱净高的一半，取二者的较小值。

为了保证施工时能抗弯以及便于校正上下翼缘的错位，钢柱的工地接头应预先设置安装耳板。耳板厚度应根据阵风和其他的施工荷载确定，并不得小于 10mm，待柱焊接好后用火焰喷枪将耳板切除。耳板宜设置于柱的一个主轴方向的翼缘两侧，如图 2.2.16a 所示。对于大型的箱形柱，有时在两个相邻的互相垂直的柱面上设置安装耳板，如图 2.2.16b 中虚线所示。

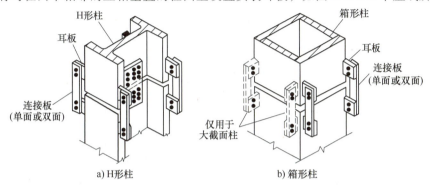

图 2.2.16 钢柱工地接头的预设安装耳板

（一）H 形截面柱的工地接头

H 形截面柱的工地接头可采用全焊连接、栓焊混合连接、全栓连接。

当柱的接头采用全焊连接时，上柱的翼缘应开单边 V 形坡口，腹板应开 K 形坡口或带钝边的单边 V 形坡口，对接焊缝连接，如图 2.2.17a、b 所示。对于轧制 H 形柱，应在同一

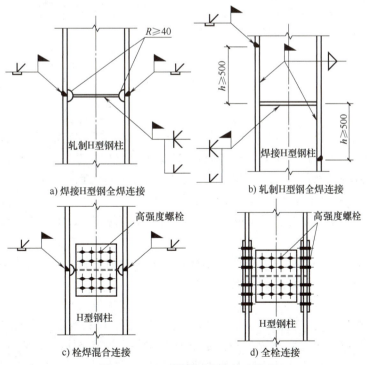

图 2.2.17 H 形截面柱的工地接头

截面拼接,如图 2.2.17a 所示;对于焊接 H 形柱,其翼缘和腹板的拼接位置应相互错开不小于 500mm 的距离,如图 2.2.17b 所示,且要求在柱的拼接接头上、下方各 100mm 范围内,柱翼缘和腹板之间的连接采用全焊透焊缝。

H 形柱的工地接头也常采用栓焊混合连接,此时柱的翼缘宜采用坡口全焊透焊缝或部分焊透焊缝连接;柱的腹板可采用高强度螺栓连接,如图 2.2.17c 所示。

当柱的接头采用全栓连接时,柱的翼缘和腹板全部采用高强度螺栓连接,如图 2.2.17d 所示。

课堂练习

1. 框架柱的拼接处至梁面的距离应为_____,或_____,取二者的_____。

2. 为了保证施工时能抗弯以及便于校正上下翼缘的错位,钢柱的工地接头应预先设置安装_____。

3. H 形柱的工地接头可采用_____、_____、_____,通常采用_____;箱形柱的工地接头应采用_____。

(二)箱形截面柱(圆管截面柱)的工地接头

箱形截面柱的工地接头应采用全焊连接,其坡口应采用如图 2.2.18 所示的形式。

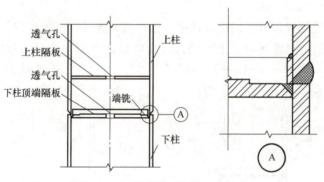

图 2.2.18 箱形截面柱的工地接头

箱形截面柱接头处的上节柱和下节柱均应设置横隔。其下节箱形柱顶端的隔板(盖板),应与柱口齐平,且厚度不宜小于 16mm,其边缘应与柱口截面一起刨平,以便与上柱的焊接垫板有良好的接触面;在上节箱形柱安装单元的下部附近,也应设置上柱隔板,其厚度不宜小于 10mm,以防止运输、堆放和焊接时截面变形。

在柱的工地接头上、下方各 100mm 范围内,箱形截面柱壁板相互间的组装焊缝应采用坡口全焊透焊缝。

箱形截面柱上节柱的壁板应开单边 V 形坡口,并设置内衬板,与下节柱对接焊缝连接。圆管截面柱的工地接头与箱形柱的工地接头类似。

三、变截面柱的拼接

当柱需要改变截面时,应优先采用保持柱截面高度不变而只改变翼缘厚度的方法;当必须改变柱截面高度时,应将变截面区段限制在框架梁柱节点范围内,使柱在层间保持等截面;为确保施工质量,柱的变截面区段的连接应在工厂内完成。

（一）H形截面柱的接头

为方便贴挂外墙板，对H形截面边柱宜采用图2.2.19a的做法；中柱宜采用图2.2.19b的做法；所有变截面段的坡度都不宜超过1∶6。

当H形截面柱的变截面段位于梁柱接头位置时，柱的变截面区段的两端与上、下层柱的接头位置应分别设在距梁的上、下翼缘均不宜小于150mm的高度处，以避免焊缝影响区相互重叠。

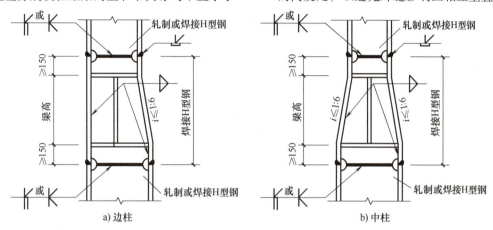

图2.2.19　H形截面柱的变截面接头

1. 改变柱截面高度时，应将变截面区段限制在＿＿＿＿＿＿内，使柱在层间保持＿＿＿＿＿＿；为确保施工质量，柱的变截面区段的连接应在＿＿＿＿＿＿内完成。

2. 当H形截面柱的变截面段位于梁柱接头位置时，柱的变截面区段的两端与上、下层柱的接头位置应分别设在距梁的上、下翼缘均不宜小于＿＿＿＿＿＿的高度处。

（二）箱形截面柱的接头

如图2.2.20所示，箱形截面柱变截面区段加工件的上端和下端，均应另行设置水平盖板，盖板厚度不应小于16mm；接头处柱的端面应铣平，并采用全焊透焊缝。与H形柱相同，对边柱宜采用外平内收的做法；对中柱宜采两侧内收的做法，所有变截面段的坡度都不

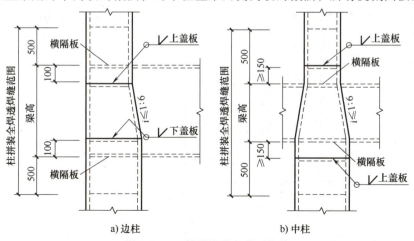

图2.2.20　箱形柱的变截面接头

宜超过 1∶6。箱形截面柱可采用拼接区段比梁截面高度小 200mm 的接头构造，如图 2.2.20a 所示；也可采用变截面区段与梁截面高度相等的接头构造，如图 2.2.20b 所示。

四、箱形截面柱与型钢混凝土柱的连接

高层钢结构建筑的底部常设置型钢混凝土结构过渡层。上部结构采用 H 形截面柱，下部型钢混凝土结构内一般仍采用 H 形截面；上部结构采用圆管截面柱，下部型钢混凝土结构内一般仍采用圆管截面；但如果上部结构采用箱形截面柱，向下延伸至下部型钢混凝土结构后，应改用十字形截面，以便与混凝土更好地结合。

如图 2.2.21 所示，上部钢结构中箱形截面柱与下层型钢混凝土柱中的十字形芯柱的相

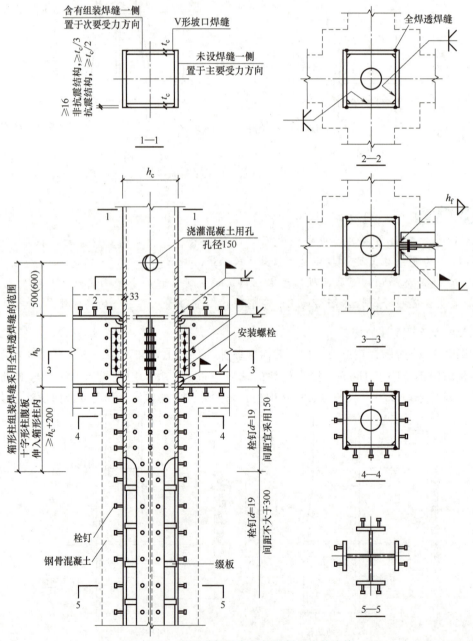

图 2.2.21 箱形截面柱与型钢混凝土柱的连接

连处，应设置两种截面共存的过渡段，其十字形芯柱的腹板伸入箱形截面柱内的长度 l 应不少于箱形截面柱截面高度 h_c 加 200mm；过渡段应位于主梁之下，并紧靠主梁。

与上部钢柱相连的下层型钢混凝土柱的型钢芯柱，应沿该楼层全高设置栓钉，以加强它与外包混凝土的黏结。其栓钉间距与列距在过渡段内宜采用 150mm，不大于 200mm；在过渡段外不大于 300mm，栓钉直径多采用 19mm。

实物模型 2.2
柱的工地拼接

> **课堂练习**
>
> 1. 箱形截面柱接头处的上节柱和下节柱均应设置_____。
> 2. 在柱的工地接头上、下方各_____范围内，箱形截面柱壁板相互间的组装焊缝应采用坡口全焊透焊缝。
> 3. 上部结构采用箱形截面柱，向下延伸至下部型钢混凝土结构后，应改用_____，并设置_____，与上部钢柱相连的下层型钢混凝土柱的型钢芯柱，应沿_____设置栓钉，以加强它与外包混凝土的黏结。

任务 2.2.3　掌握梁与柱的连接构造

根据梁、柱的贯通关系，梁柱节点可分为柱贯通型和梁贯通型两种类型，如图 2.2.22 所示。一般情况下，为简化构造和方便施工，框架的梁柱节点宜采用柱贯通型；当主梁采用箱形截面时，梁柱节点可采用梁贯通型。

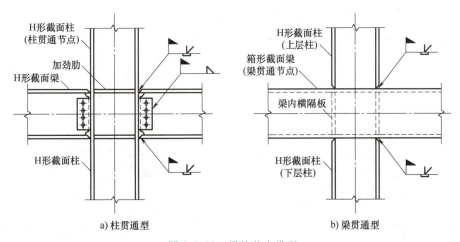

图 2.2.22　梁柱节点类型

对于采用柱贯通型节点形式的钢框架，柱的安装单元一般两至三层一根，工地接头设于主梁顶面以上 1.2~1.3m 处，较矮的楼层也可取柱净高的一半。梁的安装单元通常为每跨一根，常采用带悬臂梁段的柱单元，悬臂梁段预先在工厂焊于柱的安装单元上，中间梁段与悬臂梁段在工地拼接；钢梁也可直接与钢柱连接。对于采用梁贯通型节点形式的钢框架，钢梁一般直接与钢柱连接。

梁柱连接按转动刚度的不同可分为刚性连接、半刚性连接和柔性连接。多高层钢结构房屋一般采用刚性连接，连接方式包括全焊连接、栓焊混合连接和全栓连接。

> **课堂练习**
>
> 1. 根据梁、柱的贯通关系，梁柱节点可分为_____和_____两种类型；一般情况下，宜采用_____。
> 2. 梁柱连接按转动刚度的不同可分为_____、_____和_____。

一、刚性连接

（一）柱贯通型

1. 中间梁段与带悬臂梁段的柱单元连接

柱在两个互相垂直的方向都与梁刚性连接时，宜采用箱形截面；当仅在一个方向与梁刚性连接时，可采用 H 形截面，并将柱腹板置于刚接框架平面内，H 形截面柱垂直腹板方向，也可设置刚性连接。

（1）悬臂梁段与柱单元的连接

1）悬臂梁段连接于箱形截面柱或 H 形截面柱强轴方向。如图 2.2.23 所示，悬臂梁段与箱形截面柱或 H 形截面柱（强轴方向）的工厂连接采用全焊连接，梁翼缘与柱翼缘间应采用坡口全焊透焊缝连接，梁腹板与柱采用角焊缝连接。在上下翼缘位置，箱形截面柱应设置横隔板，H 形截面柱应设置加劲肋。箱形截面柱中的隔板与柱的连接，应采用坡口全焊透焊缝。工字形截面柱的横向水平加劲肋与柱翼缘的连接，应采用坡口全焊透焊缝，与柱腹板的连接可采用角焊缝。

悬臂梁段的长度取值原则上应方便构件运输和施工，悬臂梁端至柱中的距离应大于 h_b，（h_b 为梁截面高度），悬臂梁的长度常取 400～1000mm。

2）悬臂梁段连接于 H 形截面柱弱轴方向。如图 2.2.24 所示，梁轴线垂直于 H 形截面柱腹板，当为单侧连接时，在连接的一侧，梁上、下翼缘的对应位置应设置变截面的翼缘和

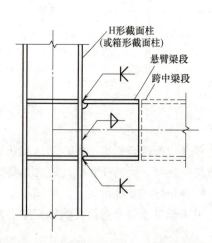

图 2.2.23 悬臂梁段连接于箱形截面柱或 H 形截面柱强轴方向

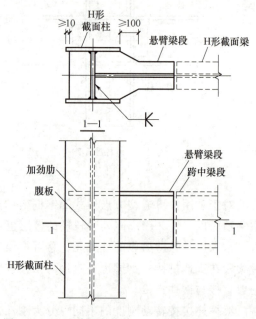

图 2.2.24 悬臂梁段连接于 H 形截面柱弱轴方向

腹板，变截面翼缘宜伸出柱外 100mm，以避免悬臂梁因板件宽度的突变而破坏，其悬臂梁段的翼缘与腹板应全部采用全焊透对接焊缝与柱相连，该对接焊缝宜在工厂完成；在另一侧翼缘对应位置，应设置加劲肋，加劲肋与柱翼缘的连接应采用全焊透对接焊缝，与柱腹板的连接可采用双面角焊缝。

（2）中间梁段与悬臂梁段的工地拼接　悬臂梁段与中间梁段的连接，可采用全栓连接、栓焊混合连接、全焊连接的接头形式。工程中，全栓连接和栓焊混合连接两种形式较常应用。

全栓连接时，梁的翼缘和腹板均采用高强度螺栓摩擦型连接，拼接板原则上应双面配置，如图 2.2.25a 所示；当梁翼缘宽度较小，内侧配置拼接板有困难时，也可仅在梁的上、下翼缘的外侧配置拼接板，如图 2.2.25b 所示。

栓焊混合连接时，梁的翼缘采用全焊透焊缝连接，腹板用高强度螺栓摩擦型连接，如图 2.2.25c 所示。

全焊连接时，梁的翼缘和腹板均采用全焊透焊缝连接，如图 2.2.25d 所示。为了减小焊缝的约束，一般按"腹板→上翼缘→下翼缘"的顺序施焊。

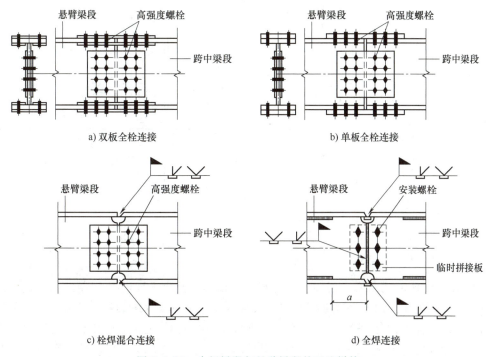

图 2.2.25　中间梁段与悬臂梁段的工地拼接

> **课堂练习**
>
> 1. 箱形截面柱或 H 形截面柱（强轴方向）与梁刚性连接，可采用_____、_____和_____。
>
> 2. 框架梁采用悬臂梁段与柱刚性连接时，悬臂梁段与柱之间应采用_____，并应预先在工厂完成；其悬臂梁段与跨中梁段的现场拼接，可采用_____或_____。
>
> 3. 当箱形柱截面较小时，也可在梁翼缘的对应位置，沿箱形柱外圈设置_____。

2. 钢梁与柱直接连接

（1）钢梁与箱形截面柱或 H 形截面柱（强轴方向）直接连接　钢梁也可直接与箱形截面柱或 H 形截面柱（强轴方向）直接连接，常用的连接方式包括全焊连接和栓焊混合连接，如图 2.2.26 所示。

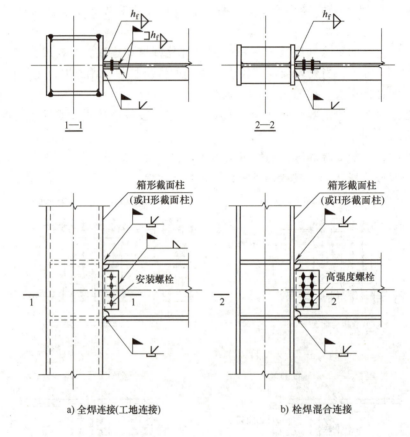

图 2.2.26　钢梁与柱的刚性连接方式

（2）钢梁与 H 形截面柱（弱轴方向）直接连接　梁轴线垂直于 H 形截面柱腹板的刚性连接节点，应设置横向水平加劲肋和竖向连接板。在梁上、下翼缘的对应位置设置柱的横向水平加劲肋，宜伸出柱外 100mm，以避免加劲肋在与柱翼缘的连接处因板件宽度的突变而破坏。水平加劲肋与 H 形截面柱的连接，应采用全焊透对接焊缝。在梁高范围内，与梁腹板对应位置，在柱的腹板上设置竖向连接板。

如图 2.2.27a 所示，梁柱直接栓焊混合连接时，梁与柱的现场连接中梁翼缘与横向水平加劲肋之间采用坡口全焊透对接焊缝连接；梁腹板与柱上的竖向连接板相互搭接，并用高强度螺栓摩擦型连接。如图 2.2.27b 所示，梁柱直接全焊连接时，通过临时拼接板，梁的翼缘和腹板均采用全焊透焊缝连接。

3. 外环加劲式连接

当箱形截面柱或圆柱截面较小时，为了方便加工，可在梁翼缘的对应位置，沿箱形截面柱外圈设置水平加劲环板，并应采用坡口全焊透对接焊缝直接与柱焊接，在梁腹板的对应位

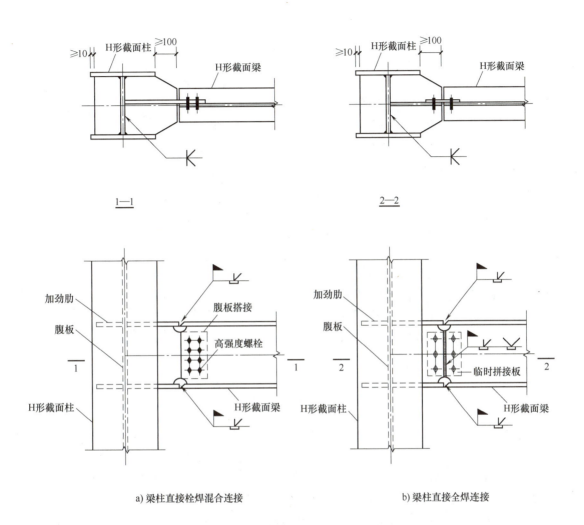

图 2.2.27 框架梁与柱翼缘的刚性连接

置,设置连接腹板,腹板可以与柱通过双面角焊缝连接,如图 2.2.28 所示。当采用钢筋混凝土柱时,也常采用该连接结构。

采用外环加劲式连接构造,柱内可不再设置横隔板,对应于框架梁翼缘所在位置设置的外环式水平加劲板厚度应等于梁翼缘中最厚者+2mm,且不小于柱壁板的厚度;连接腹板的厚度可取梁腹板厚度。

(二)梁贯通型

梁柱节点宜采用柱贯通构造,当柱采用冷成型管截面或壁板厚度小于翼缘厚度较多时,梁柱节点宜采用隔板贯通式构造,如图 2.2.29 所示。

节点采用隔板贯通式构造时,柱与贯通式隔板应采用全焊透坡口焊缝连接。贯通式隔板挑出长度 l 宜满足 $25\text{mm} \leq l \leq 60\text{mm}$;隔板宜采用拘束度较小的焊接构造与工艺,其厚度不应小于梁翼缘厚度和柱壁板的厚度。当隔板厚度不小于 36mm 时,宜选用厚度方向钢板。

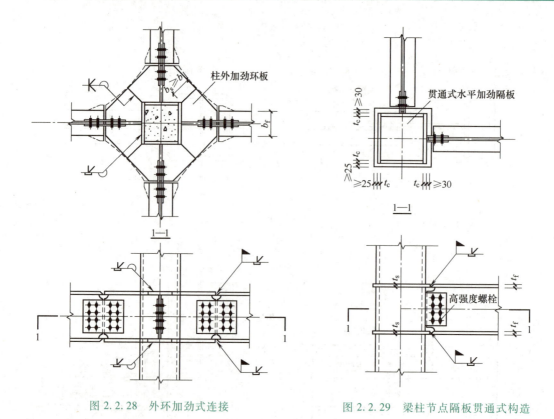

图 2.2.28 外环加劲式连接　　　　图 2.2.29 梁柱节点隔板贯通式构造

知识链接

两侧梁不等高时柱内水平加劲肋的设置

当柱两侧的梁高相等时,在梁上、下翼缘对应位置,一般应设置横向(水平)加劲肋(H形截面柱)或水平加劲隔板(箱形截面柱),且加劲肋或加劲隔板的中心线应与梁翼缘的中心线对齐,并采用全焊透对接焊缝与柱的翼缘和腹板连接,如图 2.2.22a 所示;对于抗震设防的结构,加劲肋或隔板的厚度不应小于梁翼缘的厚度,并应符合板件宽厚比限值。

当柱两侧的梁高不相等时,每个梁翼缘对应位置均应设置柱的水平加劲肋或隔板。为方便焊接,加劲肋的间距不应小于 150mm,且不应小于柱腹板一侧的水平加劲肋的宽度,如图 2.2.30a 所示;因条件限制不能满足此要求时,应调整梁的端部宽度,此时可将截面高度

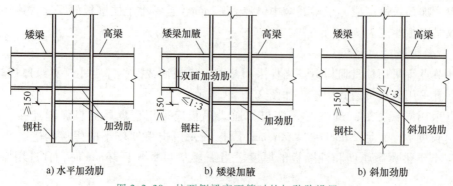

a) 水平加劲肋　　　　b) 矮梁加腋　　　　b) 斜加劲肋

图 2.2.30 柱两侧梁高不等时的加劲肋设置

较小的梁腹板高度局部加大，形成梁腋，但腋部翼缘的坡度不得大于 1∶3，如图 2.2.30b 所示；或采用有坡度的加劲肋，如图 2.2.30c 所示。

当与柱相连的纵梁和横梁的截面高度不等时，同样也应在纵梁和横梁翼缘的对应位置分别设置水平加劲肋，如图 2.2.31 所示。

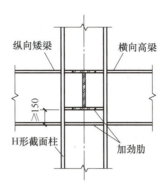

图 2.2.31　纵、横梁高不等时的加劲肋设置

> **课堂练习**
>
> 当柱两侧的梁高不相等时，每个梁翼缘对应位置均应设置_____，加劲肋的间距不应小于_____；或将_____；或采用_____。

当梁轴线垂直于 H 形截面柱的翼缘平面时，在梁翼缘对应位置设置的水平加劲肋与柱翼缘的连接，抗震设计时，宜采用坡口全焊透对接焊缝；非抗震设防时，可采用部分焊透焊缝或角焊缝。当梁轴线垂直于 H 形截面柱腹板平面时，水平加劲肋与柱腹板的连接则应采用坡口全焊透焊缝。

对于箱形截面柱，应在梁翼缘的对应位置的柱内设置水平（横）隔板，其板厚不应小于梁翼缘的厚度；水平隔板与柱的焊接，应采用坡口全焊透对接焊缝。当箱形截面较小时，为了方便加工，也可在梁翼缘的对应位置，沿箱形截面柱外圈设置水平加劲环板，并应采用坡口全焊透对接焊缝直接与梁翼缘焊接。

知识链接

改进梁柱刚性连接抗震性能的构造措施

为避免在地震作用下梁柱连接处的焊缝发生破坏，宜采用能使塑性铰自梁端外移的做法，其基本措施有两类：一是翼缘削弱型；二是梁端加强型。前者是通过在距梁端一定距离处，对梁上、下翼缘进行切削切口或钻孔或开缝等措施，以形成薄弱截面，如图 2.2.32 所示，达到强震时梁的塑性铰外移的目的；后者则是通过在梁端加焊楔形盖板竖向肋板梁腋、侧板，或者局部加宽或加厚梁端翼缘等措施，以加强节点，如图 2.2.33 所示，达到强震时梁的塑性铰外移的目的。下面列出两种抗震性能较好的梁柱节点。

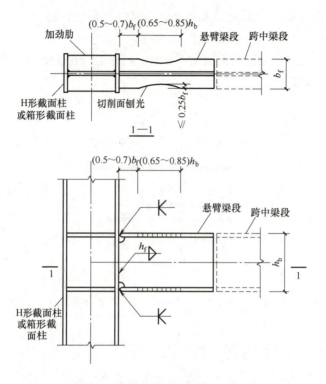

图 2.2.32 梁端塑性铰外移的骨形连接

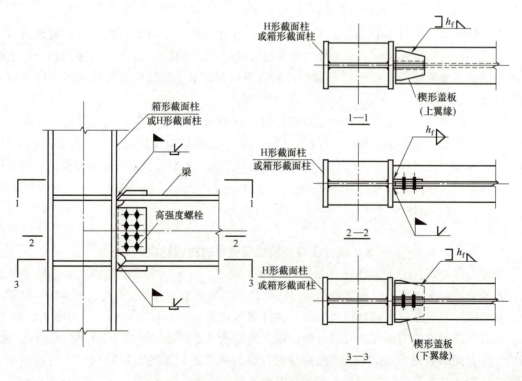

图 2.2.33 梁端盖板式节点

> **课堂练习**
>
> 为避免在地震作用下梁-柱连接处的焊缝发生破坏，宜采用能使塑性铰自梁端外移的做法，其基本措施有两类：一是_____，二是_____。

二、半刚性连接

梁柱节点的半刚性连接常采用端板连接式节点和角钢连接式节点两种构造形式，如图 2.2.34、图 2.2.35 所示。

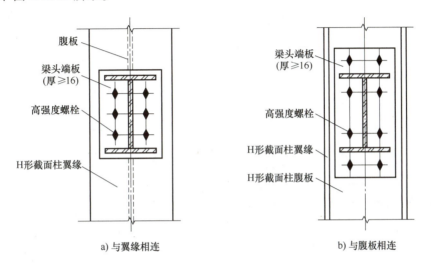

图 2.2.34 端板连接式节点

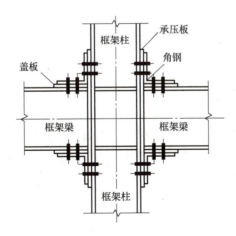

图 2.2.35 梁端上下翼缘角钢连接式节点

三、柔性连接

由连接角钢或连接板通过高强度螺栓仅与梁腹板的连接（摩擦型或承压型），可视为柔性连接。该类连接的梁柱节点构造如图 2.2.36 所示，其竖向连接板的厚度不应小于梁腹板的厚度，连接螺栓不应少于 3 个。对于加宽的外伸连接板，应在连接板上、下端的柱中部位设置水平加劲肋。该加劲肋与 H 形截面柱腹板及翼缘之间可采用角焊缝连接。

钢结构构造与识图

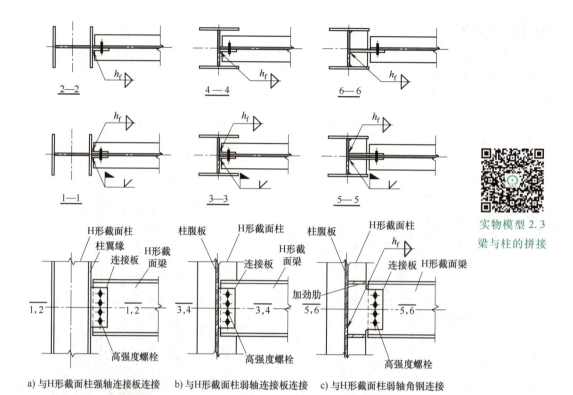

图 2.2.36 H 形截面梁与 H 形截面柱的柔性连接

> **课堂练习**
> 1. 梁柱节点的半刚性连接常采用_____和_____两种构造形式。
> 2. 由_____可视为柔性连接。

任务 2.2.4 掌握梁与梁的连接构造

梁与梁的连接主要包括梁的拼接、次梁与主梁的连接,梁的拼接分为梁的工厂拼接和梁的工地拼接,次梁与主梁的连接一般采用铰接,也有采用刚接;抗震设防时,为防止框架横梁的侧向屈曲,在节点塑性区段一般设置水平隅撑;梁腹板有较大洞口时,需采取补强措施。

一、梁的拼接

(一) 梁的工厂拼接

由于钢材规格和钢材尺寸的限制,必须将钢材接长,这种拼接常在工厂中进行,称为工厂拼接。工厂拼接的位置由运输及安装条件决定,但宜布置在弯矩较小处。

梁的工厂拼接,翼缘和腹板一般均采用全焊透对接焊缝连接,并在施焊时设置引弧板和引出板,焊缝等级宜为一级或二级。轧制 H 形截面梁的翼缘和腹板,可在同一截面焊接;焊接 H 形截面钢梁或焊接箱形截面梁,翼缘和腹板的焊接宜错开一定距离,当设置横向加劲肋时,腹板的拼接焊缝与横向加劲肋之间至少应相距 $10t_w$(t_w 为梁的腹板厚度)。

(二)梁的工地拼接

由于运输或安装条件的限制,梁必须分段运输,然后在工地进行拼装连接,称为工地拼接,中间梁段与悬臂梁段的连接也采用工地拼接。

梁的工地拼接点应位于框架节点塑性区段以外,尽量靠近梁的反弯点处。梁的工地拼接接头可采用全栓连接(图 2.2.25a、b)、焊栓混合连接(图 2.2.25c)、全焊连接(图 2.2.25d)的接头形式。工程中,全栓连接和焊栓混合连接两种形式较常应用。

二、次梁与主梁的连接

次梁与主梁的连接,一般为次梁简支于主梁。但结构中需要用井式梁、带有悬挑的次梁等或为了减小大跨度梁的挠度等情况,可采用刚性连接。

(一)次梁与主梁的简支连接

次梁与主梁的简支连接,主要是将次梁腹板与主梁上的加劲肋(或连接角钢)用高强度螺栓相连,对于次要构件也可采用普通螺栓,也可将次梁腹板伸出或加宽加劲肋,如图 2.2.37 所示。当连接板为双板时,其厚度宜取梁腹板厚度的 0.7;当连接板为单板时,其厚度不应小于梁腹板的厚度。

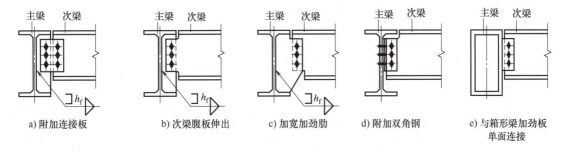

图 2.2.37 主梁与次梁的简支连接

当次梁高度小于主梁高度一半时,可在次梁端部设置角撑(图 2.2.38a)与主梁连接,或将主梁的横向加劲肋加强(图 2.2.38b),用以阻止主梁的受压翼缘侧移,起到侧向支撑的作用。

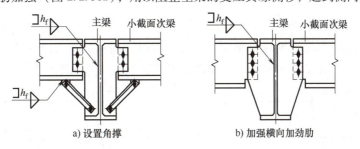

图 2.2.38 主梁与高度较小的次梁连接

(二)次梁与主梁的刚性连接

次梁与主梁的刚性连接,可采用全栓连接(图 2.2.39)或栓焊混合连接(图 2.2.40)。当采用全栓连接时,次梁上翼缘用拼接板跨过主梁栓接,下翼缘与焊接在主梁腹板上的连接板栓接;当采用栓焊混合连接时,次梁上翼缘可与主梁上翼缘直接焊接或用拼接板跨过主梁焊接。

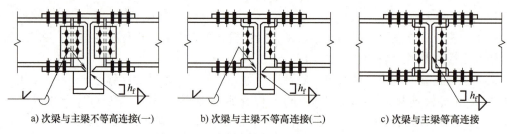

a) 次梁与主梁不等高连接(一)　　b) 次梁与主梁不等高连接(二)　　c) 次梁与主梁等高连接

图 2.2.39　次梁与主梁的全栓刚性连接

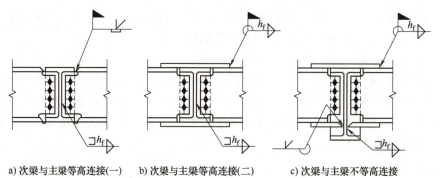

a) 次梁与主梁等高连接(一)　　b) 次梁与主梁等高连接(二)　　c) 次梁与主梁不等高连接

图 2.2.40　次梁与主梁的栓焊混合刚性连接

由于刚性连接构造复杂,且易使主梁受扭,较少采用。

课堂练习

1. 主梁的接头主要用于柱外悬臂梁段与中间梁段的连接,可采用＿＿＿＿＿＿、＿＿＿＿＿＿、＿＿＿＿＿＿的接头形式。工程中,＿＿＿＿＿＿和＿＿＿＿＿＿两种形式较常应用。

2. 次梁与主梁的简支连接,主要是将＿＿＿＿＿＿＿＿＿＿＿＿＿＿＿＿＿＿＿＿＿＿＿＿＿＿＿,对于次要构件也可采用普通螺栓。

三、框架梁的水平隅撑

抗震设计时,框架梁受压翼缘根据需要设置侧向支承,在出现塑性铰的截面上、下翼缘均应设置侧向支承。当梁上翼缘与楼板有可靠连接时,固端梁下翼缘在梁端 0.15 倍梁跨附近均宜设置隅撑,如图 2.2.41a 所示;梁端采用加强型连接或骨式连接时,应在塑性区外设

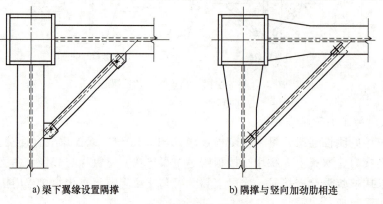

a) 梁下翼缘设置隅撑　　b) 隅撑与竖向加劲肋相连

图 2.2.41　框架梁的水平隅撑

置竖向加劲肋，隅撑与偏置45°的竖向加劲肋在梁下翼缘附近相连，如图2.2.41b所示，该竖向加劲肋不应与翼缘焊接。梁端下翼缘宽度局部加大，对梁下翼缘侧向约束较大时，视情况也可不设隅撑。

梁隅撑给设计和施工带来不便，可采用其他措施代替隅撑，如下翼缘局部加大，形成足够的侧向约束；梁上翼缘与楼板连在一起，可不设上翼缘隅撑。

> **课堂练习**
>
> 按抗震设防时，为防止框架横梁的侧向屈曲，在节点塑性区段应设置_____或_____。对于一般框架，由于梁上翼缘和楼板连在一起，所以只需在距柱轴线1/10~1/8梁跨处的横梁_____设置侧向隅撑即可；对于偏心支撑框架，在消能梁段端部的横梁_____处，均应设置侧向隅撑，但仅能设置在梁的_____，以免妨碍消能梁段竖向塑性变形的发展。

四、梁腹板开孔的补强

（一）开孔位置

梁腹板上的开孔位置，宜设置在梁的跨度中段1/2跨度范围内，应尽量避免在距梁端1/10跨度或梁高的范围内开孔；抗震设防的结构不应在隅撑范围内设孔。相邻圆形孔口边缘间的距离不得小于梁高，孔口边缘至梁翼缘外皮的距离不得小于梁高的1/4；矩形孔口与相邻孔口间的距离不得小于梁高或矩形孔口长度中的较大值；孔口上下边缘至梁翼缘外皮的距离不得小于梁高的1/4。

（二）孔口尺寸

梁腹板上的孔口高度（直径）不得大于梁高的1/2，矩形孔口长度不得大于750mm。

（三）孔口的补强

钢梁中的腹板开孔时，孔口应予以补强，并分别验算补强开孔梁受弯和受剪承载力，弯矩可仅由翼缘承担，剪力由孔口截面的腹板和补强板共同承担。

1）圆孔的补强。当钢梁腹板中的圆孔直径小于或等于1/3梁高（图2.2.42a）时，可不予补强；圆孔直径大于1/3梁高时，可采用下列方法予以补强：

① 环形加劲肋补强（图2.2.42b）：加劲肋截面不宜小于100mm×10mm，加劲肋边缘至孔口边缘的距离不宜大于12mm。

② 套管补强（图2.2.42c）：补强钢套管的长度等于或稍短于钢梁的翼缘宽度；其套管厚度不宜小于梁腹板厚度；套管与梁腹板之间采用角焊缝连接，其焊脚尺寸可取 $h_f = 0.7t$。

③ 环形板补强（图2.2.42d）：若在梁腹板两侧设置，环形板的厚度可稍小于腹板厚度，其宽度可取75~125mm。

④ 若钢梁腹板中的圆孔为有规律布置时，可在梁腹板上焊接V形加劲肋，以补强孔洞，从而使有孔梁形成类似于桁架结构工作。

2）矩形孔口的补强（图2.2.43）。矩形孔口的四周应采用加强措施；矩形孔口上、下边缘的水平加劲肋端部宜伸至孔口边缘以外各300mm；当矩形孔口长度大于梁高时，其横向加劲肋应沿梁全高设置；当孔口长度大于500mm时，应在梁腹板两侧设置加劲肋。矩形孔口的纵向和横向加劲肋截面尺寸不宜小于125mm×18mm。

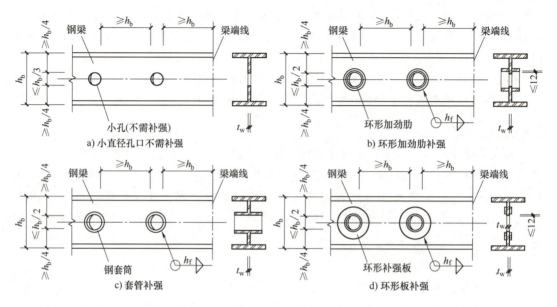

图 2.2.42　钢梁腹板上圆形孔口的补强

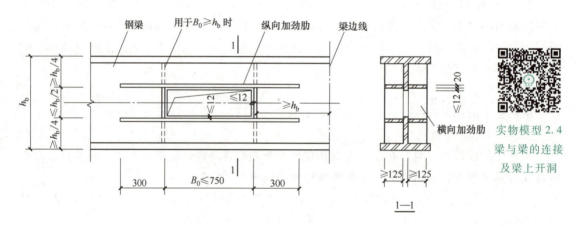

图 2.2.43　钢梁腹板矩形孔口的补强

任务 2.2.5　掌握支撑及其与梁柱的连接构造

钢框架-支撑体系可以用于比框架体系更高的房屋，一般用于 40 层以下的楼房较为经济。

根据支撑斜杆轴线与框架梁、柱轴线交点的区别，可将竖向支撑划分为中心支撑和偏心支撑两大类。根据支撑斜杆是否被约束消能情况，又可将其分为约束屈曲支撑与非约束屈曲支撑（如中心支撑和偏心支撑）两种。中心支撑是指支撑斜杆的轴线与框架梁、柱轴线的交点交会于同一点的支撑，中心支撑又称轴交支撑。而偏心支撑是在构造上使支撑斜杆轴线偏离梁和柱轴线交点（在支撑与柱之间或支撑与支撑之间形成一段称为消能梁段的短梁）的支撑，偏心支撑又称偏交支撑。而约束屈曲支撑则是将支撑芯材通过刚度相对较大的约束部件约束，使芯材在压力作用下屈服而不屈曲，通过芯材屈服消能。

一、中心支撑

中心支撑的轴线应该交会于梁柱构件轴线的交点。确有困难时偏离中心不得超过支撑杆件宽度，并计入由此产生的附加弯矩。中心支撑杆件的长细比及其板件的宽厚比应满足限值条件。中心支撑常采用 H 形截面，也可采用双槽钢（双角钢）组合截面、箱形截面。

1. 支撑斜杆在框架节点处的连接构造

（1）H 形悬臂杆与框架的连接　在抗震设防的结构中，支撑宜采用 H 型钢制作，在构造上两端应刚接。H 形截面支撑与框架连接处，支撑杆端宜做成圆弧，在柱壁板的相应位置应设置加劲肋（H 形截面柱、梁）或隔板（箱形截面柱、梁）。支撑斜杆的拼接接头以及斜杆与框架的工地连接，均宜采用高强度螺栓摩擦型连接，或者支撑翼缘直接与框架梁、柱采用全焊透坡口焊接，腹板则用高强度螺栓的栓焊混合连接。图 2.2.44 为 H 形悬臂杆与框架的连接构造。

> **课堂练习**
>
> 根据支撑斜杆轴线与框架梁、柱轴线交点的区别，可将竖向支撑划分为_____和_____两大类。根据支撑斜杆是否被约束消能情况，又可将其分为_____与_____两种。
>
> 中心支撑常采用_____，也可采用_____、_____。

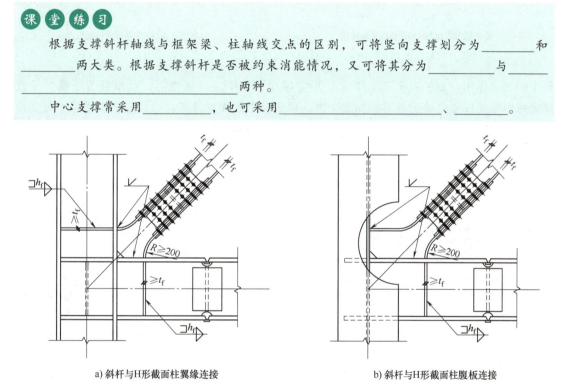

a) 斜杆与H形截面柱翼缘连接　　　　b) 斜杆与H形截面柱腹板连接

图 2.2.44　H 形悬臂杆与框架的连接构造

（2）双槽钢（双角钢）组合截面与节点板的连接　当支撑杆件为填板连接的组合截面时，可采用节点板进行连接。支撑通过节点板连接时，节点板边缘与支撑轴线的夹角不应小于 30°。支撑杆件的端部至节点板嵌固点（节点板与框架构件焊缝的起点）沿杆轴方向的距离，不应小于节点板厚度的 2 倍，这样可保证大震时节点板产生平面外屈曲，从而减轻支撑的破坏。每一构件中填板数应不得少于 2 块，填板的间距应均匀。图 2.2.45 为双槽钢（双角钢）组合截面与节点板的连接构造。

2. 人字形支撑或 V 形支撑与框架横梁的连接构造

与支撑相交的横梁，在柱间应保持连续。在确定支撑跨的横梁截面时，不应考虑支撑在

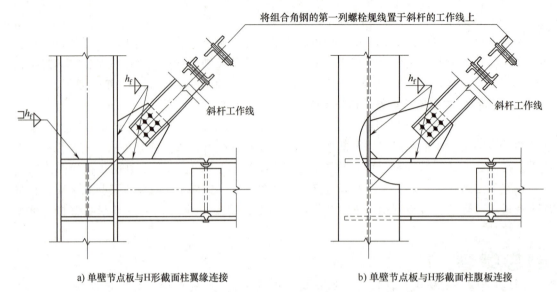

a) 单壁节点板与H形截面柱翼缘连接　　b) 单壁节点板与H形截面柱腹板连接

图 2.2.45　双槽钢（双角钢）组合截面与节点板的连接构造

跨中的支承作用。由于人字形支撑或 V 形支撑在大震下受压屈曲后，其承载力下降，导致横梁跨中与支撑连接处出现不平衡集中力，可能会引起横梁破坏，因此应在横梁跨中与支撑连接处设置侧向支撑。图 2.2.46 为人字形支撑与框架横梁的连接构造。

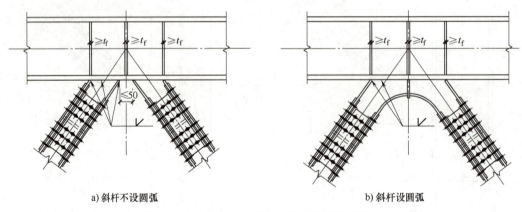

a) 斜杆不设圆弧　　　　　　　　　　b) 斜杆设圆弧

图 2.2.46　人字形支撑与框架横梁的连接构造

3. 支撑中间节点

对于 X 形中心支撑的中央节点，宜做成在平面外具有较大抗弯刚度的"连续通过型"节点，以提高支撑斜杆出平面的稳定性。该类节点在一个方向斜杆中点处的杆段之间，宜采用高强度螺栓摩擦型连接，如图 2.2.47 所示。

对于跨层的 X 形中心支撑，因其中央节点处有楼层横梁连续通过，上、下层的支撑斜杆与焊在横梁上的各支撑杆段之间，均应采用高强度螺栓摩擦型连接。

二、偏心支撑

总层数超过 12 层的 8 度、9 度抗震设防钢结构，宜采用偏心支撑框架，但顶层可不设消能梁段，即在顶层改用中心支撑；在设置偏心支撑的框架跨，当首层（即底层）的弹性承载力等于或大于其余各层承载力的 1.5 倍时，首层也可采用中心支撑。沿竖向连续布置的

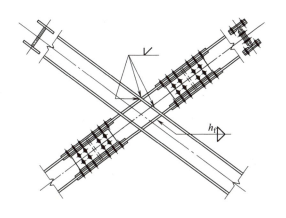 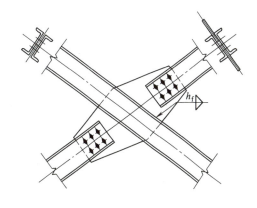

a) 支撑杆件为H型钢与相同截面伸臂杆的连接　　b) 支撑杆端为双槽钢组合截面与单节点的连接

图 2.2.47　X 形中心支撑的中央节点构造

偏心支撑，在底层室内地坪以下，宜改用中心支撑或剪力墙的形式延伸至基础。

偏心支撑框架是一种良好的抗震设防结构体系，偏心支撑框架中的每根支撑斜杆，一端与消能梁段相连，支撑斜杆与横梁的连接应设计成刚接；另一端连接于柱、梁节点。

（一）消能梁段的构造要求

消能梁段的腹板不得贴焊补强板，也不得开洞，并应按规定设置加劲肋。消能梁段与支撑斜杆的连接处，应在梁腹板的两侧设置横向加劲肋，以传递梁段剪力，并防止梁段腹板屈曲。消能梁段腹板的中间加劲肋配置，应根据梁段的长度区别对待。当消能梁段的截面高度不超过 640mm 时，可仅在腹板一侧设置加劲肋；当大于 640mm 时，应在腹板两侧设置加劲肋，如图 2.2.48 所示。为了保证消能梁段能充分发挥非弹性变形能力，消能梁段的加劲肋应在三边与梁的翼缘和腹板用角焊缝连接。

（二）消能梁段与框架柱的连接

消能梁段与柱翼缘应采用刚性连接，偏心支撑的剪切屈服型消能梁段与柱翼缘连接时，梁翼缘和柱翼缘之间应采用坡口全焊透对接焊缝；梁腹板与连接板之间及连接板与柱之间应采用角焊缝连接，如图 2.2.48 所示。消能梁段不宜与工字形截面柱腹板连接，当必须采用这种连接方式时，梁翼缘与柱上连接板之间应采用坡口全焊透对接焊缝；梁腹板与柱的竖向加劲板之间采用角焊缝连接。为了保证梁段和支撑斜杆的侧向稳定，消能梁段两端上、下翼缘均应设置水平侧向支撑或隅撑。

（三）支撑斜杆与框架梁的连接

偏心支撑的斜杆中心线与框架梁轴线的交点，一般位于消能梁段的端部，也允许位于消能梁段内，此时将产生与消能梁段端部弯矩方向相反的附加弯矩，从而减小梁段和支撑斜杆的弯矩，对抗震有利，但交点不应位于消能梁段以外，因为它会增大支撑斜杆和消能梁段的弯矩，不利于抗震。

支撑斜杆与框架梁的连接应设计成刚接。对此，支撑斜杆采用全焊透坡口焊缝直接焊在梁段上的节点连接特别有效，有时支撑斜杆也可通过节点板与框架梁连接，但此时应注意将连接部位置于消能梁段范围以外，并在节点板靠近梁段的一侧加焊一块边缘加劲板，以防节点板屈曲。

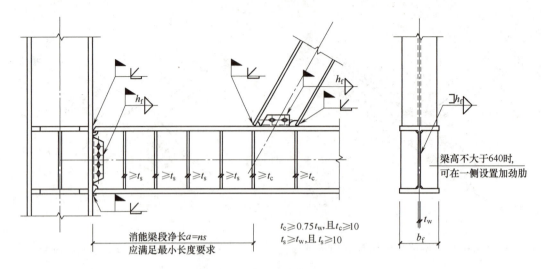

图 2.2.48　偏心支撑连接构造要求

支撑斜杆的拼接接头，宜采用高强度螺栓摩擦型连接，如图 2.2.49 所示。

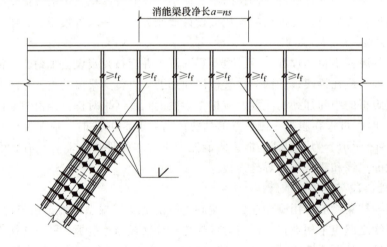

图 2.2.49　消能梁段位于支撑与支撑之间的构造要求

> **课 堂 练 习**
>
> 偏心支撑框架是一种良好的抗震设防结构体系，偏心支撑框架中的每根支撑斜杆，一端与_____相连，支撑斜杆与横梁的连接应设计成刚接；另一端连接于_____。

实物模型 2.5
支撑与框架的连接

虚拟模型 2.1
支撑与框架的连接（一）

虚拟模型 2.2
支撑与框架的连接（二）

任务 2.2.6 掌握钢板剪力墙及其与梁柱的连接构造

高层建筑的抗震性能和安全主要取决于结构的抗侧力系统，而高效、经济的抗侧力系统一直是钢结构抗震的关键构件。在过去几十年中，作为一种新型高效的抗侧力结构，钢板剪力墙受到了越来越多的关注，得到了广泛的应用。钢板剪力墙的类型根据使用条件、建筑功能以及技术经济性能要求确定，可选用的类型包括无加劲钢板剪力墙、加劲钢板剪力墙、防屈曲钢板剪力墙、钢板组合剪力墙及开缝钢板剪力墙等。

钢板剪力墙平面布置宜规则、对称；竖向宜连续布置，承载力与刚度宜自下而上逐渐减小。同一楼层内同方向抗侧力构件宜采用同类型钢板剪力墙。

钢板剪力墙一般按不承受竖向荷载设计计算，应采用相应的构造和施工措施来实现计算假定。钢板剪力墙的节点，不应先于钢板剪力墙和框架梁柱破坏；与钢板剪力墙相连的周边框架梁柱腹板厚度不应小于钢板剪力墙厚度；钢板剪力墙上开设洞口时应按等效原则予以补强。

一、无加劲钢板剪力墙

无加劲钢板剪力墙采用厚钢板制成，钢板剪力墙嵌置于钢框架的梁、柱框格内，与框架梁、框架柱的连接常用四边与周边框架梁柱连接，也可采用上下两边仅与框架梁连接的形式，其主要构造要求如下：

1) 与钢板剪力墙连接的边框柱壁板应具有足够的厚度，以确保钢板剪力墙拉力带的有效开展，当边框柱壁厚不足时，应设置与内嵌钢板相对应的柱内加劲肋。

2) 边框梁腹板厚度不应小于钢板剪力墙内嵌钢板厚度，边框梁腹板高厚比较大，应设置横向加劲肋。

3) 无加劲钢板剪力墙与框架梁、框架柱的连接可采用鱼尾板过渡连接方式，鱼尾板指的是钢板墙与框架之间的连接钢板，鱼尾板厚度应大于钢板厚度，可直接焊接在边缘构件上，也可与边缘构件上的连接板焊接。无加劲钢板剪力墙与横向鱼尾板应在楼层变形完成后（主体结构封顶后）焊接，也可采用螺栓连接。

4) 底部加强区范围内钢板剪力墙与边框梁柱连接应进行角部倒角处理、拼接焊缝避让等构造措施，防止钢板剪力墙出现角部应力集中、焊缝撕裂破坏。

图 2.2.50 为无加劲钢板剪力墙的布置，该钢板剪力墙框架柱、框架梁四边连接，框架柱（边框柱）采用箱形柱，框架梁（边框梁）采用 H 型钢，楼盖采用设置一道钢次梁的钢筋桁架楼承板方案，楼板厚度为 150mm。底部加强部位钢板厚 25mm，非底部加强部位钢板厚 20mm。图 2.2.50 中剪力墙底部加强区角部鱼尾板设置了倒角，并避免在角部拼接焊接。

图 2.2.51 为无加劲钢板剪力墙的节点构造。竖向鱼尾板通过连接板与框架柱相连，水平鱼尾板直接焊接在钢梁上，剪力墙上端直接与框架梁焊接，两侧和下端焊接在鱼尾板上，剪力墙下端待楼层变形完成后焊接。

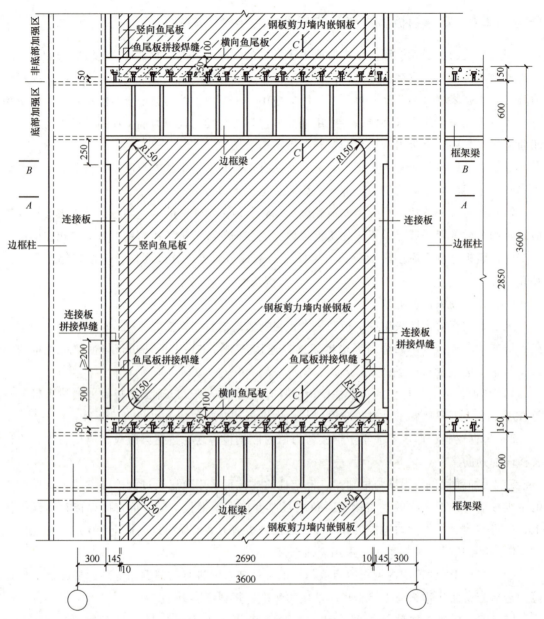

图 2.2.50 无加劲钢板剪力墙的布置

> **课堂练习**
>
> 1. 钢板剪力墙的类型包括_____、_____、_____、_____及_____等。
> 2. 无加劲钢板剪力墙采用_____制成，钢板剪力墙嵌置于钢框架的梁、柱框格内，与框架梁、框架柱的连接可采用_____方式，鱼尾板厚度应____钢板厚度，与边缘构件宜采用焊缝连接，无加劲钢板剪力墙内嵌钢板与横向鱼尾板应在楼层变形完成后____，也可采用____。

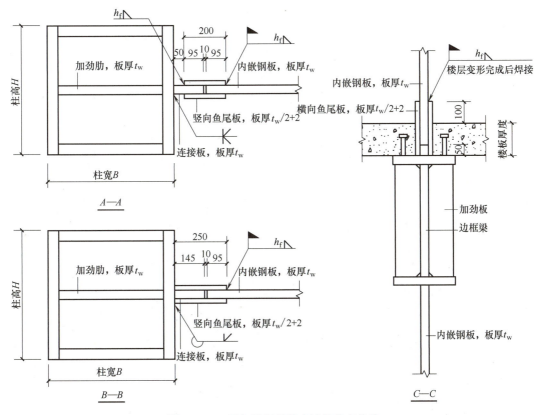

图 2.2.51 无加劲钢板剪力墙的节点构造

二、加劲钢板剪力墙

加劲钢板剪力墙是指在内嵌钢板上加设钢加劲肋以增加平面外刚度的钢板剪力墙。加劲钢板剪力墙的加劲肋与内嵌钢板可采用焊接或螺栓连接。

加劲肋包括竖向加劲肋和水平加劲肋，宜采用型钢且与钢板墙焊接。竖向加劲肋宜对称双面或交替双面设置，水平加劲肋可单面、对称双面或交替双面设置。当水平加劲肋与竖向加劲肋混合布置时，竖向加劲肋宜通长布置。焊接或栓接加劲钢板剪力墙纵横加劲肋划分的钢板区格宽高比宜等于1，且满足区格宽厚比要求。

加劲钢板剪力墙的加劲肋宜采用单板、开口或闭口截面形式的热轧型钢或冷弯薄壁型钢等加劲构件，可单侧布置或双侧布置，断面示意图如图 2.2.52 所示。

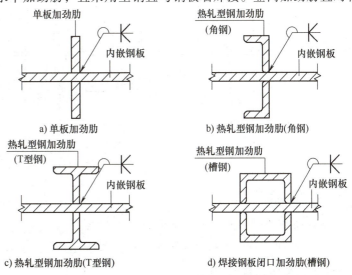

图 2.2.52 加劲钢板剪力墙加劲肋断面示意图

图 2.2.53 为竖向加劲钢板剪力墙的布置，该钢板剪力墙框架柱、框架梁四边连接。框架柱（边框柱）采用箱形柱，框架梁（边框梁）采用 H 型钢，楼盖采用设置一道钢次梁的钢筋桁架楼承板方案，楼板厚度为 150mm，钢板剪力墙内嵌钢板厚度为 16mm，加劲肋为 2⌒100×100×10，共 4 组，上下距鱼尾板各 50mm，均匀配置。

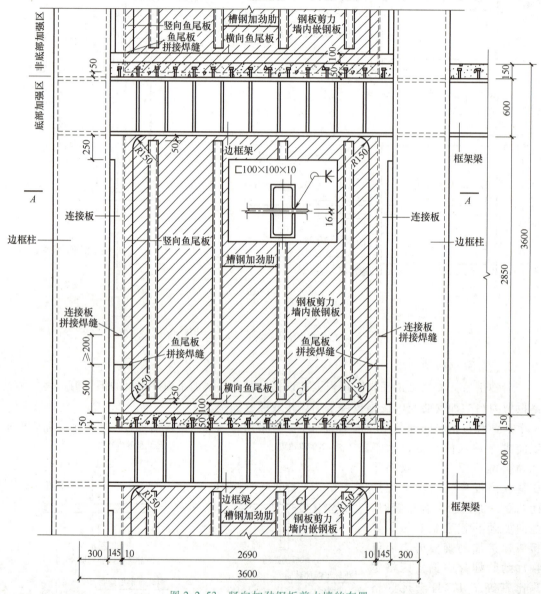

图 2.2.53 竖向加劲钢板剪力墙的布置

> **课堂练习**
>
> 加劲钢板剪力墙是指在内嵌钢板上加设钢_____的钢板剪力墙。加劲钢板剪力墙的加劲肋与内嵌钢板可采用____或_____连接。

三、防屈曲钢板剪力墙

防屈曲钢板剪力墙是指在内嵌钢板面外设置刚性约束构件以抑制平面外屈曲，使内嵌钢板达到充分耗能的钢板剪力墙。防止钢板屈曲的构件可采用混凝土盖板，也可采用型钢。

防屈曲钢板剪力墙的内嵌钢板及其与框架梁、柱的连接构造与无加劲钢板剪力墙基本相同，包括：

1）防屈曲钢板剪力墙内嵌钢板采用厚钢板制成，板厚应满足高厚比限值要求，内嵌钢板与周边框架可采用四边连接或两边连接。

2）与内嵌钢板连接的边框柱壁板应具有足够的厚度以确保钢板剪力墙拉力带的有效开展，当边框柱壁厚不足时，应设置与内嵌钢板相对应的柱内加劲肋。

3）边框梁腹板厚度不应小于内嵌钢板厚度，边框梁腹板高厚比较大，应设置横向加劲肋。

4）内嵌钢板与框架梁、框架柱的连接可采用鱼尾板过渡连接方式，鱼尾板厚度应大于钢板厚度，内嵌钢板与横向鱼尾板应在楼层变形完成后（主体结构封顶后）焊接。

5）底部加强区范围内钢板剪力墙与边框梁柱连接应进行角部倒角处理、拼接焊缝避让等构造措施防止钢板剪力墙出现角部应力集中、焊缝撕裂破坏。

当采用混凝土盖板时，应满足以下构造要求：

1）防屈曲钢板剪力墙中单侧混凝土盖板厚度不宜小于 100mm，且应双层双向配筋，每个方向的单侧配筋率均不应小于 0.2%，且钢筋最大间距不宜大于 200mm。混凝土盖板的双层双向钢筋网之间应设置连系钢筋，并应在板边缘处做加强处理。

2）混凝土盖板与周边框架之间应预留间隙，每侧间隙 a 不应小于 $H_e/50$，其中 H_e 为钢板剪力墙的净高度。混凝土盖板可分块设置。防屈曲钢板剪力墙安装完毕后，混凝土盖板与框架之间的间隙宜采用隔声的弹性材料填充，并宜用轻型金属架及耐火板材覆盖。

3）内嵌钢板与两侧预制混凝土盖板可采用螺栓连接，内嵌钢板的螺栓孔直径宜比连接螺栓直径大 2.0~2.5mm，混凝土盖板螺栓孔不应小于内嵌钢板的螺栓孔直径。相邻螺栓中心距离与内嵌钢板厚度的比值不宜大于 100。

图 2.2.54 为防屈曲钢板剪力墙的布置，内嵌钢板与框架柱、框架梁四边连接。框架柱（边框柱）采用钢管混凝土箱形柱，框架梁（边框梁）采用 H 型钢，楼盖采用设置一道钢次梁的钢筋桁架楼承板方案，楼板厚度为 150mm，内嵌钢板厚度为 12mm，混凝土盖板每面各 2 块，厚度为 100mm，两板之间及与鱼尾板之间的间隙均为 100mm，采用 C40 混凝土。

图 2.2.55 为防屈曲钢板剪力墙的节点构造。

课堂练习

防屈曲钢板剪力墙内嵌钢板采用_____制成，板厚应满足高厚比限值要求。内嵌钢板与周边框架可采用_____或_____。防屈曲钢板剪力墙中单侧混凝土盖板厚度不宜小于_____。

四、钢板组合剪力墙

钢板组合剪力墙是指两侧外包钢板，中间内填混凝土组合而成并共同工作的钢板剪力墙。钢板组合剪力墙的墙体外包钢板和内填混凝土之间的连接构造可采用栓钉、T 形加劲肋、缀板或对拉螺栓，也可混合采用这四种连接方式，如图 2.2.56 所示。

课堂练习

钢板组合剪力墙是指_____
_____。

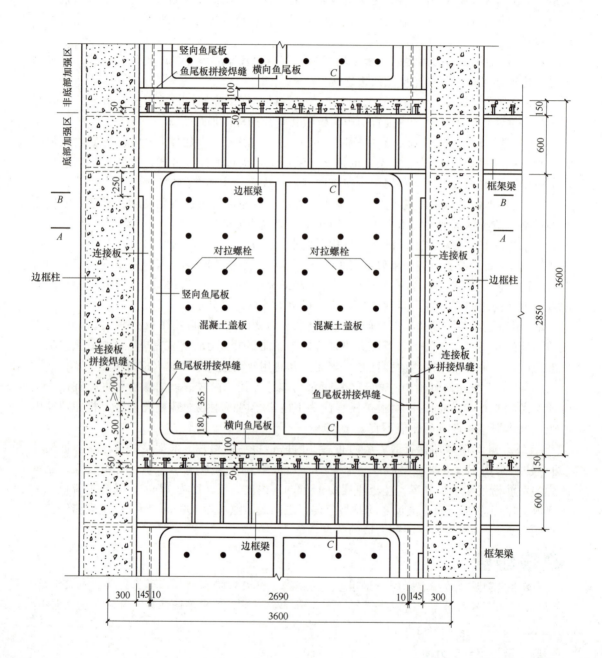

图 2.2.54　防屈曲钢板剪力墙的布置

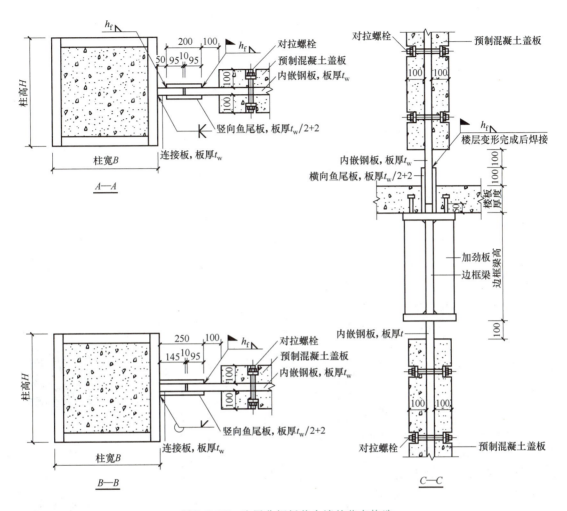

图 2.2.55 防屈曲钢板剪力墙的节点构造

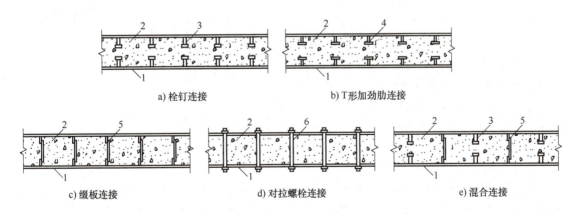

图 2.2.56 钢板组合剪力墙构造示意
1—外包钢板 2—混凝土 3—栓钉 4—T形加劲肋 5—缀板 6—对拉螺栓

墙体钢板的厚度不宜小于10mm，且板厚与墙厚的比值应满足限值要求，并应控制栓钉、对拉螺栓或 T 形加劲肋的间距。钢板组合剪力墙的墙体两端和洞口两侧应设置暗柱、端柱或翼墙，暗柱、端柱宜采用矩形钢管混凝土构件。

栓钉连接件的直径不宜大于钢板厚度的 1.5 倍，栓钉的长度宜大于 8 倍的栓钉直径。

采用 T 形加劲肋的连接构造时，加劲肋的钢板厚度不应小于外包钢板厚度的 1/5，且不应小于 5mm。T 形加劲肋腹板高度 b_1 不应小于 10 倍的加劲肋钢板厚度，端板宽度 b_2 不应小于 5 倍的加劲肋钢板厚度，如图 2.2.57 所示。

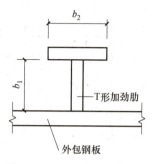

图 2.2.57　T 形加劲肋构造

钢板组合剪力墙厚度超过 800mm 时，内填混凝土内可配置水平和竖向分布钢筋。分布钢筋的配筋率不宜小于 0.25%，间距不宜大于 300mm，且栓钉连接件宜穿过钢筋网片。钢板组合剪力墙厚度超过 800mm 时，墙体钢板之间宜设缀板或对拉螺栓等对拉构造措施。墙体钢板与边缘钢构件之间宜采用焊缝连接。

五、开缝钢板剪力墙

开缝钢板剪力墙是一种在内嵌钢板上以一定间隔沿竖向设置若干竖缝的钢板剪力墙，如图 2.2.58 所示。它嵌固于钢框架梁、柱所形成的框格之间，是一种延性很好的抗侧力构件。

开缝钢板剪力墙宜用于抗震设防烈度为 7 度及以上地区的钢框架、钢管混凝土柱与钢梁或组合梁组成的框架中。层高为 2.7 ~ 4.0m 时，剪力墙钢板厚度宜为 8 ~ 16mm，板宽宜为 1.3 ~ 2.2m。开缝钢板剪力墙宜采用 Q235 钢板，开缝宽度宜与钢板墙厚度保持一致。

开缝钢板剪力墙墙板应采用加劲措施约束墙板面外变形，可在开缝钢板剪力墙墙板两侧设置加劲肋，加劲肋可采用矩形钢管、工字型钢、槽钢或钢板。

开缝钢板剪力墙墙板与钢梁的连接宜采用摩擦型连接的高强度螺栓与上下框架梁连接，墙板一侧的螺栓孔宜为竖向长圆形孔，连接件应设面外加劲构造，螺栓的终拧宜在结构体系及楼板安装完毕后进行。

实物模型 2.6
钢板剪力墙

虚拟模型 2.3
钢板剪力墙

图 2.2.58　开缝钢板剪力墙

开缝钢板剪力墙是_____
_____。

项目知识图谱

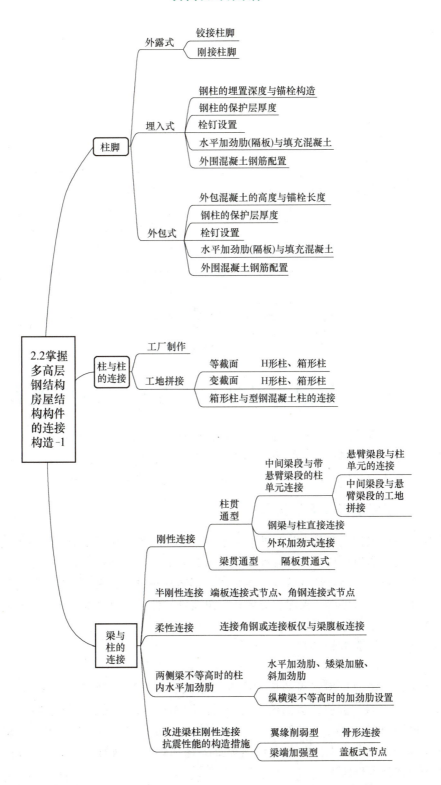

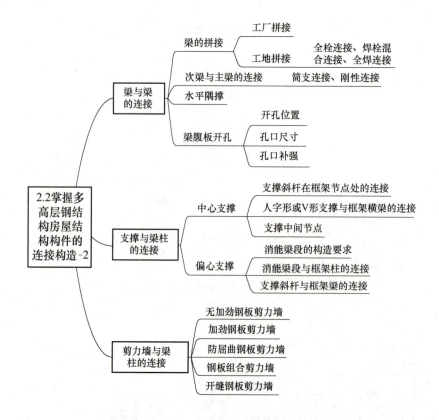

项目 2.3 掌握钢与混凝土组合楼（屋）盖的构造

钢与混凝土组合楼（屋）盖包括组合梁和组合楼板。组合梁是指钢梁与梁上铺设的楼板（混凝土楼板或组合楼板）通过抗剪连接件共同组成的梁；组合楼板是指由压型钢板和其上浇筑的混凝土形成的楼板。本项目分别介绍组合楼板和组合梁的构造。

任务 2.3.1 掌握组合楼板的构造

组合楼板由压型钢板和其上浇筑的混凝土组合而成，根据压型钢板是否与混凝土共同工作可分为组合板和非组合板。组合楼板不仅具有良好的结构性能和合理的施工工序，而且比其他组合楼盖有更好的综合经济效益。在多高层钢结构建筑中，大多采用非组合板，因为非组合板的压型钢板不需另做防火保护处理，其总造价较低。非组合板的压型钢板与普通钢筋混凝土楼板相同，压型钢板仅起模板的作用。

一、压型钢板的选用及连接

（一）板型

组合楼板中采用的压型钢板的形式有开口型板、缩口型板和闭口型板，如图 2.3.1a、b、c 所示。对组合板，为使压型钢板与混凝土板形成整体，使其叠合面能够承受和传递纵向剪力，一般采用缩口型板（图 2.3.1b）、闭口型板（图 2.3.1c）、带压痕的压型钢板开口型板（图 2.3.1d），或在无压痕的压型钢板上翼缘加焊横向钢筋（图 2.3.1e）；对非组合板，压型钢板选型不作要求。

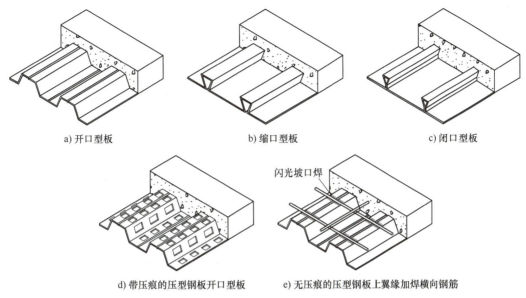

图 2.3.1 压型钢板的形式

知识链接

压型钢板板型标注方法

压型钢板的标注包括压型钢板代号、波高、波距、板宽、形式（开口型、闭口型、缩口型）等内容，压型钢板板型标注方法如图 2.3.2 所示。

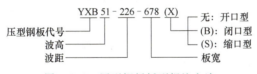

图 2.3.2 压型钢板板型标注方法

例如，图 2.3.3 为典型压型钢板，试根据标注方法分别写出标注。

标注分别为 YXB51-305-915 型压型钢板、YXB51-155-620（B）型压型钢板、YXB42-215-645（S）型压型钢板。

需要注意的是，压型钢板板型标注内容不包括材质、板厚、缩口或闭口尺寸，表面压痕、加劲肋、是否具有板底悬吊系统等信息。

（二）板厚及板面镀锌要求

非组合板的压型钢板的基板厚度应不小于 0.5mm，组合板的压型钢板的基板厚度应不小于 0.75mm，一般宜大于 1.0mm，但不得超过 1.6mm，否则栓钉穿透焊有困难。

组合板和非组合板用压型钢板应采用热镀锌钢板，不应采用电镀锌钢板。其双面镀锌层总含量应满足在使用期间不致锈损的要求，建议采用 $120 \sim 275 g/m^2$，当为非组合板时，镀锌层含量可采用较低值；当为组合板时，镀锌层含量不宜小于 $150 g/m^2$；当为组合板且使用环境条件较为恶劣时，镀锌层含量应采用上限值或更高值。

（三）尺寸限值

如图 2.3.4 所示，为便于浇筑混凝土，压型钢板的上口槽宽（图 2.3.4a）或波槽平均

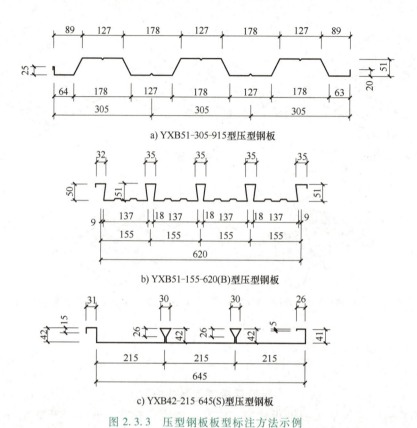

图 2.3.3 压型钢板板型标注方法示例

宽度（图 2.3.4b）不应小于 50mm。当在槽内设置圆柱头栓钉连接件时，压型钢板总高度（包括压痕在内）不应大于 80mm。

组合楼板的总厚度不应小于 90mm，压型钢板板肋以上的混凝土厚度不应小于 50mm，同时兼顾设备管道的要求。

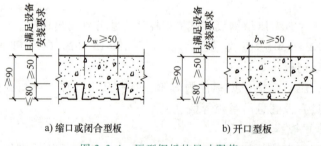

图 2.3.4 压型钢板的尺寸限值

（四）连接

压型钢板搭接连接可采用贴角焊或塞焊，以防止压型钢板相对移动或分离。其搭接连接的每段焊缝长度为 20～30mm，焊缝间距为 200～300mm，如图 2.3.5 所示。

在压型钢板的端部，应设置锚固件与钢梁连接，

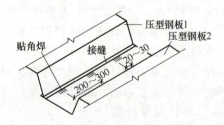

图 2.3.5 压型钢板搭接连接

可采用塞焊（图 2.3.6a）或贴角焊（图 2.3.6b）或采用圆柱头栓钉穿透压型钢板与钢梁焊接（图 2.3.6c）。穿透焊的栓钉直径不应大于 19mm。

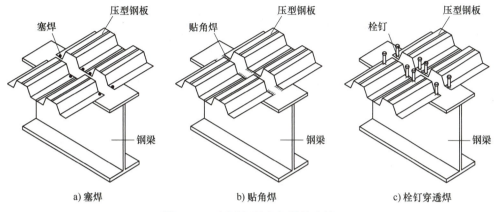

图 2.3.6 压型钢板与钢梁的连接

> **课堂练习**
>
> 1. 组合楼板中采用的压型钢板的形式有_____、_____和_____。
> 2. 组合板一般采用_____、_____、_____，或_____。
> 3. 用于组合板的压型钢板净厚度不应小于_____，一般宜大于_____，但不得超过_____；仅作模板的压型钢板厚度不小于_____。
> 4. 压型钢板的上口槽宽或波槽平均宽度不应小于_____。当在槽内设置圆柱头栓钉连接件时，压型钢板总高度（包括压痕在内）不应大于_____。组合楼板的总厚度不应小于_____，压型钢板板肋以上的混凝土厚度不应小于_____，同时兼顾设备管道的要求。
> 5. 压型钢板相互间的搭接连接可采用_____或_____，以防止压型钢板相对移动或分离。
> 6. 在压型钢板的端部，应设置锚固件与钢梁连接，可采用____、_____，或_____。

二、组合楼板的端部构造

（一）组合楼板端部支承长度

1. 支承于钢梁上

组合楼板在钢梁上的支承长度不应小于 75mm，其中压型钢板在钢梁上的支承长度不应小于 50mm，如图 2.3.7 所示。

2. 支承于混凝土梁或剪力墙上

组合楼板在混凝土梁或剪力墙上的支承长度不应小于 100mm，其中压型钢板在其上的支承长度不应小于 75mm，如图 2.3.8 所示。

3. 连续板和搭接板支承于钢梁或混凝土梁（墙）上

连续板和搭接板在钢梁或混凝土梁（墙）上的支承长度应分别不小于 50mm 和 75mm，

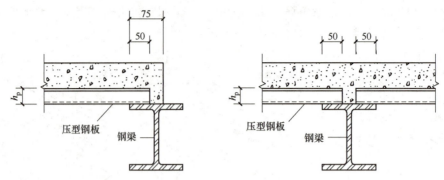

图 2.3.7　支承于钢梁上的组合楼板端部支承长度

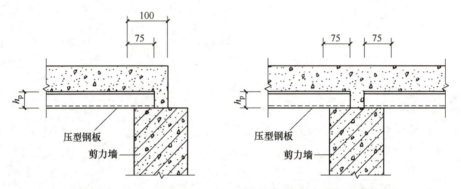

图 2.3.8　支承于混凝土梁或剪力墙上的组合楼板端部支承长度

支座宽度应分别不小于 75mm 和 100mm，如图 2.3.9 所示。

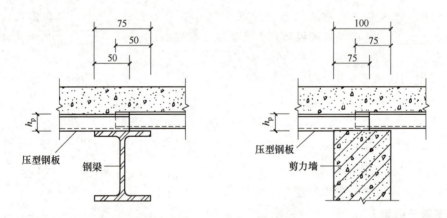

图 2.3.9　连续板和搭接板支承于钢梁或混凝土梁（墙）上的支承长度

（二）抗剪连接件

组合楼板与梁之间应设有抗剪连接件，一般可采用栓钉连接。将圆柱头栓钉设置于压型钢板端部的凹槽内，利用穿透平焊法，将栓钉穿透压型钢板焊至钢梁的上翼缘。

1. 栓钉设置

如图 2.3.10a 所示，栓钉垂直于梁轴线方向的间距不应小于栓钉直径的 4 倍，且不应大于 400mm；栓钉中心至钢梁上翼缘侧边或预埋件边的距离不应小于 35mm。如图 2.3.10b 所示，栓钉沿梁轴线方向间距不应小于栓钉直径的 6 倍，不应大于楼板厚度的 4 倍，且不应大于 400mm。

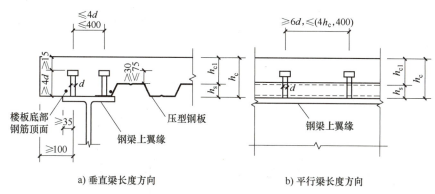

图 2.3.10　栓钉设置

2. 栓钉高度及其顶面的混凝土保护层厚度

如图 2.3.10a 所示，栓钉长度不应小于其直径的 4 倍，焊后高度应大于压型钢板波高加 30mm，不大于压型钢板高度加上 75mm；栓钉顶面的混凝土保护层厚度不应小于 15mm。

3. 栓钉直径

当栓钉位置不正对钢梁腹板时，在钢梁上翼缘受拉区，栓钉直径不应大于钢梁上翼缘厚度的 1.5 倍，在钢梁上翼缘非受拉区，栓钉直径不应大于钢梁上翼缘厚度的 2.5 倍。

如图 2.3.11 所示，栓钉直径不应大于压型钢板凹槽宽度的 0.4 倍，且不宜大于 19mm；当栓钉穿透压型钢板焊接于钢梁时，其直径 d 不得大于 19mm，并可根据组合板的跨度按下列规定采用：跨度小于 3m 的组合板，栓钉直径宜为 13mm 或 16mm；跨度为 3~6m 的组合板，栓钉直径宜为 16mm 或 19mm；跨度大于 6m 的组合板，栓钉直径宜为 19mm。

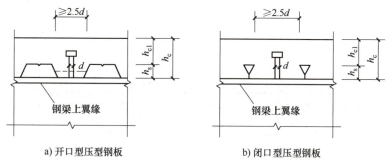

图 2.3.11　栓钉直径

> **课堂练习**
>
> 1. 连续板和搭接板在钢梁或混凝土梁（墙）上的支承长度，应分别不小于____和____，支座宽度应分别不小于_____和_____。
> 2. 组合楼板与梁之间应设有抗剪连接件，一般可采用_____。

三、柱与梁交接处的压型钢板支托

当组合楼板在与柱相交处被切断，且梁上翼缘外侧至柱外侧的距离大于 75mm 时，应采取加强措施。可在梁上翼缘柱截面开口处设水平加劲肋，如图 2.3.12 所示。

> **课堂练习**
> 当组合楼板在与柱相交处被切断，且梁上翼缘外侧至柱外侧的距离大于 75mm 时，可在梁上翼缘柱截面开口处设_____。

四、钢筋配置

非组合板应按钢筋混凝土楼板设置钢筋，每肋中不应少于一根钢筋，且直径≥8mm，配筋示意图如图 2.3.13 所示。图 2.3.14 为某非组合板的配筋示例，在每肋间设置两根纵向受力钢筋，并通过拉筋固定，板面设置负弯矩钢筋；另在垂直板肋方向，设置分布钢筋。

组合板底部可不配筋，也可配筋。设计需要提高组合楼板正截面承载力时，可在板底沿顺肋方向配置附加的抗拉钢筋，钢筋保护层净厚度不应小于 15mm。当防火等级较高时，配置附加纵向受拉钢筋。

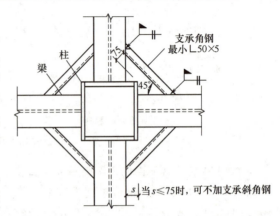

图 2.3.12　柱与梁交接处的压型钢板支托

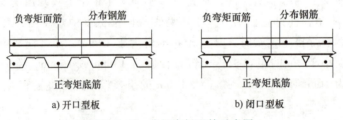

图 2.3.13　非组合板配筋示意图

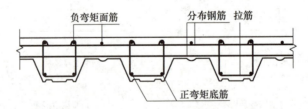

图 2.3.14　某非组合板的配筋示例

五、楼板开洞

组合楼板开圆孔孔径或长方形边长不大于 300mm 时，可不采取加强措施。

组合楼板开洞尺寸在 300~750mm 之间，应采取有效加强措施。当压型钢板的波高不小于 50mm，且孔洞周边无较大集中荷载时，可按图 2.3.15a 在垂直板肋方向设置角钢，并在每肋槽设置不小于 1 个栓钉，熔焊连接。也可如图 2.3.15b 所示，在洞边设置镀锌挡板围模，在混凝土强度达到 75% 以上时进行切割；并在洞边设置附加钢筋，顺肋方向每边附加钢筋的面积不小于洞口宽度范围压型钢板和应配钢筋的面积的一半，且不少于 2⌀12，通长配置；垂直板肋方向附加钢筋的面积不小于洞口宽度范围应配钢筋的面积的一半，且不少于 2Φ12，满足锚固长度要求；四角设构造钢筋，均不少于 2Φ12。

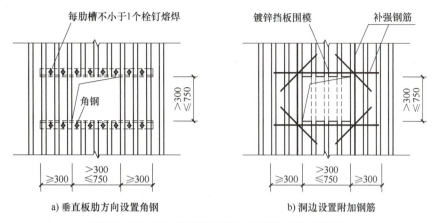

图 2.3.15 组合楼板开洞的加强措施（较小洞口）

组合楼板开洞尺寸在 750~1500mm 之间时，应按图 2.3.16 所示，沿顺肋方向加槽钢或角钢并与其邻近的结构梁连接，在垂直肋方向加角钢或槽钢并与顺肋方向的槽钢或角钢连接，并按图示要求设置栓钉，熔焊连接。组合楼板开洞尺寸在 300~750mm 之间，且孔洞周边有较大集中荷载时，也应采用图 2.3.16 所示加强措施。

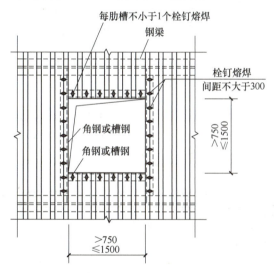

图 2.3.16 组合楼板开洞的加强措施（较大洞口）

当组合楼板并列开有一个以上洞口，且两洞口之间的净距小于相邻两洞口宽之和时，应验算洞口间板带的承载能力，并根据计算结果采取相应的加强措施。

六、防火要求

当组合楼板中的压型钢板仅用作混凝土楼板的永久性模板，不充当板底受拉钢筋参与结构受力时，压型钢板可不进行防火保护。

当组合楼板中的压型钢板除用作混凝土楼板的永久性模板外，还充当板底受拉钢筋参与结构受力时，组合楼板应进行耐火验算与防火设计。当组合楼板不满足耐火要求时，应对组合楼板进行防火保护，或者在组合楼板内增配足够的钢筋，将压型钢板改为只作模板使用。

任务 2.3.2　掌握组合梁的构造

组合梁是由钢梁与钢筋混凝土翼板通过抗剪连接件组合成为整体而共同工作的一种受弯构件，通过组合，提高了结构的强度和刚度，达到了节约钢材、降低造价、减轻结构自重的目的，具有较显著的技术经济效果。组合梁中的钢筋混凝土翼板可以是以压型钢板为底模的组合楼板、叠合楼板或者现浇钢筋混凝土楼板，如图 2.3.17 所示。

1. 组合梁是由____与_____通过_____组合成为整体而共同工作的一种受弯构件。
2. 当楼板采用压型钢板为底模的组合楼板时，一般_____。

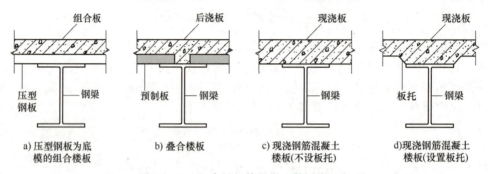

图 2.3.17　组合梁钢筋混凝土翼板的形式

一、组合梁的断面

当楼板采用压型钢板为底模的组合楼板时，一般不设托板，如图 2.3.18 所示。当楼板采用现浇混凝土板时，可不设板托，如图 2.3.19 所示；或设置板托，如图 2.3.20 所示。

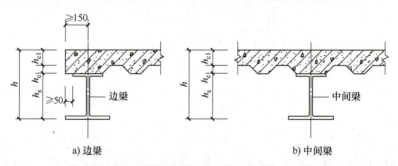

图 2.3.18　压型钢板为底模的组合楼板组合梁断面

钢梁截面须根据组合梁的受力特点而确定，通常对于按单跨简支梁设计的组合梁，或者跨度大、受荷大的组合梁，宜采用上窄下宽的单轴对称工字形截面；对于按连续梁或单跨固端梁或悬臂梁设计的组合梁，或者跨度小、受荷小的组合梁，宜采用双轴对称工字形截面。

二、抗剪连接件

组合梁受弯时，混凝土翼板与其下钢梁在界面处会出现相对滑移，为了限制二者之间的相对滑移，需在钢梁上设置抗剪连接件，承受钢梁与混凝土楼板二者叠合面之间的纵向剪

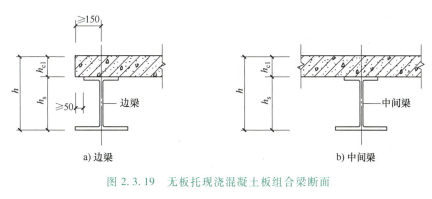

图 2.3.19　无板托现浇混凝土板组合梁断面

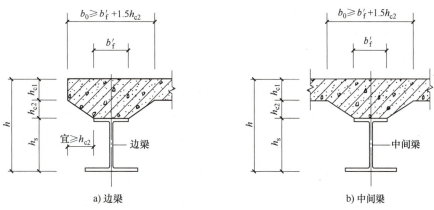

图 2.3.20　有板托现浇混凝土板组合梁断面

力。组合梁中常用的抗剪连接件有栓钉，栓钉的设置要求如图 2.3.10 所示；也可设置弯起钢筋或槽钢，如图 2.3.21、图 2.3.22 所示。弯起钢筋连接件应成对布置，弯折方向应与混凝土翼板对钢梁的水平剪力方向相同，在梁跨中纵向水平剪力变化的区域，必须在两个方向均设置弯起钢筋。

课堂练习

组合梁中常用的抗剪连接件有＿＿、＿＿＿＿或＿＿。

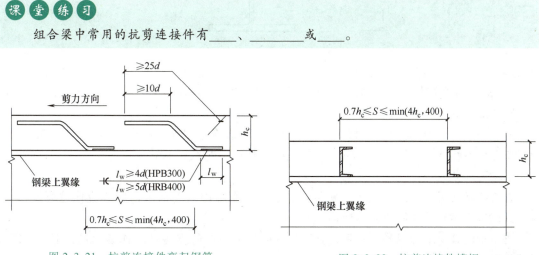

图 2.3.21　抗剪连接件弯起钢筋　　　　图 2.3.22　抗剪连接件槽钢

三、组合梁截面尺寸

（一）组合梁截面尺寸的规定

1）组合梁的高跨比不宜小于 1/15，即 $h/l \geq 1/15$。

2）为使钢梁的抗剪强度与组合梁的抗弯强度协调，钢梁截面高度 h_s 不宜小于组合梁截面高度 h 的 1/2.5，即 $h_s \geq h/2.5$。

（二）混凝土楼板及托板

1. 混凝土楼板板厚

1）当楼板采用以压型钢板为底模的组合楼板时，组合楼板的总厚度不应小于 90mm，其压型钢板顶面以上的混凝土厚度不应小于 50mm。

2）当楼板采用普通钢筋混凝土板时，其混凝土板的厚度不应小于 100mm，一般采用 100mm、120mm、140mm、160mm。

2. 板托尺寸

当楼板采用以压型钢板为底模的组合楼板时，其组合梁一般不设板托；当楼板采用普通钢筋混凝土板时，为了提高组合梁的承载力及节约钢材，可采用混凝土板托，如图 2.3.23 所示，其尺寸应符合下列要求：

1）板托的高度 h_{c2} 不应大于钢筋混凝土楼板厚度 h_{c1} 的 1.5 倍，即 $h_{c2} \leq 1.5 h_{c1}$。

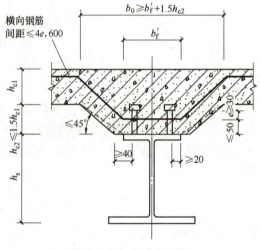

图 2.3.23 组合梁板托

2）板托的顶面宽度 b_0 不宜小于钢梁上翼缘宽度 b'_f 与板托高度 h_{c2} 的 1.5 倍之和，即 $b_0 \geq b'_f + 1.5 h_{c2}$。

3）楼板边缘的组合梁，无板托时，混凝土翼板边缘至钢梁上翼缘边和至钢梁中心线的距离应分别不小于 50mm 和 150mm；有板托时，外伸长度不宜小于 h_{c2}。

四、配筋要求

在连续组合梁的中间支座负弯矩区段，混凝土翼板内的上部纵向钢筋应伸过梁的反弯点，并应留出足够的锚固长度和弯钩。

支承于组合梁上的混凝土翼板，其下部纵向钢筋在中间支座处应连续配置，不得中断，钢筋长度不够时，可在其他部位搭接。

项目知识图谱

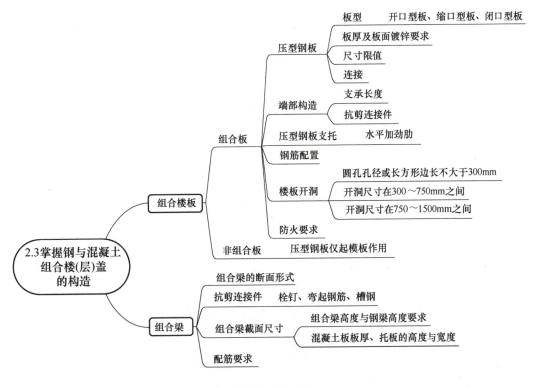

识图训练

1. 识读柱脚详图，归纳柱脚的类型。

配套图纸 2.1 柱脚（登录机工教育服务网 www.cmpedu.com 注册下载）。

2. 识读柱的制作与拼接详图，理解柱的工厂制作与工厂拼接方法，理解柱的工地拼接方法。

配套图纸 2.2 柱的制作与拼接（登录机工教育服务网 www.cmpedu.com 注册下载）。

3. 识读梁与柱的拼接详图，归纳梁与柱的拼接类型。

配套图纸 2.3 梁与柱的拼接（登录机工教育服务网 www.cmpedu.com 注册下载）。

4. 识读梁与梁的连接详图及梁上开洞详图，归纳主次梁连接方法和洞口补强方法。

配套图纸 2.4 梁与梁的连接及梁上开洞（登录机工教育服务网 www.cmpedu.com 注册下载）。

5. 识读钢框架-支撑结构中支撑与框架的连接详图，归纳典型连接构造。

配套图纸 2.5 支撑与框架的连接（登录机工教育服务网 www.cmpedu.com 注册下载）。

6. 识读钢板剪力墙结构中钢板剪力墙连接构造详图，理解剪力墙及其连接构造。

配套图纸 2.6 钢板剪力墙（登录机工教育服务网 www.cmpedu.com 注册下载）。

7. 识读组合楼盖楼面构件平面布置图，理解组合楼盖的构造。

配套图纸 2.7 钢与混凝土组合楼（屋）盖（登录机工教育服务网 www.cmpedu.com 注册下载）。

单元三　门式刚架轻型房屋

门式刚架轻型房屋是承重结构采用变截面或等截面实腹刚架，围护结构采用轻型屋面和轻型外墙的单层房屋，承重结构单跨或多跨，可设置起重量不大于 20t 的 A1~A5 工作级别桥式起重机或 3t 悬挂式起重机。门式刚架是典型的轻型钢结构，广泛应用于工业、商业及体育文化等工业与民用建筑中，如厂房、超市、室内运动场等。图 3.0.1 为典型门式刚架轻型房屋。

本单元主要介绍门式刚架轻型房屋的组成、结构体系、结构布置、结构构造，重点掌握门式刚架轻型房屋的主结构、支撑系统和次结构的构造，能熟练识读施工图。读者可结合虚实模型进行本单元的学习，有条件可到施工现场或已建成的房屋进行学习与实践，以便更好地理解门式刚架轻型房屋的构造，更好地识读施工图。

a) 在建的有起重机门式刚架　　b) 在建的无起重机门式刚架　　c) 门式刚架厂房

图 3.0.1　门式刚架轻型房屋

思政园地

我国钢结构事业的开拓者——陈绍蕃教授

陈绍蕃教授祖籍浙江海盐，1919 年 2 月 2 日生于北京，1940 年毕业于上海中法工学院土木工程系，时值上海沦陷，为报效国家，他取道我国香港、越南来到了重庆，后又考入中央大学研究院结构工程学部并取得硕士学位，在著名土木工程专家茅以升的推荐下，进入重庆中国桥梁工程公司从事桥梁设计。1945 年，陈绍蕃远赴美国芝加哥西北铁路公司实习，期间利用各种机会考察实体工程并收集各类资料，实习期满后义无反顾地选择了回国，应聘于上海中国桥梁公司进行桥梁设计和修复工作。图 3.0.2 为陈绍蕃教授上课的照片。

志在报国无他求　解放前夕，陈绍蕃的父亲带领全家迁往台湾，唯独他留下了，毅然决然地追随中国共产党，支持新中国的建设。1950 年是其人生的重大转折，他应聘到东北工学院（现为东北大学），开始了钢结构研究和教学生涯。1956 年，他随东北工学院建筑系来到古城西安，成为西安建筑科技大学的首批创业者之一。

单元三　门式刚架轻型房屋

图 3.0.2　陈绍蕃教授在上课

满腔热血荐神州　陈绍蕃教授把满腔激情贡献给了我国的钢结构教育事业,从 1974 年到 2003 年,作为主要参与人在我国《钢结构设计规范》第一部到第三部的编纂工作中被委以重任,为科学引导我国钢结构设计事业的与时俱进做出了突出贡献;负责主编的我国高校第一本统编本科教材《钢结构》,长期以来都是全国众多高校相关专业本科生钢结构课程的首选教材。2007 年,陈绍蕃教授被中国建筑金属结构协会钢结构委员会授予"中国钢结构事业的开拓者"称号。

呕心沥血育英才　当初,陈绍蕃教授从上海自愿应聘到东北工学院从事教学时,就有人不解地问:"你在这干得得心应手,为什么要去教书?"当时先生就回答说:"国家建设需要更多的年轻钢结构专家,若能带出一批从事此项工作的年轻人,远比一个人干更好。"几十年来,他一直辛勤地耕耘在三尺讲台上,作为我国高校中结构工程专业房屋钢结构研究方向的第一位博士生导师,陈先生为国家培养了大量栋梁之才,真可谓是桃李满天下。他的不少博士生弟子如今已成为国内外钢结构领域的知名专家。

老骥伏枥志永存　80 岁那年,为了掌握国际有关钢结构的发展信息,他开始学习计算机,虽然困难大,手、脑反应慢,但他靠着顽强的毅力,很快掌握了计算机的基本操作,开始利用因特网来加强与国际间的联系。他每天仍坚持工作学习 6h 左右。这种孜孜不倦、活到老、学到老和对钢结构事业的敬业精神,激励了不少青年学子和科技工作者,成为大家学习的榜样与楷模。

解放初期,陈绍蕃加入中国民主同盟,1982 年又加入中国共产党,一直都在为祖国土木事业而奋斗,把自己的满腔激情贡献给了我国的钢结构事业。每当有人谈及自己的成就时,他总是淡然一笑:"我这一辈子,只是做了一些踏踏实实的工作,欣慰的是,我的路走对了,我这一生,无怨无悔。"

项目 3.1　认识门式刚架轻型房屋

本项目主要介绍门式刚架轻型房屋的组成、结构形式和结构布置。

任务 3.1.1　熟悉门式刚架轻型房屋的组成

一、结构体系

门式刚架轻型房屋的结构体系如图 3.1.1 所示。门式刚架是门式刚架轻型房屋的主要受力骨架，即主结构；屋面支撑、柱间支撑和系杆（刚性檩条）等构成支撑体系，支撑体系连接相邻刚架，使结构体系形成稳定的空间结构骨架；屋面系统和墙面系统构成门式刚架的次结构；屋面板和墙面板对整个结构起围护和封闭作用，称为围护结构；此外，还可根据需要，设置吊车梁、楼梯、栏杆、平台、夹层等辅助结构。

图 3.1.1　门式刚架轻型房屋的结构体系

实物模型 3.1
门式刚架

虚拟模型 3.1
门式刚架（无吊车）

虚拟模型 3.2
门式刚架（有吊车）

二、荷载传递

主刚架承受整个结构传来的恒荷载、屋面墙面活荷载、吊车竖向荷载和横向风荷载、吊车横向水平荷载、横向地震作用，最终传递内力到柱脚和基础上；而纵向风荷载、吊车纵向水平荷载、纵向地震作用等通过屋面和柱间支撑等传递到柱脚和基础上。

> **课堂练习**
>
> 1. 门式刚架轻型房屋的结构体系主要包括＿＿＿＿、＿＿＿＿、＿＿＿＿、＿＿＿＿、＿＿＿＿、＿＿＿＿、＿＿＿＿等。
> 2. 竖向荷载和横向水平作用通过＿＿＿＿传递内力到柱脚和基础上；而纵向水平作用通过＿＿＿＿＿＿等传递到柱脚和基础上。

任务 3.1.2　理解门式刚架轻型房屋的结构布置

一、结构形式

门式刚架分为单跨刚架（图 3.1.2a）、双跨刚架（图 3.1.2b）、多跨刚架（图 3.1.2c）以及带挑檐刚架（图 3.1.2d）和带毗屋刚架（图 3.1.2e）等形式。多跨刚架中间柱与斜梁的连接可采用铰接。多跨刚架宜采用双坡或单坡屋盖（图 3.1.2f），也可采用由多个双坡屋盖组成的多跨刚架形式。当设置夹层时，夹层可沿纵向设置（图 3.1.2g）或在横向端跨设置（图 3.1.2h）。夹层与柱的连接可采用刚性连接或铰接。

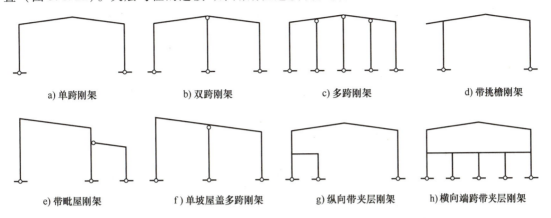

图 3.1.2　门式刚架的结构形式

二、结构布置

（一）平面布置

门式刚架轻型房屋的结构平面布置如图 3.1.3 所示。

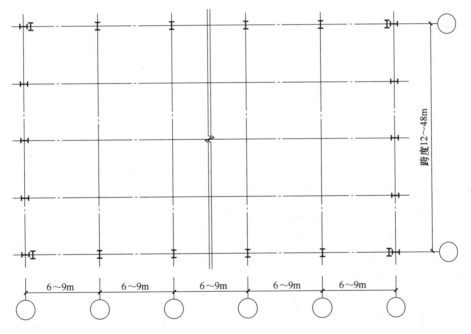

图 3.1.3　门式刚架轻型房屋的结构平面布置

1. 门式刚架的跨度

门式刚架的跨度取横向刚架柱轴线间的距离。门式刚架的单跨跨度一般为 12~48m，以 3m 为模数。当边柱宽度不等时，其外侧应对齐。柱的纵向定位轴线一般取通过柱下端中心的竖向轴线。

2. 门式刚架的间距

门式刚架的间距，即柱网轴线在纵向的距离一般为 6~9m，常取 6m、7.5m、9m。挑檐长度可根据使用要求确定，宜为 0.5~1.2m，其上翼缘坡度宜与斜梁坡度相同。柱的横向定位轴线一般取柱中线。

3. 门式刚架的宽度和长度

门式刚架轻型房屋的宽度，取房屋侧墙墙梁外皮之间的距离。门式刚架轻型房屋的长度，取两端山墙墙梁外皮之间的距离。

（二）立面布置

门式刚架轻型房屋的结构立面布置如图 3.1.4 所示。

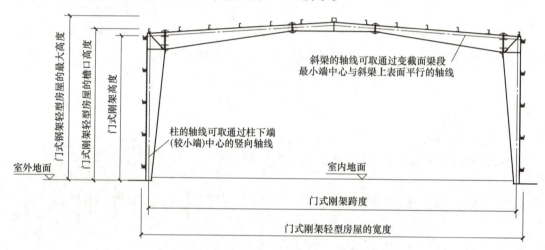

图 3.1.4　门式刚架轻型房屋的结构立面布置

1. 门式刚架的高度

门式刚架的高度，取室外地面至柱轴线与斜梁轴线交点的高度。高度应根据使用要求的室内净高确定，有吊车的厂房应根据轨顶标高和吊车净空要求确定。

门式刚架轻型房屋的檐口高度，取室外地面至房屋外侧檩条上缘的高度。门式刚架轻型房屋的最大高度，取室外地面至屋盖顶部檩条上缘的高度。

2. 刚架梁的轴线

柱的轴线可取通过柱下端（较小端）中心的竖向轴线。斜梁的轴线可取通过变截面梁段最小端中心与斜梁上表面平行的轴线。

3. 门式刚架轻型房屋的屋面坡度

门式刚架轻型房屋的屋面坡度宜取 1/20~1/8，在雨水较多的地区宜取其中的较大值。

（三）伸缩缝

门式刚架轻型房屋钢结构的纵向温度区段不宜大于 300m；横向温度区段不宜大于 150m，当横向温度区段大于 150m 时，应考虑温度的影响；当有可靠依据时，温度区段长度可适当加大。

（四）托梁或托架

在多跨刚架局部抽掉中间柱或边柱处，宜布置托梁或托架。

(五)次结构布置

屋面檩条的布置,应考虑天窗、通风屋脊、采光带、屋面材料、檩条供货规格等因素的影响。屋面压型钢板厚度和檩条间距应按计算确定。

(六)山墙布置

如图 3.1.5 所示,山墙可设置由斜梁、抗风柱、刚性系杆及抗风柱支撑组成的山墙墙架,或采用门式刚架。

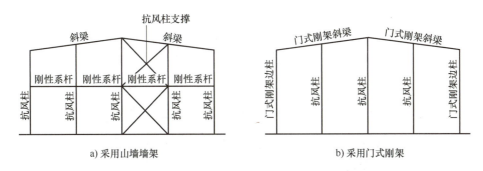

图 3.1.5 门式刚架轻型房屋的山墙布置

(七)纵向传力体系

房屋的纵向应有明确、可靠的传力体系。当某一柱列纵向刚度和强度较弱时,应通过房屋横向水平支撑,将水平力传递至相邻柱列。

(八)墙架布置

门式刚架轻型房屋钢结构侧墙墙梁的布置,应考虑设置门窗、挑檐、遮阳和雨篷等构件和围护材料的要求。门式刚架轻型房屋钢结构的侧墙,当采用压型钢板作围护面时,墙梁宜布置在刚架柱的外侧,其间距应随墙板板型和规格确定,且不应大于计算要求的间距。

> **课堂练习**
>
> 1. 门式刚架的单跨跨度一般以____为模数,常用_____;门式刚架的间距即柱网轴线在纵向的距离,一般为_____,常取_____。
> 2. 门式刚架轻型房屋的屋面坡度宜取_____。
> 3. 门式刚架轻型房屋钢结构的纵向温度区段不宜大于_____;横向温度区段不宜大于_____。

三、结构材料

用于承重的冷弯薄壁型钢、热轧型钢和钢板,应采用 Q235 和 Q355 钢材;门式刚架、吊车梁和焊接的檩条、墙梁等构件宜采用 Q235B 或 Q355A 及以上等级的钢材;非焊接的檩条和墙梁等构件可采用 Q235A 钢材。钢材的选用,应根据结构工作温度选择结构的质量等级。例如,工作温度低于 -20℃ 时,宜选用 C 级、D 级;高于 -20℃ 时,可选用 B 级。

项目知识图谱

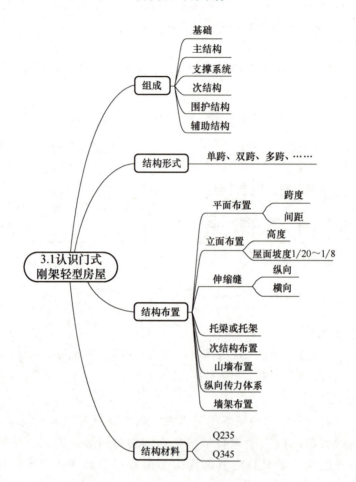

项目 3.2 掌握门式刚架轻型房屋主结构的构造

本项目主要介绍门式刚架的柱、梁单元构造及连接构造，山墙抗风柱构造及连接构造。

任务 3.2.1 掌握门式刚架柱、梁单元构造及连接构造

门式刚架的主结构由多个柱、梁单元构件组成，包括边柱、中柱（多跨）和刚架梁，一般采用等截面或变截面 H 型钢形式。边柱和梁为刚接，中柱与梁的连接可采用刚接或铰接。刚架的单元构件运输到现场后一般通过高强度螺栓连接。

一、刚架柱

门式刚架柱通常采用焊接 H 形截面，按构造形式分为变截面的楔形柱、等截面柱及阶形柱，如图 3.2.1 所示，安装时各跨边柱外侧翼缘平齐。

无吊车的门式刚架，一般采用变截面的楔形柱，铰接柱脚。楔形柱最大截面高度取最小截面高度的 2~3 倍为最优，楔形柱下端截面高度不宜小于 200mm。

当门式刚架设有桥式吊车时，刚架柱可采用等截面柱，或在柱牛腿顶面处改变上柱截面

单元三　门式刚架轻型房屋

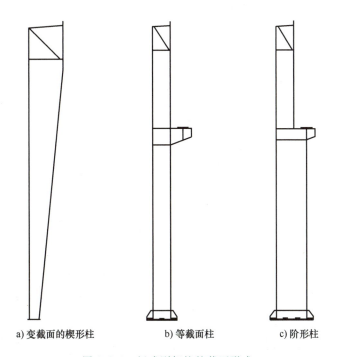

a) 变截面的楔形柱　　b) 等截面柱　　c) 阶形柱

图 3.2.1　门式刚架柱的截面形式

高度，形成阶形柱，并采用刚接柱脚。

多跨刚架的中柱多采用摇摆柱，一般为等截面，常用方管、圆管，也可用焊接 H 形截面，当柱高较大时，柱脚宜做成刚接。多跨刚架的中柱与横梁的连接也采用刚接，常用焊接 H 形截面。

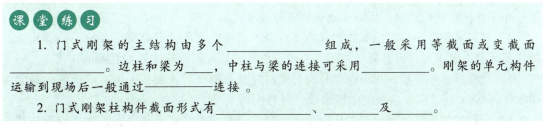

二、刚架梁

实腹式门式刚架梁截面高度一般可为跨度的 1/40～1/30，通常用焊接的 H 形截面。一般采用楔形梁，在梁柱连接处，横梁大头与刚架柱连接，在横梁弯矩包络图中弯矩较小处设置小头连接。变截面梁段一般是只改变腹板高度，而不改变翼缘截面宽度；邻接的安装单元可采用不同的翼缘截面，但两单元相邻截面高度应相等。各梁段连接应保持上翼缘在同一坡面内。当刚架跨度较小时，刚架横梁也可采用等截面构造。

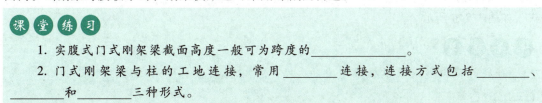

三、梁柱节点及斜梁拼接

（一）连接方式

门式刚架梁与柱的工地连接，常用螺栓端板连接，它是在构件端部截面上焊接一平板（端板），并以螺栓与另一构件的端板相连的一种节点形式。连接方式可采用端板竖放（图 3.2.2a）、端板横放（图 3.2.2b）和端板斜放（图 3.2.2c）三种形式。斜梁拼接时宜使端板与构件外边缘垂直（图 3.2.3）。

a) 端板竖放

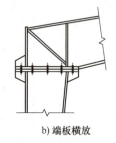
b) 端板横放

c) 端板斜放

图 3.2.2　刚架梁与柱的连接

图 3.2.3　刚架斜梁拼接

（二）构造要求

1）刚架梁与柱、梁与梁的连接一般应采用摩擦型高强度螺栓，常用规格为 M16～M24。

2）端板连接螺栓应成对对称布置，并在受拉翼缘和受压翼缘的内外两侧均应设置，每个翼缘的螺栓群中心与翼缘的中心宜重合或接近。为此，应采用将端板伸出截面高度范围以外的外伸式连接，同时，在端板外伸部分设置加劲肋。

螺栓群间的力臂足够大（如在端板斜放时），或受力较小时的某些横梁拼接，也可采用将螺栓全部设在构件截面高度范围内的端板平齐式连接。

3）螺栓中心至翼缘板表面的距离，应满足螺栓施拧要求，不宜小于 35mm。螺栓端距不应小于螺栓孔径的 2 倍，且应满足螺栓施拧要求。

4）在门式刚架中，受压翼缘的螺栓不宜少于两排。当受拉翼缘两侧各设一排螺栓尚不能满足承载力要求时，可在翼缘内侧成对增设螺栓，其间距不小于螺栓孔径的 3 倍。

5）与横梁端板连接的柱翼缘部分应与梁的端板等厚度，当端板上两对螺栓间的最大距离大于 400mm 时，应在端板的中部增设一对螺栓。

6）端板尺寸应满足螺栓布置构造要求，宽度一般同翼缘宽或稍大，高度与端板连接方法有关。端板厚度可由计算确定，且不宜小于 12mm 和螺栓直径中的较大值。

四、牛腿

牛腿是由上、下盖板和腹板组成的工字形构件，并与柱翼缘对焊。为了加强牛腿的刚度，宜在集中力作用处的上盖板表面设置垫板，在腹板的两边设横向加劲肋。为了防止柱翼缘的变形，在牛腿的上、下盖板与柱翼缘同一标高处，应设置柱的横向加劲肋。

牛腿的截面形式应根据集中力的大小和集中力到柱翼缘的远近，采用变截面或等截面形式，如图 3.2.4 所示。

> **课堂练习**
>
> 牛腿的截面形式应根据集中力的大小和集中力到柱翼缘的远近，可采用_____或_____形式。

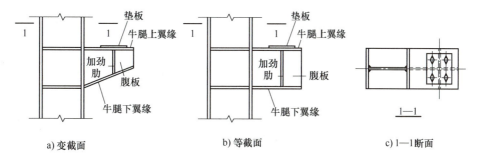

a) 变截面　　　　　b) 等截面　　　　　c) 1—1断面

图 3.2.4　牛腿截面形式

五、柱脚

门式刚架轻型房屋钢结构的柱脚包括铰接柱脚（图 3.2.5a、b）和刚接柱脚（图 3.2.5c、d）。当采用铰接柱脚时，变截面柱下端的宽度不宜小于 200mm。

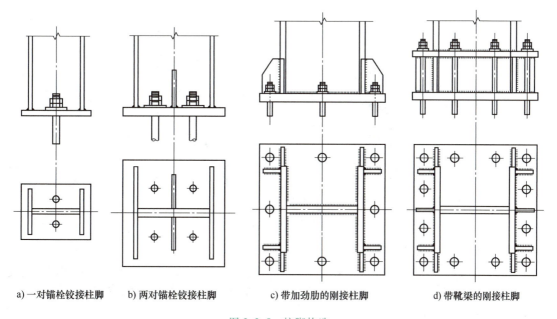

a) 一对锚栓铰接柱脚　　b) 两对锚栓铰接柱脚　　c) 带加劲肋的刚接柱脚　　d) 带靴梁的刚接柱脚

图 3.2.5　柱脚构造

柱脚锚栓可选用 Q235、Q355、Q390 或强度更高的钢材，其质量等级不宜低于 B 级。锚栓应满足锚固长度要求，栓端部应按规定设置弯钩或锚板。锚栓的直径不宜小于 24mm，且应采用双螺母。

柱脚处的水平剪力可由底板与混凝土基础间的摩擦力承担，不足时应设置抗剪键。

门式刚架的柱脚宜按铰接支承设计，当用于工业厂房且有 5t 以上桥式吊车时，可将柱脚设计成刚接。

门式刚架轻型房屋钢结构一个突出的优点就是质量轻，与其他结构形式相比较，基础往往较小，常采用独立基础，当地质条件较差时，也可采用桩基础。

门式刚架轻型房屋钢结构的柱脚，包括＿＿＿＿＿＿和＿＿＿＿＿＿。

任务 3.2.2　掌握山墙抗风柱构造及连接构造

山墙抗风柱是门式刚架山墙处的结构构件，其主要作用是传递山墙的风荷载。山墙抗风柱上端通过铰节点与钢梁连接，传递水平力给屋盖系统；下端与基础铰接或刚接。

一、柱顶与屋架通过弹簧片连接

抗风柱柱顶与屋架通过弹簧片连接，如图 3.2.6 所示。按这种布置方法，屋面荷载全部由刚架承受，抗风柱不承受上部刚架传递的竖向荷载，只承受山墙和自身的重力；山墙的风荷载在柱顶通过弹簧片传递给屋架，在柱底通过柱脚传递给基础。

1. 抗风柱的作用主要是_____，上端通过____与钢梁的连接，下端_____于基础。
2. 抗风柱柱顶可与屋架通过_____连接。

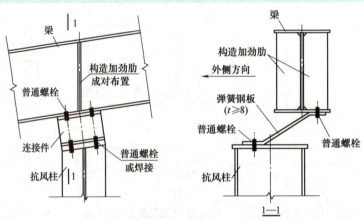

图 3.2.6　柱顶与屋架通过弹簧片连接

二、抗风柱腹板上开长圆孔与刚架梁连接

抗风柱的柱顶也可在腹板上开长圆孔与刚架梁连接，如图 3.2.7 所示。柱顶通过梁底的连接板与刚架梁连接，在与连接板相连的柱腹板上开长圆孔，以减少屋面竖向荷载传递到抗风柱上。

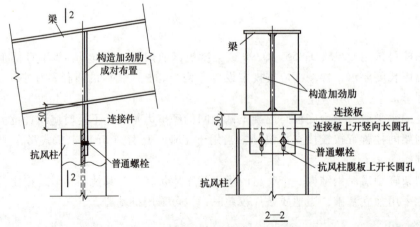

图 3.2.7　柱顶与刚架梁通过开竖向长圆孔的连接板连接

配套图纸 3.1 门式刚架主结构（登录机工教育服务网 www.cmpedu.com 注册下载）。

项目知识图谱

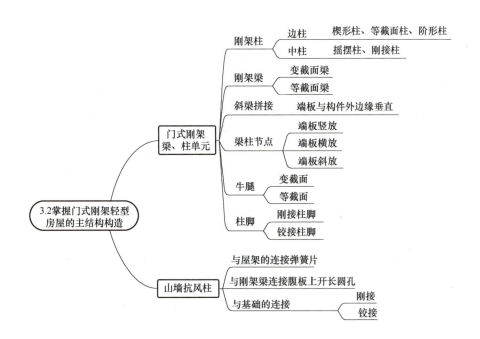

项目 3.3　掌握门式刚架轻型房屋支撑系统的构造

本项目主要介绍柱间支撑系统和屋面支撑系统。

任务 3.3.1　掌握柱间支撑系统的构造

每个温度区段、结构单元或分期建设的区段应设置独立的支撑系统，与刚架一同构成独立的空间稳定体系。门式刚架轻型房屋支撑系统主要包括柱间支撑、屋面横向支撑、屋面纵向支撑和刚性系杆，柱间支撑与屋面横向支撑宜设置在同一开间，以组成完整的空间稳定体系。

一、柱间支撑的布置

柱间支撑应设在侧墙柱列，当房屋宽度大于 60m 时，在内柱列宜设置柱间支撑，当有吊车时，每个吊车跨两柱列均应设置柱间支撑。同一柱列不宜混用刚度差异大的支撑形式。

柱间支撑的设置应根据房屋纵向柱距、受力情况和温度区段等条件确定。当无吊车时，柱间支撑间距宜取 30~45m，端部柱间支撑宜设置在房屋端部第一或第二开间，当温度区段大于 45m 时，在温度区段中部也需设置，如图 3.3.1a 所示。当有吊车时，吊车牛腿下部支撑设置在温度区段中部，并在同一开间和端部布置上部支撑，牛腿上部支撑设置原则与无吊车时的柱间支撑设置相同，布置如图 3.3.1b 所示；当温度区段较长时，下部支撑宜设置在三分点内，且支撑间距不应大于 50m。

1. 某无吊车两跨 11 开间门式刚架轻型房屋，平面尺寸为 66m×36m，柱距为 6m，跨度 18m。在侧墙柱列应布置 ___ 组柱间支撑，柱间支撑宜设置在 _____ 或 _____。

2. 某有吊车两跨 15 开间门式刚架轻型房屋，平面尺寸为 135m×48m，柱距为 9m，跨度 24m。在侧墙柱列和中柱列应布置 ___ 组柱间支撑，其中端开间只需布置 _____。

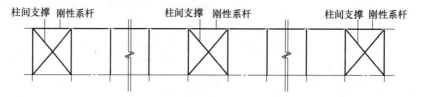

a) 无吊车门式刚架柱间支撑布置

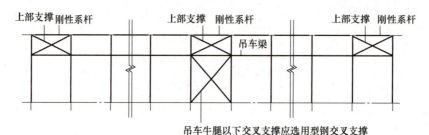

b) 有吊车门式刚架柱间支撑布置

图 3.3.1 柱间支撑布置

二、柱间支撑的形式

如图 3.3.2 所示，柱间支撑采用的形式宜为门式框架、圆钢或钢索交叉支撑、型钢交叉支撑、方管或圆管人字支撑等。当有吊车时，吊车牛腿以下交叉支撑应选用型钢交叉支撑。交叉支撑一般选用张紧的圆钢或钢索，当支撑承受吊车等动力荷载时，应选用型钢交叉支撑。

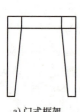
a) 门式框架

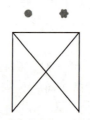
b) 圆钢或钢索交叉支撑

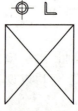
c) 型钢交叉支撑

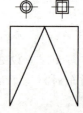
d) 方管或圆管人字支撑

图 3.3.2 柱间支撑的形式

柱间支撑采用的形式宜为 _____、_____、_____、_____ 等。

任务 3.3.2 掌握屋面支撑系统的构造

一、屋面横向和纵向支撑系统的布置

如图 3.3.3 所示，屋面端部横向支撑应布置在房屋端部和温度区段第一或第二开间，与柱间支撑设置在同一开间，当布置在第二开间时应在房屋端部第一开间抗风柱顶部对应位置布置刚性系杆。

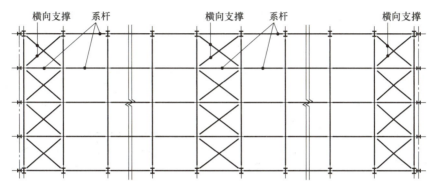

a) 布置在房屋端部和温度区段第一开间

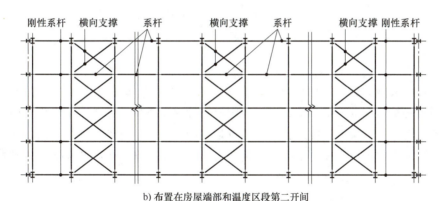

b) 布置在房屋端部和温度区段第二开间

图 3.3.3 屋面横向支撑系统的布置

如图 3.3.4 所示，对设有带驾驶室且起重量大于 15t 桥式吊车的跨间，应在屋盖边缘设置纵向支撑；在有抽柱的柱列，沿托架长度应设置纵向支撑。

刚性系杆可由檩条兼作，此时檩条应满足压弯构件的刚度和承载力要求。当不满足时，可用双檩条或在刚架斜梁间设置钢管、H 型钢或其他截面的杆件。

> **课堂练习**
> 1. 柱间支撑与屋盖横向支撑宜设置在_____，以组成完整的空间稳定体系。
> 2. 对设有带驾驶室且起重量大于 15t 桥式吊车的跨间，应在屋盖边缘设置_____；在有抽柱的柱列，沿托架长度应设置_____。

二、屋面横向和纵向支撑系统的形式

屋面支撑形式可选用圆钢或钢索交叉支撑；当屋面斜梁承受悬挂吊车荷载时，屋面横向支撑应选用型钢交叉支撑；屋面横向交叉支撑节点布置应与抗风柱相对应，并应在屋面梁转

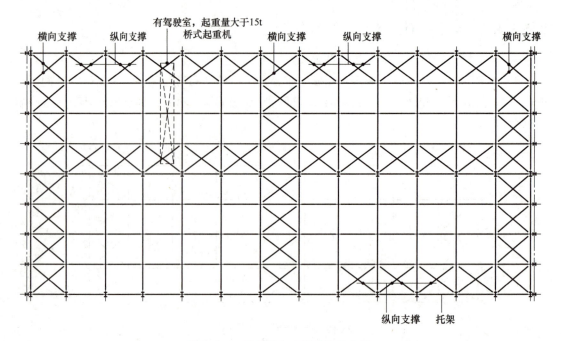

图 3.3.4　屋面纵向支撑系统的布置

折处布置节点。

三、隅撑的布置及构造

当实腹式门式刚架的梁、柱翼缘受压时，应在受压翼缘侧布置隅撑与檩条或墙梁相连接。门式刚架轻型房屋的檩条和墙梁可以对刚架构件提供支撑，减小刚架构件平面外无支撑长度；檩条、墙梁与刚架梁、柱外翼缘相连点是钢构件的外侧支点，隅撑与刚架梁、柱内翼缘相连点是钢构件的内侧支点。隅撑宜连接在内翼缘（图 3.3.5a），也可连接在内翼缘附近的腹板（图 3.3.5b）或连接板上（图 3.3.5c），距内翼缘的距离不大于 100mm。

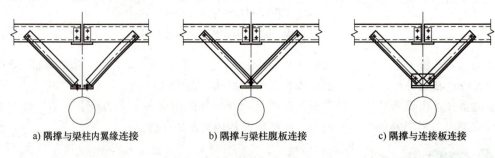

a) 隅撑与梁柱内翼缘连接　　b) 隅撑与梁柱腹板连接　　c) 隅撑与连接板连接

图 3.3.5　隅撑与梁柱的连接

> **课堂练习**
>
> 隅撑宜连接在_____，也可连接在_____，距内翼缘的距离不大于_____。

配套图纸 3.2 门式刚架支撑系统（登录机工教育服务网 www.cmpedu.com 注册下载）。

项目知识图谱

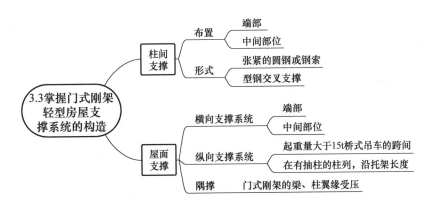

项目 3.4　掌握门式刚架轻型房屋次结构的构造

屋面系统和墙面系统构成门式刚架轻型房屋的次结构，本项目主要介绍门式刚架轻型房屋屋面系统与墙面系统的组成与构造。

任务 3.4.1　掌握屋面系统的组成与构造

屋面系统主要由屋面檩条、拉条和撑杆等组成，拉条包括直拉条和斜拉条。

一、屋面檩条

（一）屋面檩条的形式

屋面檩条是门式刚架屋面系统的主要构件，一般采用实腹式构件，常用冷弯薄壁卷边槽钢（C 型钢）檩条、冷弯薄壁斜卷边 Z 型钢檩条、高频焊接薄壁 H 型钢檩条，如图 3.4.1 所示。跨度大于 9m 时，简支檩条宜采用桁架式构件。

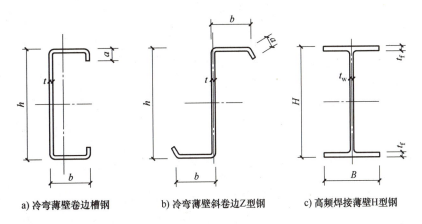

图 3.4.1　屋面檩条的形式

屋面檩条一般采用 Q235 或 Q355 钢材，表面涂层采用防锈底漆，也有的采用镀铝或镀锌的防腐措施。当选用 C 型钢或 Z 型钢檩条时，檩条的槽口（C 型钢）或上翼缘（Z 型钢）指向屋脊布置，截面高度一般为 140～300mm，壁厚常用 2.2mm、2.5mm、3.0mm 等规格。

（二）檩条与刚架斜梁的连接

当檩条腹板高厚比不大于 200 时，可不设置檩托板，由翼缘支承传力，如图 3.4.2 所示，但檩条应满足局部屈曲承压能力；当计算不满足要求时，应对腹板采取局部加强措施。

当檩条腹板高厚比大于 200 时，应设置檩托板连接檩条腹板传力，如图 3.4.3 所示。屋面檩条与刚架斜梁宜通过檩托采用普通螺栓连接，檩托焊接在刚架斜梁上，常用的檩托有角钢檩托（图 3.4.3a）、设置加劲板的角钢檩托（图 3.4.3b）和 T 形檩托（图 3.4.3c），檩托的方向应与檩条协调。檩条每端应设两个螺栓孔与檩托相连，连接螺栓一般为 2M12、2M14、2M16，檩条高度较高时取大值。

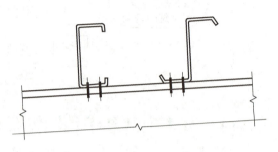

图 3.4.2 檩条与刚架斜梁不设檩托板连接

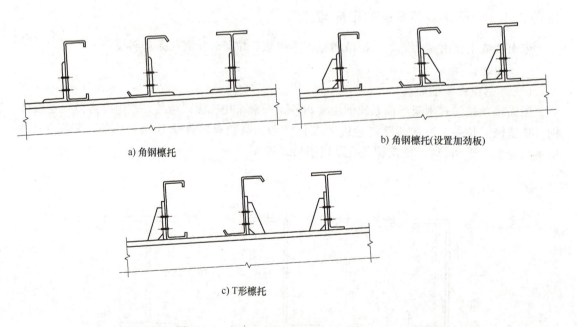

a) 角钢檩托

b) 角钢檩托(设置加劲板)

c) T形檩托

图 3.4.3 檩条与刚架斜梁通过檩托板连接

实腹式檩条可设计成单跨简支构件，也可设计成连续构件。如图 3.4.4 所示，连续构件可采用嵌套搭接方式，连续檩条的搭接长度 $2a$ 不宜小于檩条跨度的 10%，嵌套搭接部分的檩条应采用螺栓连接，嵌套搭接方式的 Z 形连续檩条，当有可靠依据时，可不设檩托，由 Z 形檩条翼缘用螺栓连于刚架上。

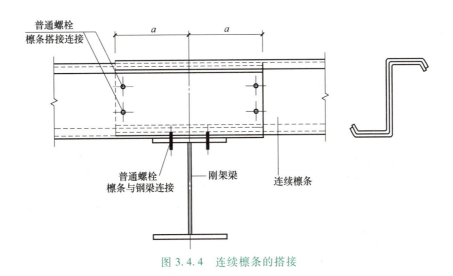

图 3.4.4 连续檩条的搭接

> **课堂练习**
>
> 1. 屋面檩条常用_____、_____、_____。
> 2. 檩条与刚架斜梁的连接,当檩条腹板高厚比不大于 200 时,可_____,直接与斜梁连接;当檩条腹板高厚比大于 200 时,应_____,常用的檩托有_____、_____和_____。

二、拉条与撑杆

(一) 拉条与撑杆的布置

提高檩条稳定性的重要构造措施是采用拉条或撑杆从檐口一端通长连接到另一端。拉条和撑杆的布置应根据檩条的跨度、间距、截面形式及屋面坡度、屋面形式等因素确定。对于抗侧刚度较大的轻型 H 型钢和空间桁架式檩条一般可不设拉条。对于抗侧刚度较差的实腹式和平面桁架式檩条,为了减小檩条在安装和使用阶段的侧向变形和扭转,保证其整体稳定性,一般需在檩条间设置拉条,作为其侧向支承点。

当檩条跨度 $L \leqslant 4m$ 时,可按计算要求确定是否需要设置拉条;当檩条跨度 $4m < L \leqslant 6m$ 时,宜在檩条跨中位置设置一道拉条,如图 3.4.5a 所示;当檩条跨度 $L > 6m$ 时,宜在檩条跨度三分点处各设一道拉条,如图 3.4.5b 所示。为了限制檐檩和天窗缺口处边檩向上或向下两个方向的侧向弯曲,在檐口和天窗缺口边檩处还应设置斜拉条和撑杆。对称双坡屋面屋脊处可不设斜拉条,直接用拉杆将屋脊檩条连在一起。

(二) 拉条与撑杆的构造

拉条分为直拉条和斜拉条,常用两端带丝扣的圆钢加工成,直径不小于 10mm,一般为 12mm。撑杆为直拉条外加套管,套管截面不小于 $D32 \times 2.5$(檩距不大于 2.0m 时)或 $D45 \times 3.0$(檩距大于 2.0m,不大于 3.0m 时)。

拉条与檩条连接的位置,一般应靠近上翼缘的 $h/3$ 处(h 为檩条截面高度)。当风吸力作用使下翼缘受压,并要求下翼缘有侧向支撑时,可采用上下双层拉条或采用其他保证下翼缘稳定的支撑构造措施。

拉条端的孔径应大于拉条直径 1.0~1.5mm,屋脊处用直拉条时两端均用内外螺母紧固。斜拉条靠近檩托一端可与承重结构上的角钢相连,也可与檩托相连。

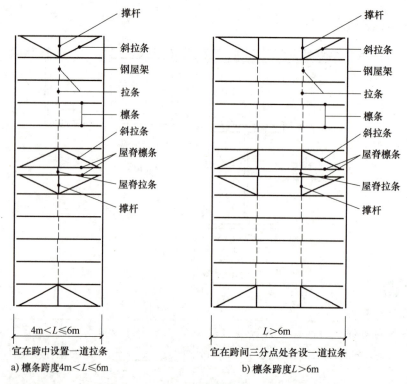

图 3.4.5 屋面系统拉条与撑杆的设置

> **课堂练习**
>
> 当檩条跨度 $L≤4m$ 时，可按计算要求确定是否需要设置拉条；当檩条跨度 $4m<L≤6m$ 时，宜在檩条跨中位置设置____拉条；当檩条跨度 $L>6m$ 时，宜在檩条跨度_____拉条。

任务 3.4.2　掌握墙面系统的组成与构造

墙面系统主要由墙面檩条、拉条和撑杆等组成，拉条包括直拉条和斜拉条。

一、墙面檩条

（一）墙面檩条的布置与形式

与屋面檩条相同，墙面檩条应保证其具有足够的强度、刚度和稳定性。如图 3.4.6 所示，

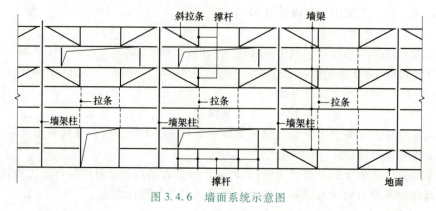

图 3.4.6　墙面系统示意图

轻型墙体结构的墙梁宜采用卷边槽形或卷边 Z 形的冷弯薄壁型钢或高频焊接 H 型钢,兼作窗框的墙梁和门框等构件宜采用卷边槽形冷弯薄壁型钢或组合矩形截面构件。

墙梁可设计成简支或连续构件,两端支承在刚架柱上,墙梁主要承受水平风荷载,宜将腹板置于水平面。当墙板底部端头自承重且墙梁与墙板间有可靠连接时,可不考虑墙面自重引起的弯矩和剪力。当墙梁需承受墙板重力时,应考虑双向弯曲。

(二) 檩条与刚架柱的连接

1) 檩条与刚架柱的连接和檩托做法基本相同,但墙托宽度应至少与墙梁截面高度一致;墙托长度应满足两侧或单侧墙梁支承长度及开螺栓孔固定的孔边距及中距等构造要求;墙托厚度一般为 6~8mm。墙托应满足支承固定墙梁的作用。

2) 墙梁两端部至少应各采用两个螺栓与墙托连接,故一般两端各留两个螺栓孔,孔径根据螺栓直径来定(连续墙梁要多设置螺栓孔);一般在墙梁腹板上均匀对称开孔,孔距和边距应满足螺栓构造要求。当有隅撑相连时,墙梁与之连接处应按要求打孔。

3) 墙托常采用角钢、矩形钢板、焊接组合钢板等与刚架梁连接。

二、拉条和撑杆

当墙梁跨度 $L \leq 4m$ 时,可按计算要求确定是否需要设置拉条;如图 3.4.7a 所示,当 $4m < $ 墙梁跨度 $L \leq 6m$ 时,宜在跨中设一道拉条;如图 3.4.7b 所示,当墙梁跨度 $L > 6m$ 时,宜在跨间三分点处各设一道拉条。在最上层墙梁处宜设斜拉条将拉力传至承重柱或墙架柱,当墙板的竖向荷载有可靠途径直接传至地面或托梁时,可不设传递竖向荷载的拉条。

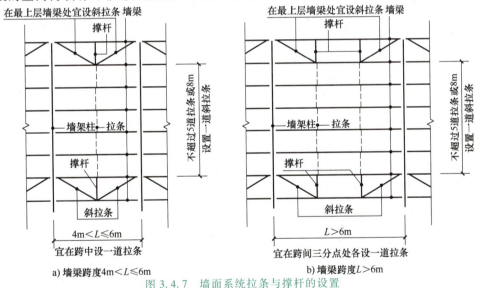

图 3.4.7 墙面系统拉条与撑杆的设置

课堂练习

1. 轻型墙体结构的墙梁宜采用_____或_____,兼作窗框的墙梁和门框等构件宜采用_____或_____。

2. 墙托常采用_____、_____、_____等与刚架梁连接。

3. 当墙梁跨度为 4~6m 时,宜在跨中设_____拉条;当墙梁跨度大于 6m 时,宜在_____拉条。

配套图纸 3.3 门式刚架次结构(登录机工教育服务网 www.Cmpedu.com 注册下载)。

项目知识图谱

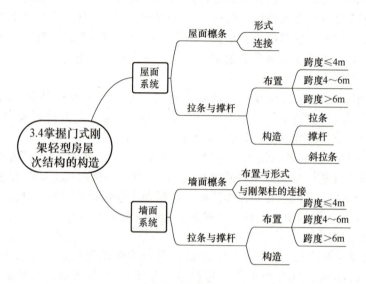

识图训练

1. 识读门式刚架轻型房屋结构（无吊车）平面布置图，理解屋盖支撑系统。识读门式刚架轻型房屋结构（无吊车）立面布置图，理解柱间支撑系统。识读门式刚架轻型房屋结构（无吊车）屋面檩条布置图与墙梁布置图，理解檩条与墙梁的布置与连接。识读门式刚架（无吊车）详图，理解构件组成及连接构造。

配套图纸 3.4.1 门式刚架轻型房屋钢结构示例（登录机工教育服务网 www.cmpedu.com 注册下载）。

2. 识读门式刚架轻型房屋结构（有吊车）平面布置图，理解屋盖支撑系统。识读门式刚架轻型房屋结构（有吊车）立面布置图，理解柱间支撑系统。识读门式刚架（有吊车）详图，理解构件组成及连接构造。

配套图纸 3.4.2 门式刚架轻型房屋钢结构示例（登录机工教育服务网 www.cmpedu.com 注册下载）。

单元四　单层钢结构厂房

单层钢结构厂房是指主要承重构件为钢柱、钢梁（钢屋架）的单层厂房。单层钢结构厂房广泛应用于重型机械制造工业、冶金工业等重工业生产车间，厂房内一般布置大型吊车，由于吊车吨位较大，排架柱吊车以下部分一般可选用双阶 H 型钢格构式柱、钢管混凝土格构式柱，吊车梁一般采用实腹式 I 形梁，屋架采用实腹式等截面或变截面钢梁、钢屋架、网架等形式，如图 4.0.1a、b 所示；单层钢结构厂房也用于中小型工业厂房、仓库等建筑，如图 4.0.1c、d 所示。本单元主要介绍单层钢结构厂房的形式与平面布置，各构件及其连接构造。

通过本单元的学习，应能熟悉单层钢结构厂房结构形式，理解单层钢结构厂房的组成，熟悉钢屋架的构造，能识读钢结构厂房施工图。读者可结合虚实模型进行本单元的学习，有条件可到施工现场或已建成的房屋进行学习与实践，以便更好地理解单层钢结构厂房的结构构造，识读施工图。

a) 重型钢结构厂房(一)

b) 重型钢结构厂房(二)

c) 小型钢结构厂房(一)

d) 小型钢结构厂房(二)

图 4.0.1　单层钢结构厂房

思政园地

我国首座公铁两用钢结构大桥——钱塘江大桥

钱江壮丽，万古奔流。踏上杭州月轮山之六和塔北眺，在浩瀚的钱塘江面上，一条钢铁大桥宛如长龙横卧。这就是我国历史上第一座由中国人设计建造的双层铁路、公路两用桥——钱塘江大桥。

20世纪30年代，杭（杭州）江（江山）铁路已经修到钱塘江南岸的萧山，沪杭铁路也早已通车，但因一江之隔，浙江被分为南北两半，公铁两路无法贯通。1933年，在茅以升从美国归来的第13年，应邀担起钱塘江大桥工程处处长的重任。1935年4月，大桥正式动工兴建，茅以升与罗英等工程技术人员和广大桥工群策群力，创造性地采用"射水法""沉箱法""浮运法"等一系列新技术，解决了建桥中的几十个难题。

1937年9月26日，钱塘江大桥建成通车。大桥钢梁主要构件均为铬铜合金钢制造，用铆钉连接，全桥钢梁总重4967.9t。大桥正桥16孔，跨距66m；桥下距水面有10余米空间，轮船可以畅通航行。钱塘江大桥的建成，打破了非洋人不能建造铁桥的神话，成为我国桥梁史上一个辉煌的里程碑。

1937年12月23日，就在钱塘江大桥通车89天之时，日寇逼近杭州，为延缓日军的进攻，这座桥的设计者茅以升又将它炸毁，如图4.0.2所示。钱塘江大桥历经3年的紧张施工才建成，却在通车的第89天毁在日寇侵略的烽火中，大桥被炸毁有效滞缓了日军侵略的步伐，不仅换来了生命的拯救，更为中华民族的抗战史书写了重要的一页。

直到1948年5月，在茅以升的亲自主持下，钱塘江大桥才得以修复，实现了他"抗战必胜，此桥必复"的誓言。

新中国成立后，这座大桥对促进华东地区经济发展和文化交流等发挥了重要的作用。全国铁路第六次大提速后，经电气化改造的钱塘江大桥开行动车组，时速提高到160km，40t甚至60t重的汽车也在桥上跑，如图4.0.3所示。当年的建桥人把修桥当成百年基业来做，他们的家国情怀让人由衷敬佩。

图4.0.2 炸毁的钱塘江大桥

图4.0.3 现在的钱塘江大桥

"如彩虹悬于江上，把南北人杰，揽两岸锦绣，人间天堂，胜景更臻。功垂千秋，福延后人。"今天，作为杭州"塔桥景观"之一的钱塘江大桥，愈加焕发出深厚迷人的文化魅力，已然成为钱塘江上最美的景致。

项目 4.1 认识单层钢结构厂房

本项目主要介绍单层钢结构厂房的组成、平面布置，各构件的作用及构造要求。

任务 4.1.1 了解单层钢结构厂房的组成

单层钢结构厂房一般是由屋盖结构、横向框架、支撑体系、吊车梁系统、墙架和基础等构件组成。钢屋架体系如图 4.1.1 所示。

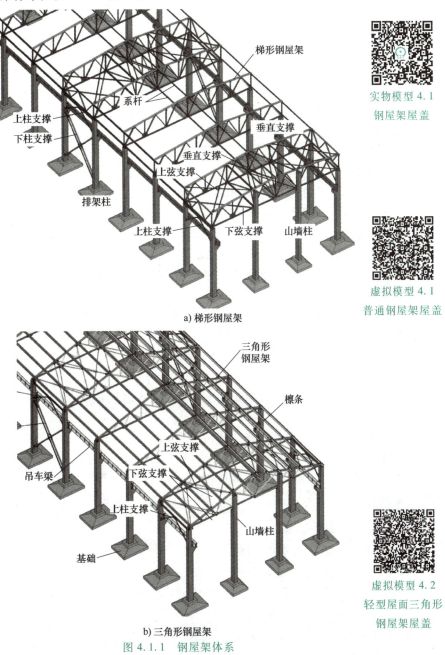

实物模型 4.1
钢屋架屋盖

虚拟模型 4.1
普通钢屋架屋盖

虚拟模型 4.2
轻型屋面三角形
钢屋架屋盖

a) 梯形钢屋架

b) 三角形钢屋架

图 4.1.1 钢屋架体系

一、屋盖结构

屋盖结构是承担屋盖荷载的结构体系，由横向框架的屋架（横梁）、托架、天窗架、檩条和屋面材料等组成，根据屋面材料和屋面结构布置情况的不同，可分为有檩屋盖和无檩屋盖两类。

知识链接

屋盖结构体系

根据屋面材料和屋面结构布置情况的不同，可分为无檩屋盖和有檩屋盖两类。

（一）无檩屋盖

无檩屋盖一般用于预应力混凝土大型屋面板等重型屋面，将屋面板直接放在屋架或天窗架上。预应力混凝土大型屋面板的跨度通常采用 6m。当柱距大于所采用的屋面板跨度时，可采用托架（或托梁）来支承中间屋架。采用无檩屋盖的厂房，屋面刚度大，耐久性也高，但由于屋面板的自重大，从而使屋架和柱的荷载增加，且由于大型屋面板与屋架上弦杆的焊接常常得不到保证，只能有限地考虑它的空间作用，屋盖支撑不能取消。

（二）有檩屋盖

有檩屋盖常用于轻型屋面材料的情况。如压型钢板、压型铝合金板、石棉瓦、瓦楞钢板等。对石棉瓦和瓦楞钢板屋面，屋架间距通常为 6m；当柱距大于或等于 12m 时，则用托架支承中间屋架。

二、横向框架

横向框架由柱和它所支承的屋架组成，是厂房的主要承重体系，承受结构的自重、风荷载、雪荷载和吊车的竖向与水平荷载，并把这些荷载传递到基础。

三、支撑体系

支撑体系包括柱间支撑和屋盖部分的支撑等。柱间支撑与柱、吊车梁等组成厂房的纵向框架，承担纵向水平荷载；屋盖支撑保证屋盖的整体性，提高空间刚度。支撑体系把主要承重体系由个别的平面结构连成空间的整体结构，从而保证了厂房结构所必需的刚度和稳定性。

四、吊车梁系统

吊车梁系统主要承受吊车竖向及水平荷载，并将这些荷载转到横向框架和纵向框架上。

五、墙架

墙架承受墙体的自重和风荷载。

六、基础

柱下应设置基础，常用的基础形式为独立基础和桩基础。

> **课堂练习**
>
> 1. 单层钢结构厂房一般是由_____、_____、_____、_____、_____和_____等构件组成。
> 2. 屋盖结构是承担屋盖荷载的结构体系，由_____、_____、_____、_____和_____等组成，根据屋面材料和屋面结构布置情况的不同，可分为_____和_____两类。
> 3. 单层钢结构厂房的横向框架由_____。

4. 单层钢结构厂房的支撑体系主要包括_____和_____。支撑体系把主要承重体系由个别的平面结构连成空间的整体结构,从而保证了厂房结构所必需的____和_____。

任务 4.1.2　熟悉单层钢结构厂房的平面布置

一、柱网布置

柱网布置是指单层钢结构厂房承重柱在平面上的排列,即确定它们的纵向和横向定位轴线所形成的网格。单层钢结构厂房柱网布置如图 4.1.2 所示,柱纵向定位轴线之间的尺寸称为跨度,柱横向定位轴线之间的尺寸称为柱距;当房屋平面尺寸较大时,需设置温度伸缩缝,厂房横向伸缩缝处的两相邻柱,可采用不加插入距的做法,也可采用加插入距的做法。

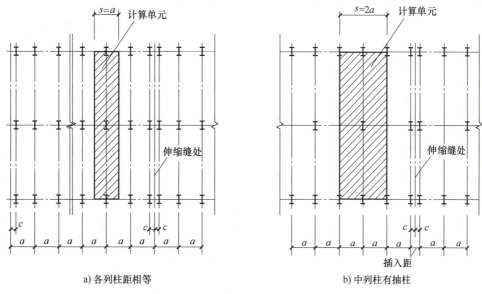

a) 各列柱距相等　　b) 中列柱有抽柱

图 4.1.2　柱网布置和温度伸缩缝设置

a—柱距　c—双柱伸缩缝中心线到相邻柱中心线的距离　s—计算单元宽度

结构构件的统一化和标准化可降低制作和安装的工作量,单层钢结构厂房的跨度与柱距应满足模数要求。当单层钢结构厂房跨度小于或等于 18m 时,以 3m 为模数,即 9m、12m、15m、18m;当厂房跨度大于 18m 时,则以 6m 为模数,即 24m、30m、36m。但是当工艺布置和技术经济有明显的优越性时,也可采用 21m、27m、33m 等。厂房的柱距一般采用 6m 较为经济,当工艺有特殊要求时,可局部抽柱,即柱距做成 12m;多跨厂房的中列柱,常因工艺要求需要抽柱,其柱距为基本柱距的倍数;对某些有扩大柱距要求的单层钢结构厂房也可采用 9m 及 12m 柱距。

柱纵向定位轴线之间的尺寸称为____,柱横向定位轴线之间的尺寸称为____。

二、温度伸缩缝

温度变化将引起结构变形,使厂房结构产生温度应力。故当厂房平面尺寸较大时,为避免产生过大的温度变形和温度应力,应在厂房的横向或纵向设置温度伸缩缝。

温度伸缩缝的布置取决于厂房的纵向和横向长度。纵向很长的厂房在温度变化时,纵向构件伸缩的幅度较大,引起整个结构变形,使构件内产生较大的温度应力,并可能导致墙体和屋面的破坏。为了避免这种不利后果的产生,常采用横向温度伸缩缝将厂房分成伸缩时互不影响的温度区段。

横向温度伸缩缝一般在缝的两旁布置两个无任何纵向构件连系的横向框架,一般有两种布置方案:一种是使温度伸缩缝的中线与定位轴线重合,伸缩缝处两边的相邻框架柱与各自一端紧邻框架柱的距离均减少 c($2c$ 为温度伸缩缝两侧柱的形心线之间的距离),厂房在相应方向的总长度不变,如图 4.1.2a 所示;另一种则是在温度伸缩缝处另外增加一个插入距 $2c$,伸缩缝处两边的相邻框架柱与各自一侧紧邻框架柱的距离保持不变,但该方向厂房的总尺寸增加了 $2c$,如图 4.1.2b 所示,$2c$ 值一般可取 1m,对于重型厂房,因柱的截面较大可能要放大到 1.5m 或 2m,甚至到 3m 方能满足温度伸缩缝的构造要求。增加插入距的做法需要增加屋面板等构件的类型,只有在设备布置确实不允许在伸缩缝处缩小柱距的情况下才使用。横向温度伸缩缝两侧的柱放在同一基础上。

当厂房跨数较多、宽度较大时,还应布置纵向温度伸缩缝。

抗震设计时,温度伸缩缝应满足抗震缝的要求。

>
>
> 1. 当厂房平面尺寸较大时,为避免产生过大的温度变形和温度应力,应在厂房的横向或纵向设置_____。
> 2. 厂房横向伸缩缝处的两相邻柱,可采用_____的做法,也可采用_____的做法。

任务 4.1.3　理解单层钢结构厂房横向框架的布置及构造

横向框架由柱和它所支承的屋架组成,是厂房的主要承重体系,常采用框架结构体系,这种体系能够保证必要的横向刚度,同时其净空又能满足使用上的要求。

一、横向框架的类型

厂房横向框架的柱脚一般与基础刚接,而柱顶与屋架(横梁)的连接分为铰接和刚接两类。

柱顶铰接的框架对基础不均匀沉降及温度敏感性小,框架节点构造容易处理,且因屋架端部不产生弯矩,下弦杆始终受拉,可免去一些下弦支撑的设置。但柱顶铰接时下柱的弯矩较大,厂房横向刚度差,一般用于多跨厂房或厂房高度不大而刚度容易满足的情况。当采用钢屋架、钢筋混凝土柱的混合结构形式时,也常采用铰接框架形式。

当厂房较高、吊车起重量大、对厂房刚度要求较高时,钢结构的单跨厂房框架常采用柱顶刚接的方案。

>
>
> 厂房横向框架的柱脚一般与基础_____,而柱顶与屋架(横梁)的连接分为_____和_____两类。

二、横向框架主要尺寸

框架的主要尺寸如图 4.1.3 所示。

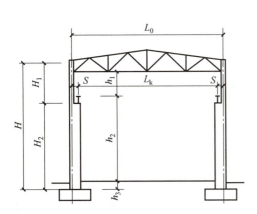

图 4.1.3 横向框架的主要尺寸

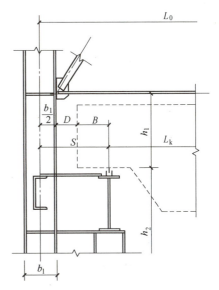

图 4.1.4 柱与吊车梁轴线间的距离

（一）框架的跨度

框架的跨度 L_0，一般取为上柱中心线间的横向距离，公式如下：

$$L_0 = L_k + 2S$$

式中 L_k——桥式吊车的跨度；
　　　S——由吊车梁轴线至上柱轴线的距离，如图 4.1.4 所示，应满足式（4.1.1）的要求。对于中型厂房一般采用 0.75m 或 1.0m，重型厂房则为 1.25m，甚至达 2.0m。

$$S = B + D + b_1/2 \tag{4.1.1}$$

式中 B——吊车桥架悬伸长度；
　　　D——吊车外缘和柱内边缘之间的必要空隙，当吊车起重量不大于 500kN 时，不宜小于 80mm；当吊车起重量大于或等于 750kN 时，不宜小于 100mm；当在吊车和柱之间需要设置安全走道时，则 D 不得小于 400mm；
　　　b_1——上柱宽度。

（二）竖向尺寸

框架由柱脚底面到横梁下弦底部的距离如下式：

$$H = h_1 + h_2 + h_3$$

式中 h_3——地面至柱脚底面的距离，中型车间为 0.8~1.0m，重型车间为 1.0~1.2m；
　　　h_2——柱脚底面至吊车轨顶的高度，由工艺要求决定；
　　　h_1——吊车轨顶至屋架下弦底面的距离：

$$h_1 = A + 100\text{mm} + (150 \sim 200)\text{mm} \tag{4.1.2}$$

式（4.1.2）中 A 为吊车轨道顶面至起重小车顶面之间的距离；100mm 是为制造、安装误差留出的空隙；（150～200）mm 则是考虑屋架的挠度和下弦水平支撑角钢的下伸等所留的空隙。

吊车梁的高度可按（1/12～1/5）L 选用，L 为吊车梁的跨度，吊车轨道高度可根据吊车起重量决定。框架横梁一般采用梯形或人字形屋架。

三、横向框架上的作用

作用在横向框架上的荷载可分为永久荷载和可变荷载两种。

永久荷载有：屋盖系统、柱、吊车梁系统、墙架、墙板及设备管道等的自重。

可变荷载有：风荷载、雪荷载、积灰荷载、屋面均布活荷载、吊车荷载、地震荷载等。

对框架横向长度超过容许的温度区段长度而未设置伸缩缝时，则应考虑温度变化的影响；对厂房地基土质较差、变形较大或厂房中有较大的大面积地面荷载时，还应考虑基础不均匀沉陷对框架的影响。

四、框架柱的类型

框架柱按结构形式可分为等截面柱、阶形柱和分离式柱三大类。

（一）等截面柱

等截面柱有实腹式和格构式两种，如图 4.1.5a、b 所示，通常采用实腹式。等截面柱将吊车梁支于牛腿上，构造简单，但吊车竖向荷载偏心大，只适用于吊车起重量 $Q<150\text{kN}$，或无吊车且厂房高度较小的轻型厂房中。

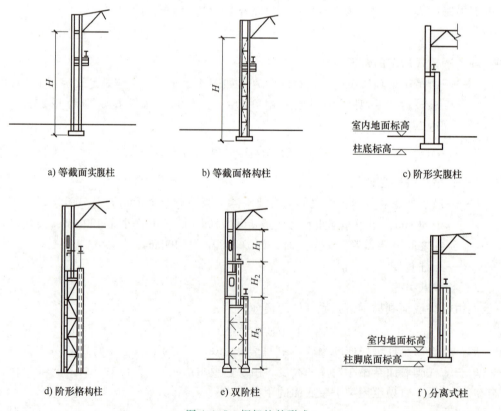

图 4.1.5 框架柱的形式

（二）阶形柱

阶形柱如图 4.1.5c、d、e 所示。阶形柱由于吊车梁或吊车桁架支承在柱截面变化的肩梁处，荷载偏心小，构造合理，其用钢量比等截面柱节省，因而在厂房中广泛应用。

（三）分离式柱

如图 4.1.5f 所示，分离式柱由支承屋盖结构的屋盖肢和支承吊车梁或吊车桁架的吊车肢所组成，两柱肢之间用水平板相连接。吊车肢在框架平面内的稳定性依靠连在屋盖肢上的水平连系板来解决。屋盖肢承受屋面荷载、风荷载及吊车水平荷载，按压弯构件设计。吊车肢仅承受吊车的竖向荷载，当吊车梁采用突缘支座时，按轴心受压构件设计；当采用平板支座时，仍按压弯构件设计。分离式柱构造简单，制作和安装比较方便，但用钢量比阶形柱多，且刚度较差，只宜用于吊车轨顶标高低于 10m，且吊车起重量 $Q \geqslant 750\text{kN}$ 的情况，或者相邻两跨吊车的轨顶标高相差很悬殊，而低跨吊车的起重量 $Q \geqslant 500\text{kN}$ 的情况。

> **课 堂 练 习**
>
> 框架柱按结构形式可分为_____、_____和_____三大类。

任务 4.1.4　理解单层钢结构厂房柱间支撑的布置及构造

柱间支撑与柱、吊车梁等组成厂房的纵向框架，承担纵向水平荷载。

一、柱间支撑的作用和布置

（一）柱间支撑的作用

柱间支撑与厂房框架柱相连接，其作用为：

1）组成纵向构架，保证厂房的纵向刚度。

2）承受厂房端部山墙的风荷载、吊车纵向水平荷载及温度应力等，在地震区尚应承受厂房纵向的地震力，并传至基础。

3）可作为框架柱在框架平面外的支点，减少柱在框架平面外的计算长度。

（二）柱间支撑的布置

柱间支撑由两部分组成：在吊车梁以上的部分称为上柱支撑，吊车梁以下部分称为下柱支撑，下柱支撑与柱和吊车梁一起在纵向组成刚性很大的悬臂桁架。如果将下柱支撑布置在温度区段的端部，将限制温度变化时纵向框架的自由伸缩，因此，下柱支撑应该设在温度区段中部。当吊车位置高而车间总长度又很短时，下柱支撑设在两端不会产生很大的温度应力，而对厂房纵向刚度却能提高很多，这时放在两端才是合理的。

当温度区段小于 90m 时，在它的中央设置一道下柱支撑，如图 4.1.6a 所示；如果温度区段长度超过 90m，则在它的 1/3 点和 2/3 点处各设一道支撑，如图 4.1.6b 所示，以免传力路程太长。

上柱支撑又分为两层，第一层在屋架端部高度范围内，属于屋盖垂直支撑。显然，当屋架为三角形或虽为梯形但有托架时，并不存在此层支撑。第二层在屋架下弦至吊车梁上翼缘范围内。为了传递风力，上柱支撑需在温度区段端部布置，由于厂房柱在吊车梁以上部分的刚度小，不会产生过大的温度应力，从安装条件来看这样布置也是合适的。此外，在有下柱支撑处也应设置上柱支撑。

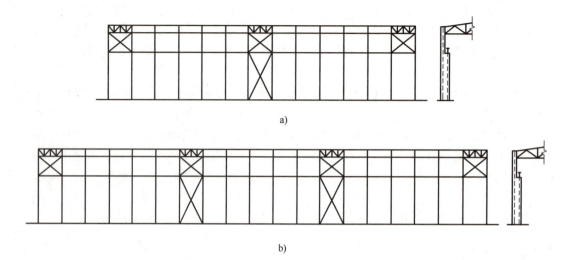

图 4.1.6 柱间支撑的布置

等截面柱的柱间支撑一般沿柱的中心线单片设置。阶形柱的上柱支撑宜在柱的两侧设置；下柱支撑应在柱的两个肢的平面内成对设置，如图 4.1.6 中的虚线所示，与外墙墙架有连系的边列柱可仅设在内侧，但重级工作制吊车的厂房外侧也同样设置支撑。

此外，吊车梁和辅助桁架作为撑杆是柱间支撑的组成部分，承担并传递厂房纵向水平力。

二、柱间支撑的形式

（一）柱间支撑的结构形式

柱间支撑按结构形式可分为十字交叉式、八字式、门架式等，如图 4.1.7 所示。

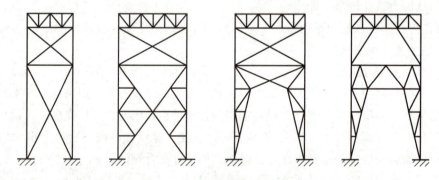

图 4.1.7 柱间支撑的结构形式

（二）柱间支撑的截面形式

柱间支撑的截面形式，单片支撑常采用单角钢（图 4.1.8a）、两个角钢组成的 T 形截面（图 4.1.8b）、两个槽钢组成的工字形截面（图 4.1.8c）或方钢管截面（图 4.1.8d）。

双片支撑一般采用不等边角钢以长边与柱相连（图 4.1.9a）或采用由两个等边角钢组成的 T 形截面（图 4.1.9b）；当荷载较大或杆件较长时，可采用槽钢（图 4.1.9c）或由两个槽钢组成的工字形截面（图 4.1.9d）。两片支撑之间应附加系杆相连。

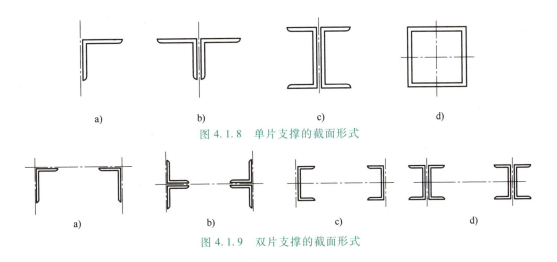

图 4.1.8　单片支撑的截面形式

图 4.1.9　双片支撑的截面形式

课堂练习

1. 柱间支撑的作用包括：＿＿＿＿＿＿＿；＿＿＿＿＿＿＿；＿＿＿＿＿＿＿。
2. 柱间支撑分为上柱支撑和下柱支撑。当温度区段小于90m时，＿＿＿＿＿＿＿设置一道下柱支撑；如果温度区段长度超过90m，则在＿＿＿＿＿＿＿各设一道支撑。上柱支撑在＿＿＿＿＿＿＿和＿＿＿＿＿＿＿设置。
3. 柱间支撑的截面形式包括＿＿＿＿＿＿＿和＿＿＿＿＿＿＿。

任务 4.1.5　了解吊车梁系统

一、吊车梁的荷载

吊车梁承受桥式吊车产生的三个方向荷载作用，即吊车的竖向荷载 P、横向水平荷载（制动力及卡轨力）T 和纵向水平荷载（制动力）T_L，如图 4.1.10 所示。其中纵向水平制动力 T_L 沿吊车轨道方向，通过吊车梁传给柱间支撑，对吊车梁的截面受力影响很小，计算吊车梁时一般均不需考虑。因此，吊车梁按双向受弯构件设计。

二、吊车梁的截面形式

在工厂的车间或露天堆料场上，因运输需要，常需要设置各类吊车（起重机），其中以桥式吊车最为普遍。吊车梁或吊车桁架就是在梁或桁架上铺设轨道供桥式吊车行走的受弯构件，其跨度为支承吊车梁的柱的纵距，一般设计成简支结构。因为简支结构传

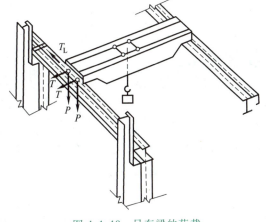

图 4.1.10　吊车梁的荷载

力明确、构造简单、施工方便，且对支座沉陷不敏感。吊车梁有型钢梁、焊接工字梁、箱形梁等形式，其中焊接工字梁最为常用。

根据吊车梁所受荷载作用，对于吊车额定起重量 $Q \leqslant 30t$，跨度 $l \leqslant 6m$，工作级别为 A1~

A5的吊车梁，可采用加强上翼缘的办法，用来承受吊车的横向水平力，做成如图4.1.11a所示的单轴对称工字形截面。当吊车额定起重量和吊车梁跨度再大时，常在吊车梁的上翼缘平面内设置制动梁或制动桁架，用以承受横向水平荷载。例如图4.1.11b所示为一边列柱上的吊车梁，它的制动梁由吊车梁的上翼缘、钢板和槽钢组成。吊车梁则主要承担竖向荷载的作用，同时为制动梁的一个翼缘。图4.1.11c所示为设有制动桁架的吊车梁，由两角钢和吊车梁的上翼缘构成制动桁架的二弦杆，中间连以角钢腹杆。图4.1.11d所示为中列柱上的二等高吊车梁，在其上翼缘间可以直接连以腹杆组成制动桁架，也可以铺设钢板做成制动梁。

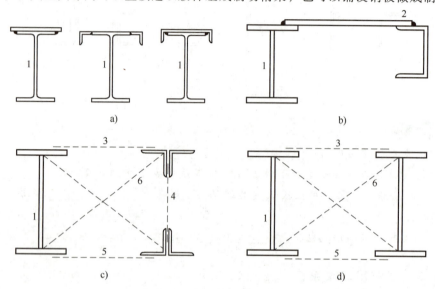

图4.1.11 吊车梁截面
1—吊车梁 2—制动梁 3—制动桁架 4—辅助桁架 5—水平支撑 6—垂直支撑

制动结构不仅用以承受横向水平荷载，保证吊车梁的整体稳定，同时可作为人行走道和检修平台。制动结构的宽度应依吊车额定起重量、柱宽以及刚度要求确定，一般不小于0.75m。当宽度小于等于1.2m时，常用制动梁；超过1.2m时，为了节省一些钢材，宜采用制动桁架。

> **课堂练习**
>
> 1. 吊车梁承受桥式吊车产生的三个方向荷载作用，即吊车的_____、_____和_____。
> 2. 吊车梁有_____、_____、_____等形式，其中_____最为常用。
> 3. 依据跨度或横向水平力的大小，可采取_____、_____、_____、_____等措施。

知识链接

吊车工作制等级与工作级别

吊车是按其工作的繁重程度来分级的。按吊车荷载达到其额定值的频繁程度分成4个荷载状态（轻、中、重、特重），根据要求的利用等级和荷载状态，确定吊车的工作级别，共分8个工作制等级作为吊车设计的依据。吊车的工作制等级与工作级别的对应关系及应用举例见表4.1.1。

表 4.1.1　吊车的工作制等级与工作级别的对应关系及应用举例

工作级别	工作制等级	吊车种类举例
轻级	A1~A3	安装、维修用的电动梁式吊车
		手动梁式吊车
		电站用软钩桥式吊车
中级	A4~A5	生产用的电动梁式吊车
		机械加工、锻造、冲压、钣焊、装配、铸工（砂箱库、制芯、清理、粗加工）车间用的软钩桥式吊车
重级	A6~A7	繁重工作车间、仓库用的软钩桥式吊车
		机械铸工（造型、浇铸、合箱、落砂）车间用的软钩桥式吊车
		冶金用普通软钩桥式吊车
		间断工作的电磁、抓斗桥式吊车
特重级	A8	冶金专用（如脱锭、夹钳、料耙、锻造、淬火等）桥式吊车
		连续工作的电磁、抓斗桥式吊车

在按吊车荷载设计结构时，仅参照吊车的荷载状态将其划分为轻、中、重和超重四级工作制，而不考虑吊车的利用因素，这样做实际上也并不会影响到厂房的结构设计。

项目知识图谱

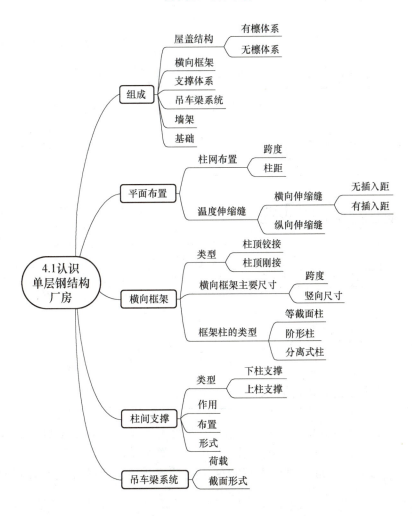

项目 4.2　熟悉钢屋架系统的构造

本项目主要介绍钢屋架的形式，屋盖支撑系统的种类、作用及布置方法，并以常用的梯形普通钢屋架和三角形钢管屋架为例，详细介绍钢屋架系统的构造。

任务 4.2.1　了解屋架结构的形式

一、屋架形式

屋架是由各种直杆相互连接组成的一种平面桁架，在竖向节点荷载作用下，各杆件将只产生轴心压力或轴心拉力，因而杆件截面应力分布均匀，材料利用充分，具有用钢量小、自重轻、刚度大、便于加工成型和应用广泛的特点。常用的屋架形式有三角形、梯形、平行弦和拱形屋架等，见表4.2.1。

表 4.2.1　常用屋架的形式

屋架形式	屋架示意图	适用范围	受力特点
三角形屋架		适用于中小跨度（$L \leqslant 24m$），且屋面排水较陡（一般排水坡度为 1:3～1:2）的有檩体系屋面结构	芬克式屋架压杆短，拉杆长，受力合理，且可适当控制上弦节间距离
			人字形屋架受压腹杆较长，不经济，一般只适用于小跨度（$L \leqslant 18m$）的屋架，但其抗震性能优于芬克式屋架，所以在强震区常采用人字形腹杆的屋架
			单斜腹杆屋架，其节点和腹杆数目均较少，虽长杆受拉，但夹角过小，一般情况下很少采用
梯形屋架		适用于缓坡的无檩屋盖和采用压型钢板的有檩体系屋盖	梯形屋架的外形与相应荷载作用下梁的弯矩图的外形相近，其弦杆内力较均匀
平行弦屋架		一般适用于单坡或双坡屋面，也可用于托架和支撑体系	平行弦屋架腹杆长度和节点构造基本统一，施工制作较方便，符合标准化、工厂化制造
拱形屋架		适用于有檩体系屋盖，由于制造较费工，应用较少	拱形屋架外形与弯矩图接近，弦杆内力较均匀，受力合理

常用的钢屋架有三角形和梯形两种形式。三角形钢屋架用于屋面坡度较大、跨度较小的屋盖结构中，屋面采用有檩体系；梯形钢屋架用于屋面坡度较小的屋盖中，受力性能比三角形屋架优越，适用于较大跨度或较大荷载的工业厂房，屋面可采用大型屋面板，即无檩体系。

> **课堂练习**
> 常用的屋架形式有_____、_____、_____和_____等。三角形屋架又可分为_____、_____和_____。

二、屋架的主要尺寸

（一）屋架的跨度

屋架的跨度由使用或工艺要求确定。屋架的标志跨度是指柱网纵向定位轴线之间的距离。无檩屋盖中钢屋架的跨度与大型屋面板的宽度相配合，应为3m的模数，即12m、15m、18m、21m、24m、27m、30m、36m等几种。有檩屋盖中的屋架跨度可不受3m模数的限制，比较灵活。

（二）屋架的高度

屋架的高度由经济、刚度（屋面的挠度限值）、运输界限及屋面坡度等因素确定。

当上弦坡度为 1/12~1/8 时，梯形屋架的中部经济高度 $H=(1/10~1/6)L$。梯形屋架的端部高度（H_0）与中部高度及屋面坡度相关联，当屋架与柱铰接时，$H_0>1/18L$，H_0 宜取 1.6~2.2m；当屋架与柱刚接时，$H_0=(1/16~1/10)L$，H_0 宜取 1.8~2.4m。在等高多跨房屋中，各跨屋架的端部高度应尽可能相同。

（三）屋架的节间尺寸

屋架的节间划分主要根据屋面材料而定，应尽可能使屋面荷载直接作用于屋架节点上，上弦不产生局部弯矩。

屋架上弦杆节间尺寸：当采用 1.5m×6.0m 大型屋面板的无檩屋盖时，宜使屋架上弦杆的节间长度等于屋面板的宽度，即上弦杆节距为 1.5m。从制造角度来看，上弦杆采用 3m 节距可减少腹杆和节点数量，但对用于 3m 节间的角钢截面的压杆不能充分作用。因此，上弦杆一般以采用节距 1.5m 为宜。屋架下弦杆节间尺寸：主要根据选用的屋架形式、上弦杆节间划分和腹杆布置确定。

（四）屋架的起拱

对两端铰支且跨度大于或等于 24m 的梯形屋架，在制作时需要起拱。起拱方式一般是使下弦直线弯折或将整个屋架抬高，即上、下弦同时起拱，起拱值（拱度）为跨度的 1/500。由于起拱对制造并不带来较大不利影响，故建议对所有屋架均起拱。起拱值注在施工图左上角的屋架轴线简图上，屋架详图上不必表示。

（五）屋架各杆的几何尺寸

屋架的跨度、高度和节间尺寸确定之后，屋架各杆几何尺寸可利用三角函数计算。

> **课堂练习**
> 屋架的跨度一般应为_____的模数，即12m、15m、18m、21m、24m、27m、30m、36m等几种；梯形屋架的上弦坡度一般为_____，中部经济高度_____；屋架上弦杆一般以采用节距 1.5m 为宜；所有屋架一般均应起拱，起拱值（拱度）为跨度的_____。

任务 4.2.2 理解单层钢结构厂房屋盖支撑系统的布置及构造

屋架在其平面内，由于弦杆与腹杆构成了几何不变铰接体系而具有较大的刚度，能承受屋架平面内的各种荷载。但在垂直于屋架平面方向（通称屋架平面外），不设支撑体系的平面屋架的刚度和稳定性很差，不能承受水平荷载。因此，为使屋架结构具有足够的空间刚度和稳定性，必须在屋架间设置支撑系统。

一、屋盖支撑的种类

屋盖支撑系统包括下列四类，如图4.2.1所示。

1）横向水平支撑。根据其位于屋架的上弦平面还是下弦平面，又可分为上弦横向水平支撑和下弦横向水平支撑两种。

2）纵向水平支撑。一般设于屋架的下弦平面，布置在沿柱列的各屋架端部节间部位。

3）垂直支撑。位于两屋架端部或跨间某处的竖向平面内。

4）系杆。根据其是否能抵抗轴心压力而分成刚性系杆和柔性系杆两种。通常刚性系杆的截面采用钢管截面或由双角钢组成的十字形截面，而柔性系杆截面则为单角钢的形式，在轻型屋架中，柔性系杆也可采用张紧的圆钢。

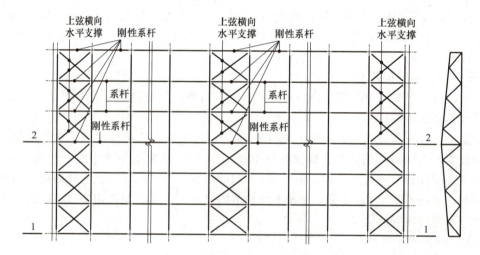

a) 屋盖上弦横向水平支撑及系杆布置

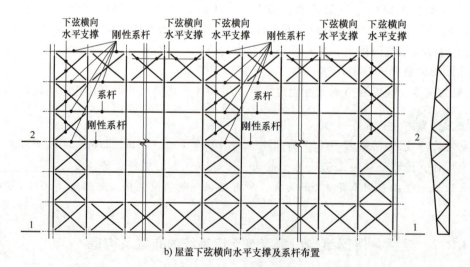

b) 屋盖下弦横向水平支撑及系杆布置

图 4.2.1　屋盖支撑布置

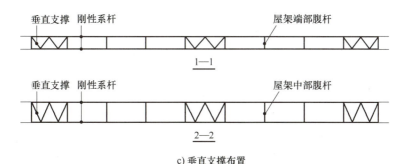

c) 垂直支撑布置

图 4.2.1 屋盖支撑布置（续）

课堂练习

屋盖支撑系统包括_____、_____、_____、_____。其中，横向水平支撑又可分为_____和_____两种。

二、屋盖支撑的作用

1. 保证结构的几何稳定性

仅由平面桁架和檩条及屋面材料组成的屋盖结构，是一个不稳定的体系。在某种荷载作用下或者进行安装时，简支在柱顶上的所有屋架有可能向一侧倾倒。如果将某些屋架在适当部位用支撑联系起来，成为稳定的空间体系，其余屋架再由檩条或其他构件连接在这个空间稳定体系上，则可形成稳定的屋盖结构体系。

2. 避免压杆侧向失稳，防止拉杆产生过大的振动

支撑可作为屋架上弦杆（压杆）的侧向支撑点，减少弦杆在屋架平面外的计算长度，保证受压弦杆的侧向稳定，对于受拉的下弦杆，也可避免在某些动力作用下（例如吊车运行时）产生过大振动。

3. 承受和传递纵向水平力（风荷载、悬挂吊车纵向制动力、地震作用等）

房屋两端的山墙挡风面积较大，所承受的风压力或风吸力有一部分将传递到屋面平面（也可传递到屋架下弦平面），这部分的风荷载必须由屋架上弦平面横向支撑（有时同时设置下弦平面横向支撑）承受。所以，这种支撑一般都设在房屋两端，就近承受风荷载并把它传递给柱或柱间支撑。

4. 保证结构在安装和架设过程中的稳定性

屋盖的安装工作一般是从房屋温度区段的一端开始的，首先用支撑将两相邻的屋架连系起来组成一个基本空间稳定体，在此基础上即可按顺序进行其他构件的安装。因此，支撑能加强屋盖结构在安装中的稳定性，为保证安装质量和施工安全创造了良好的条件。

课堂练习

屋盖支撑的作用包括：_____；_____；_____；_____。

三、屋盖支撑的布置方法

1. 上弦横向水平支撑

通常情况下，无论有檩屋盖还是无檩屋盖，在屋架上弦和天窗架上弦均应设置横向水平支撑。

横向水平支撑一般应设置在房屋两端或纵向温度区段两端。设有纵向天窗，且天窗又未到温度区段尽端而退一个柱距时，为了与天窗支撑配合，可将屋架的横向水平支撑布置在第二柱间，但在第一柱间要设置刚性系杆。

两道上弦横向水平支撑间的距离不宜大于60m，当温度区段长度较大（大于60m）时，尚应在温度区段中部设置支撑。

当采用大型屋面板的无檩屋盖时，如果大型屋面板与屋架的连接满足每块板有三点支撑处进行焊接等构造要求时，可考虑大型屋面板起一定支撑作用。但由于施工条件的限制，很难保证焊接质量，一般只考虑大型屋面板起系杆作用。在有檩屋盖中，上弦横向水平支撑的横杆可用檩条代替。

2. 下弦横向水平支撑

凡属下列情况之一者，宜设置下弦横向水平支撑，且除特殊情况外，一般均与上弦横向水平支撑布置在同一开间以形成空间稳定体系：

1）屋架跨度大于18m。
2）屋架下弦设有悬挂吊车，或厂房内有起重量较大的桥式吊车或有振动设备。
3）屋架下弦设有通长的纵向水平支撑时。
4）山墙抗风柱支承于屋架下弦时。
5）屋架与屋架间设有沿屋架方向的悬挂吊车时。
6）屋架下弦设有沿厂房纵向的悬挂吊车时。

3. 纵向水平支撑

纵向水平支撑一般布置在屋架的下弦端节间，也称下弦纵向水平支撑。下弦纵向水平支撑与横向支撑形成一个封闭体系，以增强屋盖空间刚度，并承受和传递吊车横向水平制动力。

凡属下列情况之一者，宜设置下弦纵向水平支撑：

1）当房屋较高、跨度较大、空间刚度要求较高时。
2）当厂房横向框架计算考虑空间工作时。
3）当设有重级或大吨位的中级工作制吊车时。
4）当设有较大振动设备时。
5）当设有托架时。

单跨厂房一般沿两纵向柱列设置，多跨厂房则要根据具体情况，沿全部或部分纵向柱列设置。设有托架的屋架，为保证托架的侧向稳定，在托架处必须布置下弦纵向水平支撑，并由托架两端各延伸一个柱间。

4. 垂直支撑

无论是有檩屋盖还是无檩屋盖，通常均应设置垂直支撑。它的作用是使相邻屋架和上、下弦横向水平支撑所组成的四面体构成空间几何不变体系，以保证屋架在使用和安装时的整体稳定。因此，屋架的垂直支撑与上、下弦横向水平支撑设置在同一柱间。

对梯形屋架、人字形屋架或其他端部有一定高度的多边形屋架，必须在屋架端部布置垂直支撑，此外，尚应按下列条件设置中部的垂直支撑：当屋架跨度≤30m时，一般在屋架端部和跨中布置三道垂直支撑；当跨度>30m时，则应在跨度1/3左右的竖杆平面内各设一道垂直支撑；当有天窗时，宜设在天窗腿下面。当屋架端部有托架时，就用托架来代替，不另设垂直支撑。

对三角形屋架的垂直支撑，当屋架跨度≤18m时，可仅在跨中设置一道垂直支撑；当跨度>18m时，宜在跨度1/3左右处各设置一道垂直支撑。天窗架垂直支撑一般在天窗两侧柱平面内布置，当天窗架的宽度≥12m时，还应在天窗中央设置一道。

5. 系杆

为了支撑未连支撑的平面屋架和天窗架，保证它们的稳定和传递水平力，应在横向支撑或垂直支撑节点处沿厂房通长设置系杆。系杆分刚性系杆（既能受拉也能受压）和柔性系杆（只能受拉）两种。刚性系杆通常采用圆管或双肢角钢，柔性系杆采用单角钢。系杆在上、下弦平面内按下列原则布置：

① 一般情况下，竖向支撑平面内屋架上、下弦节点处应该设置通长的系杆，且除了下面所述的②、③情况外，均为柔性系杆。

② 屋架主要支承节点处的系杆，屋架上弦屋脊节点设置通长的刚性系杆。

③ 当横向水平支撑设置在房屋温度区段端部第二柱间时，第一柱间应设置刚性系杆。其余开间可采用柔性系杆或刚性系杆。

> **课堂练习**
>
> 1. 上弦横向水平支撑一般应设置在_____，也可布置在_____，布置在第二柱间时，应在第一柱间设置_____。下弦横向水平支撑，一般均与上弦横向水平支撑布置在_____以形成空间稳定体系。两道上弦横向水平支撑间的距离不宜大于_____，当温度区段长度大于60m时，尚应在_____设置支撑。
>
> 2. 单跨厂房的下弦纵向水平支撑一般_____设置，多跨厂房则要根据具体情况，沿_____设置。
>
> 3. 当屋架跨度≤30m时，一般在_____垂直支撑；当跨度>30m时，则应在_____的竖杆平面内各设一道垂直支撑。
>
> 4. 系杆分_____和_____两种。竖向支撑平面内屋架上、下弦节点处应该设置通长的系杆，其中屋架主要支承节点处的系杆，屋架上弦屋脊节点设置通长的_____；当横向水平支撑设置在房屋温度区段端部第二柱间时，第一柱间应设置_____；其余开间可采用_____。

四、屋盖支撑的形式与构造

屋架的横向和纵向水平支撑均为平行弦桁架，屋架或托架的弦杆均可兼作支撑桁架的弦杆，如图4.2.2a所示，斜腹杆一般采用十字交叉式，斜腹杆和弦杆的交角在30°~60°之间。

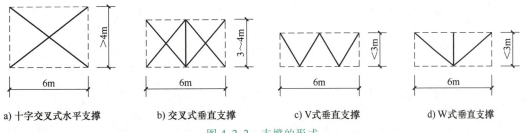

a) 十字交叉式水平支撑　　b) 交叉式垂直支撑　　c) V式垂直支撑　　d) W式垂直支撑

图4.2.2　支撑的形式

如图 4.2.2b、c、d 所示，屋架的竖向支撑也是一个平行弦桁架，其上、下弦可兼作水平支撑的横杆。屋架间竖向支撑的腹杆体系应根据其高度与长度之比采用不同的形式，如交叉式、V 式或 W 式。

支撑中的交叉斜杆以及柔性系杆按拉杆设计，通常用单角钢做成；非交叉斜杆、弦杆、横杆以及刚性系杆按压杆设计，宜采用双角钢做成 T 形截面或十字形截面，其中横杆和刚性系杆常用十字形截面使其在两个方向具有等稳定性。屋盖支撑杆件的节点板厚度通常采用 6mm，重型厂房屋盖支撑杆件的节点板厚度宜采用 8mm。

支撑与屋架的连接应使构造简单，便于安装。通常采用普通 C 级螺栓，每一杆件接头处的螺栓数不少于 2 个，螺栓直径一般为 20mm，与天窗架或轻型钢屋架连接的螺栓直径可用 16mm。在有重级工作制吊车或有较大振动设备的厂房中，屋架下弦支撑和系杆（无下弦支撑时为上弦支撑和隅撑）的连接，宜采用高强度螺栓或 C 级螺栓再加焊缝将节点板固定，每条焊缝的焊脚高度尺寸不宜小于 6mm，长度不宜小于 80mm。仅采用螺栓连接而不加焊缝时，在构件校正固定后，可将螺纹处打毛或者将螺杆与螺母焊接，以防止松动。

> **课 堂 练 习**
>
> 1. 屋架的横向和纵向水平支撑均为_____，斜腹杆一般采用_____，斜腹杆和弦杆的交角在_____之间。屋架的竖向支撑也是_____，屋架间竖向支撑的腹杆体系可采用_____。支撑中的交叉斜杆以及柔性系杆按拉杆设计，通常用_____做成；非交叉斜杆、弦杆、横杆以及刚性系杆按压杆设计，宜采用双角钢做成_____。
>
> 2. 支撑与屋架的连接通常采用普通_____，每一杆件接头处的螺栓数不少于_____，螺栓直径一般为_____。

任务 4.2.3　熟悉普通钢屋架

一、截面形式

普通钢屋架的杆件一般采用两个等肢或不等肢角钢组成的 T 形截面或十字形截面。这些截面能使两个主轴的回转半径与杆件在屋架平面内和平面外的计算长度相配合，使两个方向的长细比接近，以达到用料经济、连接方便的目的，且具有较大的承载力和抗弯刚度。屋架杆件截面形式见表 4.2.2。

表 4.2.2　屋架杆件截面形式

序号	杆件截面组合方式	截面形式
1	两不等边角钢（短肢相并）	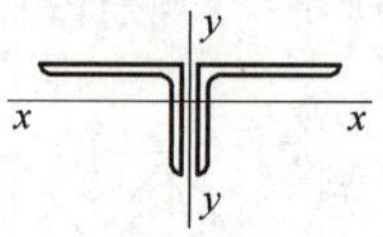
2	两不等边角钢（长肢相并）	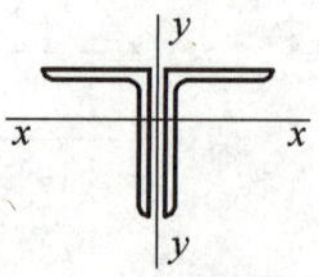

(续)

序号	杆件截面组合方式	截面形式
3	两等边角钢相并	
4	两等边角钢组成的十字形截面	
5	单角钢	

二、双角钢杆件的填板

双角钢 T 形或十字形截面是组合截面,应每隔一定间距在两角钢间放置填板,以保证两个角钢能共同受力,如图 4.2.3 所示。

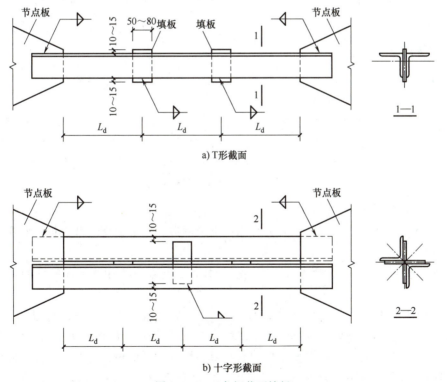

图 4.2.3 双角钢截面填板

填板宽度一般取 50~80mm,厚度与节点板相同,其长度对双角钢 T 形截面可伸出角钢肢背和角钢肢尖各 10~15mm,对十字形截面则从角钢肢尖缩进 10~15mm,以便于与角钢焊接;角钢与填板通常用 5mm 侧焊或围焊的角焊缝连接。

填板间距 L_d：在受压杆件中不大于 $40i$，在受拉杆件中不大于 $80i$（i 为截面的回转半径），对双角钢 T 形截面取一个角钢与填板平行的形心轴的回转半径，对十字形截面取一个角钢的最小回转半径。

如果只在杆件中设置一块填板，则由于填板处剪力为零而不起作用。因此，在杆件的计算范围内至少应设置 2 块填板（T 形截面）或 3 块填板（十字形截面），在节间一横一竖交替使用。按上述要求设置填板时，双角钢杆件可按整体实腹式截面考虑。

三、杆件的截面选择

截面选择的一般原则：

1）优先选用肢宽壁薄的角钢，以增加截面的回转半径。角钢规格不宜小于 L45×4 或 L56×36×4。放置屋面板时，上弦角钢水平肢宽不宜小于 80mm。

2）同一屋架的角钢规格应尽量统一，一般宜调整到 5 或 6 种，且不应使用肢宽相同而厚度相差不大的规格，以便配料并避免制造时混料。

3）跨度大于 24m 的屋架，弦杆可根据内力变化从适当的节点部位处改变截面，但半跨内一般只改变一次。

4）单角钢杆件应考虑偏心的影响。

5）屋架节点板（或 T 形弦杆的腹板）的厚度，可根据腹杆的最大内力（对梯形和人字形屋架）或弦杆端节间内力（对三角形屋架）大小选用，支座节点板板厚宜大于等于 8mm，中间节点板厚度宜大于等于 6mm。

> **课 堂 练 习**
>
> 1. 普通钢屋架的杆件一般采用＿＿＿＿＿或＿＿＿＿＿角钢组成的＿＿＿＿＿或＿＿＿＿＿。
>
> 2. 双角钢 T 形或十字形截面是组合截面，应每隔一定间距在两角钢间放置＿＿＿＿＿，以保证两个角钢能共同受力。在杆件的计算范围内至少应设置＿＿＿＿＿填板（T 形截面）或＿＿＿＿＿填板（十字形截面），在节间一横一竖交替使用。
>
> 3. 同一屋架的角钢规格应＿＿＿＿＿，一般宜调整到＿＿＿＿＿。

四、节点构造要求

节点设计应做到构造合理、承载力可靠，以及制造、安装简便。节点设计时应注意以下几点要求：

1）角钢屋架节点一般采用节点板，各交会杆件都与节点板相连接，杆件的轴线应交会于节点中心。

杆件的形心线理论上应与杆件的轴线重合，以免产生偏心受力而引起附加弯矩。但为了制造方便，通常将角钢肢背至形心线的距离取为 5mm 的倍数，以作为角钢的定位尺寸。

当弦杆截面有改变时，为方便拼接和安装屋面构件，应使角钢的肢背平齐。此时，应取两形心线的中线作为弦杆共同轴线，以减少因两个角钢形心线错开而产生的偏心影响，如图 4.2.4 所示。

当两侧形心线偏移的距离 e 不超过最大弦杆截面高度的 5% 时，可不考虑此偏心的影响，否则应根据交会处各杆件的线刚度分配由于偏移所引起的附加弯矩。

2）弦杆与腹杆或腹杆与腹杆之间的间隙 c 不宜小于 15mm，，以便施焊和避免焊缝过于

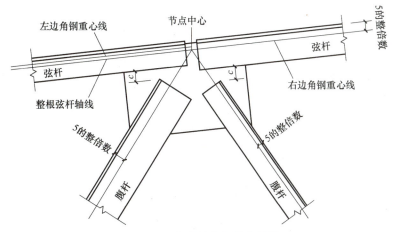

图 4.2.4 节点处各杆件的轴线

密集而使钢材过热变脆。

3）如图 4.2.5a 所示，角钢的切断面一般应与其轴线垂直。为了使节点紧凑，角钢端部斜切时，应按图 4.2.5b 所示切肢尖，不应按图 4.2.5c 所示切肢背。

4）节点板的形状。节点板的形状应简单而规则，宜至少有两边平行，一般采用矩形、平行四边形和直角梯形等，以防止有凹角等产生应力集中。节点板边缘与杆

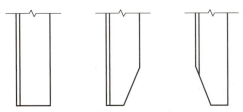

图 4.2.5 角钢端部切割形式

件轴线的夹角不应小于 15°，腹杆与弦杆的连接应尽量使焊缝中心受力，使之不出现连接的偏心弯矩。

节点板的平面尺寸一般应根据杆件截面尺寸和腹杆端部焊缝长度画出大样来确定，但考虑施工误差，平面尺寸可适当放大。长度和宽度宜为 5mm 的倍数，在满足传力要求的焊缝布置的前提下，节点板尺寸应尽量紧凑。

5）节点板将腹杆的内力传给弦杆，节点板的厚度由支座斜腹杆的最大内力确定。屋架支座节点板厚度宜比中间节点板增加 2mm。

6）大型屋面板的上弦杆，当支承处的集中荷载较大时，弦杆的伸出肢容易弯曲，应对其采用图 4.2.6 所示的做法予以加强。

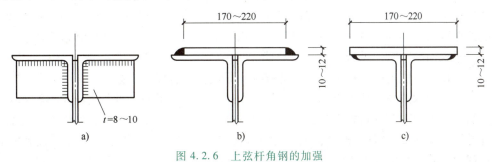

图 4.2.6 上弦杆角钢的加强

五、典型节点

（一）一般节点

如图 4.2.7 所示，一般节点是指无集中荷载和无弦杆拼接的节点。一般节点中的腹杆与弦杆或腹杆与腹杆边缘间的距离 c 在焊接屋架中不宜小于 20mm，相邻角焊缝焊趾净距不小于 5mm，各杆件端部位置按此要求确定。节点板应伸出弦杆肢背 $c_1 = 10 \sim 15$mm，以便施焊。

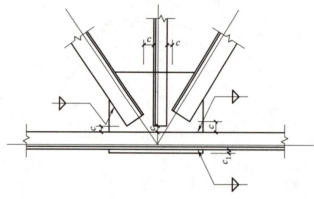

图 4.2.7 一般节点

（二）有集中荷载作用的节点

图 4.2.8 所示为上部有集中荷载作用的节点，这种节点一般采用节点板不向上伸出的做法。此时节点板在上弦角钢肢背凹进，采用槽焊缝焊接，节点板与上弦之间通过槽焊缝"K"和角焊缝"A"两种不同的焊缝传力。节点板凹进上弦肢背的深度应在 $t/2+2$mm 与 t 之间（t 为节点板的厚度）。

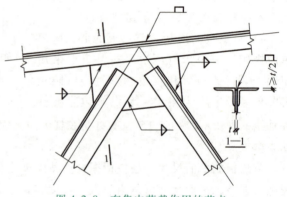

图 4.2.8 有集中荷载作用的节点

（三）弦杆拼接节点

当角钢长度不足或弦杆截面有改变以及屋架分单元运输时，弦杆常需要拼接。前两者为工厂拼接，拼接点通常在节点范围以外；后者为工地拼接，拼接点通常在节点上。为保证拼接处具有足够的强度和在桁架平面外的刚度，弦杆的拼接应采用拼接角钢。拼接角钢截面规格取与弦杆相同的截面规格（弦杆截面改变时，与较小截面弦杆相同），并切去垂直肢及角背直角边棱，如图 4.2.9 所示，以便与弦杆角钢贴紧。此外，为了施焊还应将角钢竖肢切去 $\Delta = t + h_f + 5$mm（t 为角钢厚度，h_f 为焊缝的焊脚尺寸，5mm 为避开弦杆角钢肢尖圆角的余量）。切棱、切肢引起的截面削弱一般不超过原截面的 15%，故节点板可以补偿。

为了拼接节点能正确定位和便于工地焊接，应设置安装螺栓。如图 4.2.10a 所示，屋架屋脊拼接节点的构造与下弦中央拼接节点基本相同。拼接角钢的弯折角较小时一般采用热弯成型；当屋面坡度和弯折角较大时，可先在角钢竖肢上钻小圆孔再切割，然后冷弯成型并将切口处对焊（图 4.2.10b）。也可将上弦切断直接焊于钢板上。两侧上弦杆端部的切割可为直切或斜切，其连接的计算方法同一般的弦杆拼接。

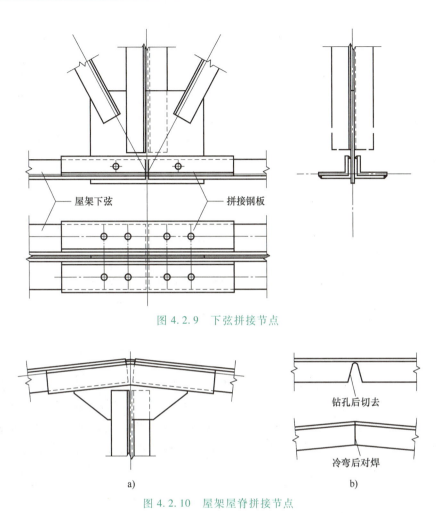

图 4.2.9 下弦拼接节点

a)   b)

图 4.2.10 屋架屋脊拼接节点

(四) 支座节点

屋架与柱的连接有刚接和铰接两种形式。屋架支撑在钢筋混凝土柱上时,屋架与柱的连接只能采用铰接,支撑在钢柱上的梯形屋架多采用刚接支座节点。

铰接支座节点由节点板、底板、加劲肋和锚栓组成,如图 4.2.11 所示。加劲肋应设在节点板的中心,其轴线与支座反力的作用线应重合,且相交于支座节点处各杆轴线的交点。为便于施焊,下弦杆与底板间的净距 d 一般应不小于下弦角钢水平肢的宽度,且不小于 150mm。锚栓预埋于钢筋混凝土柱顶,以固定底板。锚栓的直径一般为 20~25mm。为了便于安装时调整位置,使锚栓孔易于对准,底板上的锚栓孔宜为锚栓直径的 2~2.5 倍,通常采用 40~60mm。当屋架安装完毕后,需用垫圈在锚栓上与底板焊牢以固定屋架的位置。垫圈的孔径比锚栓直径大 1~2mm,厚度与底板相同。锚栓埋入柱内的锚固长度为 450~600mm,并应加弯钩。

任务 4.2.4 熟悉轻型屋面三角形钢管屋架

钢管屋架因其具有多方面的良好性能,在国内工业与民用建筑,特别是轻型屋面的大跨度建筑中的应用正逐渐增多。钢管屋架形式常用三角形或梯形,杆件形式主要是圆钢管和方钢管。在选择截面时宜优先选用方钢管截面，因为方钢管截面构造及加工较简便。

钢管屋架与传统的角钢屋架相比，具有更好的抗压和抗弯扭承载能力、刚度较大、构造简单、利于构件的运输和安装、耐锈蚀性能良好、便于维护、外形美观等优点，但也存在对加工及组装中存在的误差及缺陷较敏感，对焊接、装配等有较严格的要求及材料价格稍高等缺点。

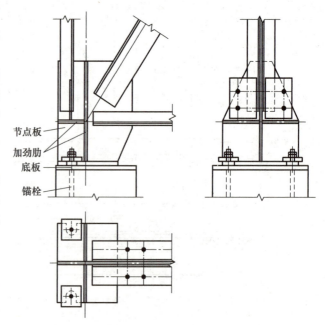

图 4.2.11　铰接支座节点

一、规格与适用条件

轻型屋面三角形钢管屋架（圆钢管、方钢管）常用跨度为 12m、15m、18m，并应与相应的支撑系统配合使用。

轻型屋面三角形钢管屋架对应屋面为有檩体系。屋面坡度宜为 1∶3，屋面材料为瓦楞铁、压型金属板、夹芯板或压型复合保温板等金属板屋面，也可用于波形瓦、水泥瓦等瓦屋面。檩条采用冷弯薄壁斜卷边 Z 型钢或高频焊接薄壁 H 型钢。斜向檩距约为 1.55m。当采用瓦屋面时，应优先选用椽条、木望板方案。屋架与柱连接为铰接，可用于单跨或连跨。轻型屋面三角形钢管屋架适用于非地震区及抗震设防烈度小于等于 9 度地区。

> **课堂练习**
>
> 轻型屋面三角形钢管屋架（圆钢管、方钢管）常用跨度为＿＿＿＿＿＿，并应与相应的支撑系统配合使用。

二、支撑布置

（一）横向支撑

非地震区及小于等于 8 度抗震设防区，在厂房两端和温度伸缩缝两端第一开间及厂房单元长度大于 66m 的柱间支撑开间的屋架上弦各设一道。在 9 度抗震设防区，应在厂房两端和温度伸缩缝两端第一开间及厂房单元长度大于 42m 的柱间支撑开间的屋架上、下弦各设一道。

（二）竖向支撑

非地震区及小于等于 8 度抗震设防区，在厂房两端和温度伸缩缝两端第一开间及厂房单元长度大于 66m 的柱间支撑开间的跨中设一道。在 9 度抗震设防区，应在厂房两端和温度伸缩缝两端第一开间及厂房单元长度大于 42m 的柱间支撑开间的跨中各设一道。

（三）系杆

非地震区及小于等于 9 度抗震设防区，在屋架端节点、上下弦跨中节点及上弦横向支撑节点处设置纵向通长水平系杆。屋架上弦跨中屋脊节点、屋架端部端节点处的通长系杆以及上、下弦横向支撑中的系杆为刚性系杆。

在风荷载作用下，18m 屋架下弦受压时，除根据不同抗震设防设置横向支撑、竖向支撑及系杆外，下弦必须设置必要的通长系杆，当下弦未设横向支撑时，还应在上弦横向支撑的相应开间增设下弦横向支撑。

在 8 度抗震设防区，应在下部结构的柱间支撑开间的柱顶设水平刚性系杆。在 9 度抗震设防区，应在柱顶设置通长水平刚性系杆。

三、檩条、拉条与撑杆的布置

檩条的选用应根据计算确定。当檩条采用冷弯斜卷边 Z 型钢时，斜拉条、直拉条直径均采用 12mm，当檩条采用高频焊接 H 型钢时，斜拉条、直拉条直径一般采用 14mm。撑杆均采用直拉条外加套管，套管截面不小于 $D32×2.5$。

四、节点构造要求

（一）基本构造要求

轻型屋面三角形钢管屋架一般采用钢管直接焊接节点，基本构造要求如下：

1）主管的外部尺寸不应小于支管的外部尺寸，主管的壁厚不应小于支管的壁厚，在支管与主管的连接处不得将支管插入主管内。

2）主管与支管或支管轴线间的夹角不宜小于 30°。

3）支管与主管的连接节点处宜避免偏心；偏心不可避免时，应控制偏心距。

4）支管端部应使用自动切管机切割，支管壁厚小于 6mm 时可不切坡口。

5）支管与主管的连接焊缝，应沿全周连续焊接并平滑过渡；焊缝形式可沿全周采用角焊缝，或部分采用对接焊缝，部分采用角焊缝，其中支管管壁与主管管壁之间的夹角大于或等于 120°的区域宜采用对接焊缝或带坡口的角焊缝；角焊缝的焊脚尺寸不宜大于支管壁厚的 2 倍；搭接支管周边焊缝宜为 2 倍支管壁厚。

6）在主管表面焊接的相邻支管的间隙 a 不应小于两支管壁厚之和，如图 4.2.12 所示。

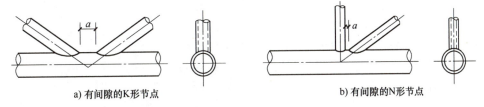

a) 有间隙的K形节点　　　　　　　　b) 有间隙的N形节点

图 4.2.12　主管表面焊接的相邻支管的间隙要求

（二）支管搭接型的直接焊接节点

支管搭接型的直接焊接节点如图 4.2.13 所示，其构造应符合下列规定：

1）支管搭接的平面 K 形或 N 形节点，其搭接率 $n_{ov} = \dfrac{q}{p} \times 100\%$ 应满足 $25\% \leq \eta_{ov} \leq 100\%$，且应确保在搭接的支管之间的连接焊缝能可靠地传递内力。

2）当互相搭接的支管外部尺寸不同时，外部尺寸较小者应搭接在尺寸较大者上；当支管壁厚不同时，较小壁厚者应搭接在较大壁厚者上；承受轴心压力的支管宜在下方。

（三）横向加劲板

无加劲直接焊接方式不能满足承载力要求时，可在主管内设置横向加劲板，以满足受力

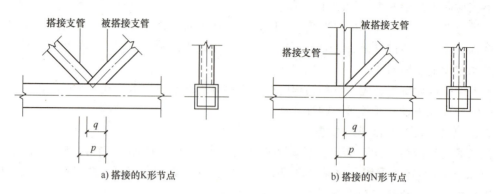

图 4.2.13 支管搭接型的直接焊接节点

要求。主管内可设 1 道或 2 道加劲板，如图 4.2.14a、b 所示；主管为方管时，加劲板宜设置 2 道，如图 4.2.14c 所示。

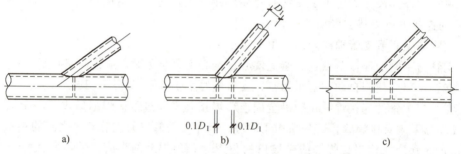

图 4.2.14 支管为方管或矩形管时加劲板的设置

加劲板厚度不得小于支管壁厚，也不宜小于主管壁厚的 2/3 和主管内径的 1/40。加劲板宜采用部分焊透焊缝焊接，主管为方管的加劲板靠支管一边与两侧边宜采用部分焊透焊缝焊接，与支管连接反向一边，可不焊接。当主管直径较小，加劲板的焊接必须断开主管钢管时，主管的拼接焊缝宜设置在距支管相贯焊缝最外侧冠点 80mm 以外处，如图 4.2.15 所示。

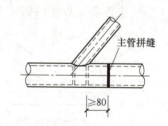

图 4.2.15 主管的拼接焊缝的位置

（四）主管表面贴加强板

钢管直接焊接节点采用主管表面贴加强板的方法加强时，加强板可设置在与支管相连的表面或主管两侧表面。

主管为圆管时，加强板宜包覆主管半圆，如图 4.2.16a 所示，长度方向两侧均应超过支管最外侧焊缝 50mm 以上，但不宜超过支管直径的 2/3，加强板厚度不宜小于 4mm。

如图 4.2.16b 所示，主管为方（矩）形管且在与支管相连表面设置加强板时，加强板长度应满足计算要求，宽度宜接近主管宽度，并预留适当的焊缝位置，加强板厚度不宜小于支管最大厚度的 2 倍。

如图 4.2.16c 所示，主管为方（矩形）管且在主管两侧表面设置加强板时，加强板长度也应满足计算要求。

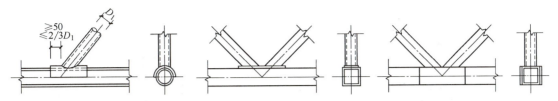

a) 主管为圆管时，加强板宜包覆主管半圆　　b) 方(矩)形主管与支管连接表面的加强板　　c) 方(矩)形主管侧表面的加强板

图 4.2.16　主管外表面贴加强板的加劲方式

加强板与主管应采用四周围焊。对 K、N 形节点焊缝有效高度不应小于腹杆壁厚。焊接前宜在加强板上先钻一个排气小口孔，焊后应用塞焊将孔封闭。

> **课堂练习**
>
> 无加劲直接焊接方式不能满足承载力要求时，可在主管内设置＿＿＿＿＿＿，加劲板的焊接必须断开主管钢管时，主管的拼接焊缝宜设置在距支管相贯焊缝最外侧冠点＿＿＿＿＿＿以外处；也可在主管表面＿＿＿＿＿＿。

五、典型节点

轻型屋面三角形钢管屋架的典型节点包括屋架上弦节点、屋架下弦节点、屋架支座节点、屋架屋脊拼接节点、屋架下弦中间节点，如图 4.2.17～图 4.2.21 所示。抗风柱柱顶通过弹簧片与屋架相连接，如图 4.2.22 所示。

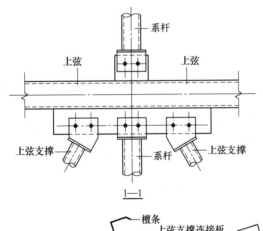

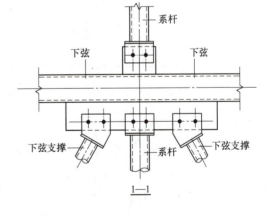

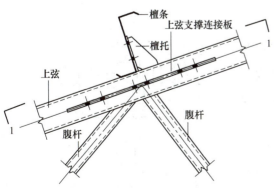

图 4.2.17　屋架上弦节点

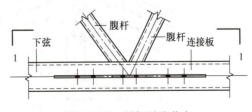

图 4.2.18　屋架下弦节点

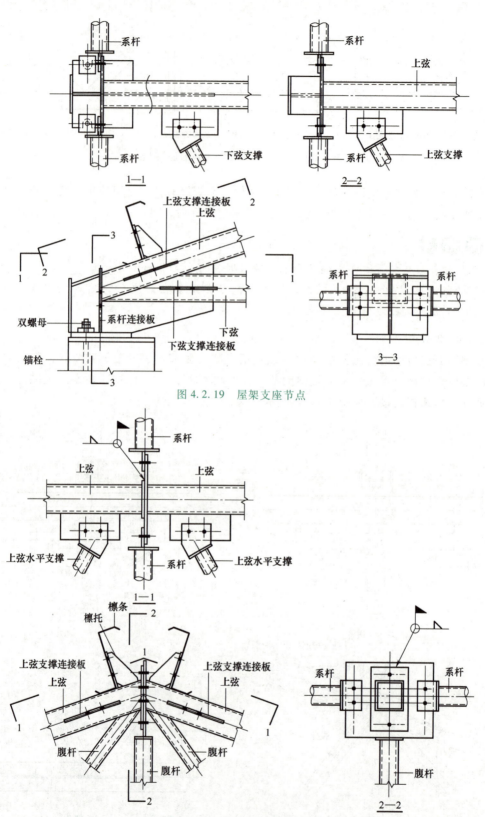

图 4.2.19 屋架支座节点

图 4.2.20 屋架屋脊拼接节点

单元四 单层钢结构厂房

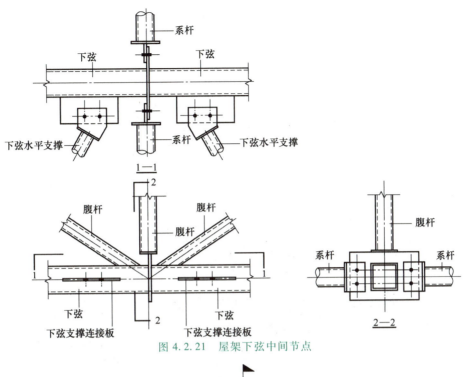

图 4.2.21 屋架下弦中间节点

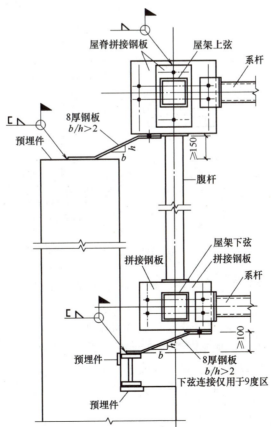

图 4.2.22 抗风柱柱顶通过弹簧片与屋架的连接

项目知识图谱

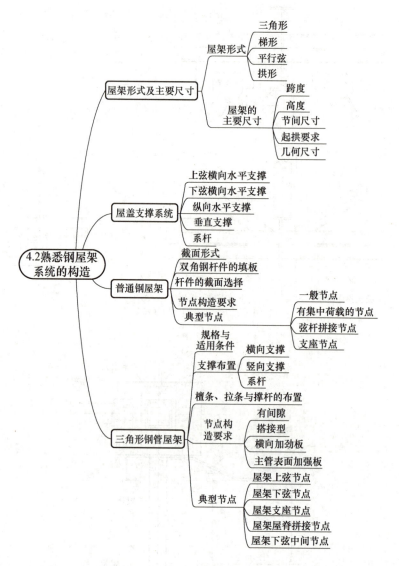

识图训练

1. 识读梯形钢屋架屋盖平面布置图,理解屋盖支撑系统;识读梯形钢屋架详图,理解构件组成及连接构造。

配套图纸4.1 普通钢屋架屋盖(登录机工教育服务网www.cmpedu.com 注册下载)。

2. 识读三角形钢屋架(方钢管)屋盖平面布置图,理解屋盖支撑系统;识读三角形钢屋架(方钢管)详图,理解构件组成及连接构造。

配套图纸4.2 轻型屋面三角形钢屋架屋盖(登录机工教育服务网www.cmpedu.com 注册下载)。

单元五　空间管桁架结构

主要由钢管构件组成的结构称为钢管结构，钢管可采用圆钢管或矩形钢管。管桁架结构是一种钢管结构，分为平面管桁架结构和空间管桁架结构。平面管桁架由处于同一平面内的上弦杆、腹杆和下弦杆构成，钢管轻钢屋架即为平面管桁架；空间管桁架是由上弦杆、腹杆与下弦杆构成的横截面为三角形或四边形的格构式管桁架，近20年来，空间管桁架结构在大跨空间结构中得到了广泛应用，如图5.0.1所示。

通过本单元的学习，认知空间管桁架结构，了解结构形式与结构布置，理解结构构造，并能熟练识读施工图。读者可结合虚实模型进行本单元的学习，有条件可到施工现场或已建成的房屋进行学习与实践，以便更好地理解管桁架结构的构造，识读施工图。

a) 施工中的管桁架结构　　　　　　　　b) 管桁架结构火车站站台顶棚

图 5.0.1　空间管桁架结构

思政园地

工程科技全面突破铸就精品大国工程——港珠澳大桥的科技创举

港珠澳大桥是我国境内的一座连接香港、广东珠海和澳门的桥隧工程，2018年10月24日正式开通运营，如图5.0.2所示。港珠澳大桥集桥、岛、隧为一体，建设规模庞大，施工环境复杂，其成功建设是桥梁工程的奇迹，更是科技创新的壮举。

一、深埋沉管隧道突破国际"技术禁区"

港珠澳大桥岛隧工程建设前，海底沉管隧道关键技术一直掌握在少数发达国家手中，而在水下近50m深度建设深埋沉管隧道，沉管顶部荷载超过传统沉管的5倍，在国际上被视为"技术禁区"。对此，港珠澳

图 5.0.2　港珠澳大桥

大桥岛隧工程创新性地提出"半刚性"沉管新结构，与国外专家提出的"深埋浅做"方案相比，节约预制工期一年半，节约投资超过10亿元，并且做到了沉管接头不漏水。

二、最终接头安装精度达毫米级

最终接头的安装关乎沉管隧道的最终贯通，历来是海底沉管隧道建设的技术难题。通过自主创新，首次采用钢壳混凝土结构，通过工厂化制造，使用最大吊重达12000t、全回旋最大吊重达7000t的"振华30"号起重船在海上安装，就位后通过主动顶推止水，实现安全、快速、高精度的隧道贯通，多项技术创下世界第一。港珠澳大桥沉管隧道最终接头对接精度达毫米级，创下沉管隧道最终接头安装精度之最。

三、快速成岛技术创造外海筑岛"中国速度"

港珠澳大桥的两个桥隧转换人工岛，每个面积达10万 m^2，并且远离海岸，软土层厚30~50m，施工环境复杂。通过一系列开创性的技术创新，港珠澳大桥岛隧工程首创外海深插超大直径钢圆筒快速筑岛技术，创造了221天完成两岛筑岛的世界工程纪录，缩短工期超过2年，并实现了绿色施工。

四、大桥建设推动我国工程装备水平再上台阶

作为世界级工程，港珠澳大桥建设带动了一批大型工程装备的研发，确保大桥顺利建设的同时，也极大地提升了中国装备技术水平。尖端工程装备的研发加上工程理论的突破，使港珠澳大桥隧道沉管的工后沉降均匀控制在10cm以内，而国际上类似沉管的工后沉降在20cm以上。目前，这些装备已在其他工程上得到了应用，产生了广泛的社会经济效益。

项目 5.1　认识空间管桁架结构

本项目主要介绍空间管桁架结构的形式、节点类型、特点、结构体系与结构布置。

任务 5.1.1　认知空间管桁架

空间管桁架结构具有外观简洁、线形流畅的外观效果，其空间造型也比较多样，广泛用于航站楼、体育馆、会议中心和展览中心等建筑。

一、空间管桁架结构的断面形式

空间管桁架按照桁架的截面形式可分为三角形空间管桁架、四边形空间管桁架、梯形空间管桁架等，其中，三角形空间管桁架应用最为广泛。空间管桁架与平面管桁架结构相比，具有更大的跨度，抗扭转刚度大且外表美观。

三角形空间管桁架是一种截面呈三角形的管桁架结构，具有造型美观、制造安装方便、结构稳定性好、结构刚度大、经济效果好等特点。如图5.1.1所示，三角形空间管桁架结构的截面分正三角形和倒三角形两种，两种截面形式的桁架各有优缺点。倒三角形截面，两根

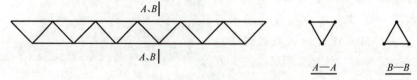

图5.1.1　三角形空间管桁架结构的截面形式

上弦杆之间设置水平连杆,并通过斜腹杆与下弦杆连接,通常上弦主管为受压构件,下弦主管为受拉构件,是一种比较合理的截面形式,实际工程中大量采用的是倒三角截面形式的桁架。正三角截面桁架多用于输管栈道。

二、空间管桁架结构的外形

空间管桁架结构的外形可分为直线形与曲线形,如图5.1.2所示。为了满足空间造型的多样性,管桁架结构常做成各种曲线形状。

a) 直线形

b) 曲线形

图 5.1.2 空间管桁架结构的外形

课堂练习

1. 空间管桁架结构通常为_____断面,分_____和_____两种,实际工程中大量采用的是_____截面形式的桁架。

2. 空间管桁架结构的外形可分为_____与_____。

三、钢管的截面形式

钢管结构中,在节点处连续贯通的管件,称为主管或弦杆;在节点处断开并与主管相连的管件,称为支管或腹杆。主管和支管均为圆管相贯的空间管桁架是目前国内应用最为广泛的截面形式,也有采用主管和支管均为方钢管或矩形管相贯的截面形式,以及矩形截面主管与圆形截面支管直接相贯的截面形式。以上三种断面形式的空间管桁架,可分别称为 C-C 型桁架、R-R 型桁架和 R-C 型桁架。

配套图纸 5.1 空间管桁架的形式(登录机工教育服务网 www.cmpedu.com 注册下载)。

四、空间管桁架结构的节点

空间管桁架结构的节点通常采用直接焊接的相贯节点。相贯节点处,只有在同一轴线上的两个主管贯通,其余杆件直接焊接在主管的外表面上,并通过端部相贯线切割。非贯通杆件在节点部位可能有一定间隙(间隙型节点),也可能部分重叠(搭接型节点),如图 5.1.3 所示。支管的轴线宜交于主管的轴线上,对于偏心节点的钢管结构,当节点偏心超过一定范围时,应考虑偏心弯矩对节点强度和杆件承载力的影响。

管桁架结构中的杆件均在节点处采用焊缝连接。在焊接之前,需进行下料切割,一般采用机械自动切割加工或手工加工两种方法进行。

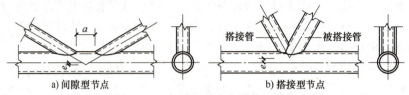

图 5.1.3 间隙型节点与搭接型节点

> **课 堂 练 习**
>
> 1. 根据钢管的截面形式，空间管桁架结构可分为＿＿＿＿＿＿、＿＿＿＿＿＿ 和＿＿＿＿＿＿。
> 2. 空间管桁架结构只有在同一轴线上的两个主管＿＿＿＿＿＿，其余杆件直接焊接在主管的＿＿＿＿＿＿。

配套图纸 5.2 钢管连接节点（登录机工教育服务网 www.cmpedu.com 注册下载）。

五、空间管桁架结构的特点

（一）空间管桁架结构的优点

1）由于在节点连接的处理方式上，空间管桁架结构采用直接焊接各根杆件，施工简便，节点连接方式比较简单。

2）结构外观简洁、线形流畅、空间造型多样化。

3）所采用的钢管管壁比较薄，截面有比较大的回转半径，因而拥有较好的抗压和抗扭性能，从而结构整体刚度比较大，其几何特性比较好。

4）钢管与大气接触的表面积比较小，节点处各根杆件又是直接焊接，无积留湿气和大量灰尘的死角或凹处，便于清刷、油漆、维护和防锈；并且管形构件对端部及全长范围内做封闭处理后，内部不易生锈。

（二）空间管桁架结构的局限性

空间管桁架结构对其生产和施工工艺以及加工的设备是有一定要求的，这主要是由于其采用相贯焊接的节点，因而空间管桁架结构在应用上也存在一定的局限性。

1）加工和放样相贯节点的工艺比较复杂，手工切割很难做到其相贯线上的坡口变化，因此一般采用机械加工，且要求施工单位配备数控的五维切割机床设备，对机械加工的工艺要求也很高。

2）空间管桁架结构的节点一般采用焊接方式，需要在焊接时控制其收缩量，对焊缝的质量要求也比较高。

3）空间管桁架结构用钢量往往比网架结构大。

任务 5.1.2 熟悉空间管桁架结构体系

一、空间管桁架结构体系

空间管桁架支承于下弦节点时，桁架整体应有可靠的防侧倾体系，防侧倾体系可以是边桁架或上弦纵向水平支撑。

曲线形的空间管桁架在竖向荷载作用下其支座水平位移较大，应考虑支座水平位移对下部结构的影响。

对空间管桁架应设置平面外的稳定支撑体系，在支座处设置纵向支撑（垂直支撑），在第一跨设置水平支撑，并在上弦设置水平支撑体系（刚性系杆结合檩条），以保证空间管桁架平面外的稳定性，如图5.1.4所示。

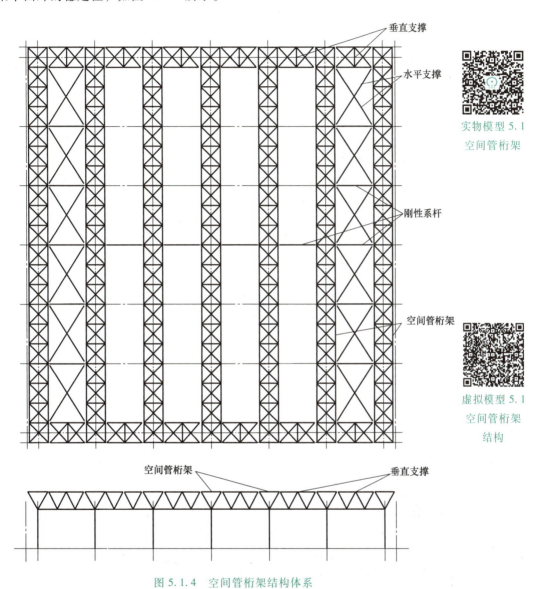

图5.1.4 空间管桁架结构体系

课堂练习

空间管桁架支承于下弦节点时桁架整体应有_____；曲线形的空间管桁架应考虑_____；对空间管桁架_____应设置_____。

二、空间管桁架的尺寸

空间管桁架的高度可取跨度的 1/16～1/12。管桁架的弦杆（主管）与腹杆（支管）及两腹杆之间的夹角不小于 30°。

三、空间管桁架的起拱要求与挠度容许要求

（一）起拱要求

当空间管桁架跨度较大（一般不小于30m）时，可考虑起拱，起拱值可取不大于空间管桁架跨度的1/300。此时杆件内力变化较小，设计时可按不起拱计算。

（二）挠度容许要求

空间管桁架结构在恒荷载与活荷载作用下的最大挠度值不宜超过短向跨度的1/250，悬挑不宜超过跨度的1/125。对于设有悬挂起重设备的屋盖结构，最大挠度值不宜大于结构跨度的1/400。一般情况下，按强度控制而选用的杆件能满足刚度要求。

> **课 堂 练 习**
>
> 1. 空间管桁架的高度可取跨度的_____。
> 2. 当空间管桁架跨度较大时，可考虑起拱，起拱值一般可取不大于空间管桁架跨度的_____。

项目知识图谱

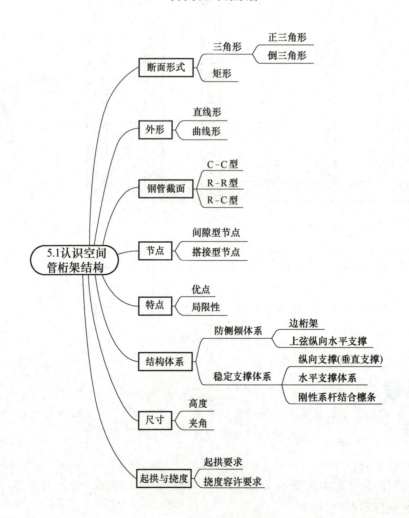

项目 5.2　熟悉空间管桁架结构构造

本项目主要介绍空间管桁架结构杆件与节点的构造。

任务 5.2.1　熟悉杆件构造

一、杆件的材质

空间管桁架结构构件的管材应根据结构的重要性、荷载特征、应力状态、连接方式、工作环境、钢材厚度和价格等因素合理选取牌号和质量等级。钢管宜采用 Q355、Q390、Q420 等级 B、C、D、E 的低合金高强度结构钢以及 Q235 等级 B、C、D 的碳素结构钢。

钢管可采用冷成型的直缝焊接管或热轧管,也可采用冷弯型钢或热轧钢板、型钢焊接成型的钢管,焊缝宜采用高频焊和自动焊。焊接钢管应采用焊透焊缝,焊缝强度不应低于管材选用母材强度,焊缝质量应符合一级焊缝质量标准。

抗震设计时,钢管桁架结构的钢材应符合下列要求:

1) 钢材的屈强比不应大于 0.85。
2) 钢材应有明显的屈服台阶,且伸长率不应小于 20%。
3) 钢材应有良好的焊接性和合格的冲击韧性。

二、杆件的截面

空间管桁架结构杆件一般为管材,管材宜采用高频焊管或无缝钢管,高频焊管价格比无缝钢管便宜,且高频焊管性能完全满足使用要求,故高频焊管的采用更为普遍。管材截面尺寸的选取按计算要求,并满足最小管径和壁厚要求,杆件截面的最小尺寸应根据结构的跨度与网格大小按计算确定。为避免给施工和维护造成困难,钢管端部应进行封闭。

三、杆件的计算长度与容许长细比

对于空间管桁架结构,当采用相贯节点时,弦杆及支座腹杆的计算长度取 $1.0l$,其他腹杆的计算长度取 $0.9l$。

杆件的长细比不宜超过表 5.2.1 规定的数值。

表 5.2.1　空间管桁架、网架结构杆件的容许长细比

杆件形式	杆件受拉	杆件受压
一般杆件	300	180
支座附近杆件	250	
直接承受动力荷载杆件	250	

网架结构杆件受压时,其容许长细比为_____;杆件受拉时,一般杆件容许长细比为_____,支座附近杆件和直接承受动力荷载杆件容许长细比为_____。

任务 5.2.2　熟悉节点构造

一、钢管的对接拼接
（一）钢管的工厂焊接

对内壁平齐的对接拼接，当两钢管壁厚相差不大于 4mm 时，可按图 5.2.1a 的方式焊接；当两钢管壁厚相差大于 4mm 时，较厚钢管的管壁应按图 5.2.1b 所示加工成斜坡后连接。

对外壁平齐的对接拼接，当较薄钢管的公称壁厚不大于 5mm 时，两钢管壁厚相差应小于 1.5mm；当较薄钢管的公称壁厚大于 5mm 时，壁厚相差不应大于 1mm 加公称壁厚的 0.1，且不大于 3mm。当两钢管的壁厚相差较大而不满足以上规定时，应采用图 5.2.1c 所示的有厚度差的内衬板，或按图 5.2.1d 所示将较厚钢管内壁加工成有一定坡度的过渡段。当采用图 5.2.1a、d 所示连接方式时，管壁厚度相等或相差不大于 4mm，内衬板的厚度不宜小于 5mm。

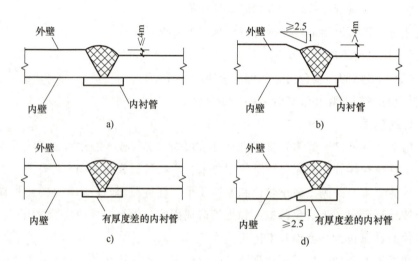

图 5.2.1　不同壁厚钢管的工厂焊接

（二）钢管的现场焊接

钢管在现场焊接时宜采用图 5.2.2 所示的连接方式。一端应设置开孔隔板或环状隔板，隔板顶面与管口平齐或略低。接口应采用坡口全焊透焊缝焊接，管内应设衬管或衬板。

> **课 堂 练 习**
>
> 1. 钢管的工厂焊接，当钢管壁厚相等或相差较小时，可_____；当钢管壁厚相差较大时，应将_____。
>
> 2. 钢管的现场焊接，一端应设置_____，隔板顶面_____。接口应采用_____，管内应设_____。

二、钢管直接焊接节点构造
（一）支管与主管的搭接

主管的外部尺寸不应小于支管的外部尺寸，主管的壁厚不应小于支管壁厚，在支管与主

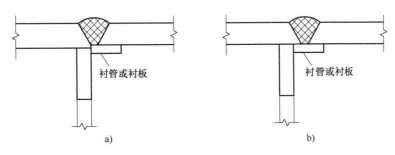

图 5.2.2 钢管的现场焊接

管连接处不得将支管插入主管内。主管与支管或两支管轴线之间的夹角不宜小于 30°。支管与主管的连接节点处,除搭接型节点外,应尽可能避免偏心。支管与主管的连接焊缝,应沿全周连续焊接并平滑过渡,可用角焊缝或部分采用对接焊缝、部分采用角焊缝。支管管壁与主管管壁之间的夹角大于或等于 120°的区域宜用对接焊缝或带剖口的角焊缝。角焊缝的焊脚尺寸 h_f 不宜大于支管壁厚的 2 倍。圆管支管与圆管主管相贯焊缝上坡口部位焊缝根部 2~3mm 范围内的焊缝检测可不做全焊透要求。支管端部宜使用自动切割,支管壁厚小于 6mm 时可不切剖口。

(二) 多个支管搭接

多根钢管搭接时,一般将直径较大支管、管壁较厚支管、承受轴心压力的支管作为被搭接管。管壁较薄支管作为被搭接管时,应进行计算,判断是否满足强度要求,不能满足强度要求时,搭接部位应考虑加劲措施。对不需进行疲劳验算的节点以及抗震设防烈度不大于 7 度地区的节点,允许被搭接管的隐藏部位不做焊接。被搭接管隐藏部位必须焊接时,允许在搭接管上设焊接手孔,在隐藏部位施焊结束后封闭,或将搭接管在节点近旁处断开,隐藏部位施焊后再接上其余管段。

在有间隙的节点中,支管间隙应不小于两支管壁厚之和。在搭接节点中,其搭接率应满足设计要求,且应确保在搭接部分的支管之间的连接焊缝能可靠地传递内力。

> **课堂练习**
>
> 1. 主管与支管或两支管轴线之间的夹角不宜小于_____。支管与主管的连接节点处,除搭接型节点外,应尽可能避免_____。
>
> 2. 在有间隙的节点中,支管间隙应_____。在搭接节点中,其搭接率应满足设计要求,且应确保在搭接部分的支管之间的连接焊缝能_____。

三、加劲钢管节点构造

(一) 主管管内设置加劲板

钢管桁架主管与圆管支管的节点采用非加劲直接焊接方式不能满足承载要求时,可在主管管内设置加劲板。

支管以承受轴力为主时,可在主管内设一道或两道加劲板;节点按刚接要求设计时,应设两道内加劲板。设置一道内加劲板时,加劲板位置宜在支管与主管相贯面的鞍点处,如图 5.2.3a 所示;设置两道内加劲板时,内加劲板宜设置在距相贯面冠点 0.1d 附近,d 为支管外径,如图 5.2.3b 所示。

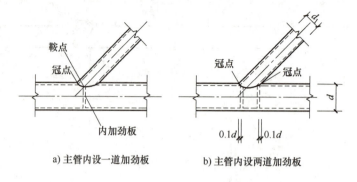

a) 主管内设一道加劲板　　b) 主管内设两道加劲板

图 5.2.3　支管为圆管时内加劲板的位置

采用内加劲板时，加劲板厚度不得小于支管的壁厚，也不应小于主管壁厚的 2/3 和主管内径的 1/40。内加劲板开孔时，加劲板宽度与板厚的比值不宜大于 $15\sqrt{235/f_y}$，f_y 为加劲板的屈服强度。内加劲板宜采用部分焊透焊缝。

当主管直径较小，内加劲板的焊接必须断开主管钢管时，主管的拼接焊缝宜设置在距支管相贯焊缝最外侧冠点 200mm 以外处，如图 5.2.4 所示。

（二）主管表面覆板加劲

支管与主管的直径比小于 0.7 时，节点可采用主管表面覆板的加劲方式，覆板宽度宜包覆主管半圆；长度方向两侧均应超过支管最外侧焊缝 50mm 以上，但不宜超过支管直径的 2/3；覆板厚度不宜小于 4mm；覆板厚度和主管厚度叠加后可作为支管受压时节点塑性破坏和冲剪破坏计算的总厚度；但支管受拉时计算节点塑性破坏和冲剪破坏仅取覆板厚度，覆板与主管间除四周围焊外尚有塞焊焊缝保证两者共同作用，如图 5.2.5 所示。

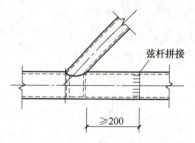

图 5.2.4　有内加劲板节点的主管拼缝位置

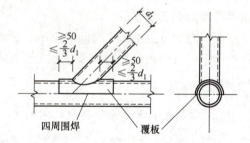

图 5.2.5　覆板的加劲

当采用主管表面覆板加劲提高节点承载力时，覆板与主管应采用四周围焊，焊缝应具有足够的承载力，使其不先于节点破坏。对 K、N 形节点焊缝有效高度应不小于腹杆壁厚。焊接前宜在加强板上先钻一个排气小孔，孔的位置宜设在支管交接面内。

钢管桁架主管与圆管支管的节点采用非加劲直接焊接方式不能满足承载要求时，可在主管管内设置_____。支管与主管的直径比小于 0.7 时，节点可采用_____。

配套图纸 5.3 钢管的焊接、5.4 空间管桁架的支座（登录机工教育服务网 www.cmpedu.com 注册下载）。

项目知识图谱

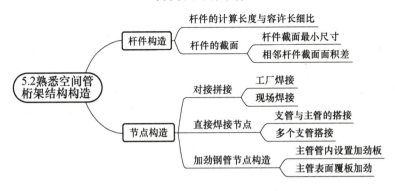

识图训练

1. 识读圆钢管空间管桁架结构屋面平面布置图，理解空间布置。识读空间管桁架屋架详图，理解管桁架屋架连接构造。

配套图纸 5.5 空间管桁架结构示例（登录机工教育服务网 www.cmpedu.com 注册下载）。

单元六　网架结构

空间网格结构是指按一定规律布置的杆件、构件通过节点连接而构成的空间结构，包括网架、曲面形网壳以及立体桁架等。平板型空间网格结构简称为网架，是指按一定规律布置的杆件通过节点连接而形成的平板型或微曲面形空间杆系结构，主要承受整体弯曲内力；曲面形的空间网格结构简称为网壳，是指按一定规律布置的杆件通过节点连接而形成的曲面状空间杆系或梁系结构，主要承受整体薄膜内力，其主要形式有球面网壳、圆柱面网壳、双曲抛物面网壳和椭圆抛物面网壳。网架一般是双层的，在某些情况下也可做成三层，而网壳有单层和双层两种。目前，我国空间结构中网架结构应用最广，大量应用于体育场、机场航站楼、车站以及厂房、仓库等工业设施，图6.0.1所示为网架结构。

通过本单元的学习，应能熟悉网架结构的形式，理解网架结构的构造，并能熟练识读施工图。读者可结合虚实模型进行本单元的学习，有条件可到施工现场或已建成的房屋进行学习与实践，以便更好地理解网架结构的构造，识读施工图。

a) 施工中的网架结构

b) 建成的网架结构

图6.0.1　网架结构

思政园地

钢结构行业"十四五"规划及2035年远景目标

2021年，中国钢结构协会发布了《钢结构行业"十四五"规划及2035年远景目标》（以下简称《规划》）。《规划》指出，"十三五"期间，钢结构行业发展质量得到稳步提升，一系列标志性建筑都采用了钢结构建筑，如北京大兴国际机场航站楼（图6.0.2）、国家速滑馆（冰丝带）（图6.0.3）、北京中信大楼、上海中心大厦等。根据中国钢结构协会统计，2019年我国钢结构加工制造总产量为7920t，2020年为8900万t，年增长率为12.37%。"十三五"期间，我国钢结构产量从5100万t增加到8900万t；钢结构产值从

5000多亿元增加到6000亿元以上；钢结构产量占全国粗钢产量的比重从6.34%增加到8.35%左右。预计2023—2027年，随着相关支持性政策的落地，我国住宅类钢结构建筑将迎来进一步发展，为钢结构加工制造业提供更好的发展前景。

图6.0.2　北京大兴国际机场航站楼　　　　　图6.0.3　国家速滑馆（冰丝带）

《规划》提出钢结构行业"十四五"期间发展目标：到2025年底，全国钢结构用量达到1.4亿t左右，占全国粗钢产量的15%以上，钢结构建筑占新建建筑面积的比例达到15%以上。到2035年，我国钢结构建筑应用达到中等发达国家水平，钢结构用量达到每年2.0亿t以上，占粗钢产量25%以上，钢结构建筑占新建建筑面积的比例逐步达到40%，基本实现钢结构智能建造。

为了实现上述目标，《规划》提出了"十四五"期间的重点任务，包括加快重点技术研发，促进钢结构标准化、通用化，推动信息化与智能建造，大力推进高性能与高效能钢材的应用等。

项目6.1　认识网架结构

本项目主要介绍网架结构的形式、支承方式、应用范围、主要特点、选型原则、平面网格尺寸和网架高度、网架结构的挠度允许值与起拱要求、加强措施以及屋面排水坡度的形成。

任务6.1.1　认知网架结构

一、网架结构的形式

网架结构一般为双层，当结构跨度较大，需要较大的网架结构高度而网格尺寸与杆件长细比又受限时，可采用三层形式。

网架结构主要有交叉桁架体系、四角锥体系和三角锥体系，各体系的结构形式见表6.1.1。

配套图纸6.1 网架结构的形式（登录机工教育服务网 www.cmpedu.com 注册下载）。

表 6.1.1　网架结构的形式

序号	体系	形式	图示
1	交叉桁架体系	两向正交正放网架	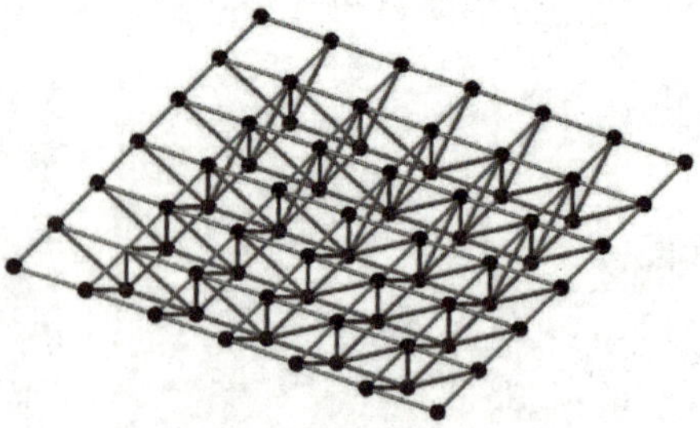
2		两向正交斜放网架	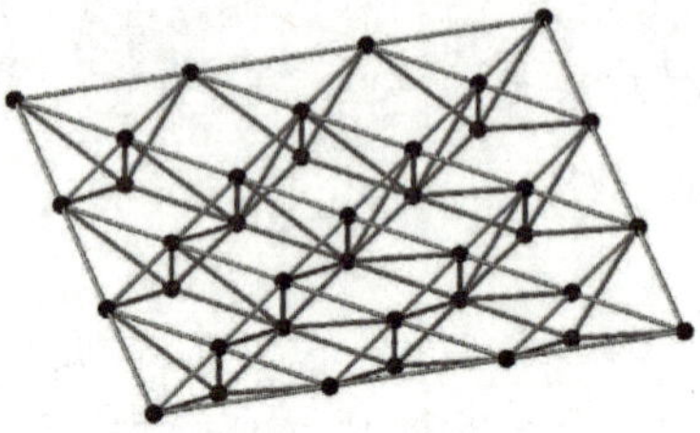
3		两向斜交斜放网架	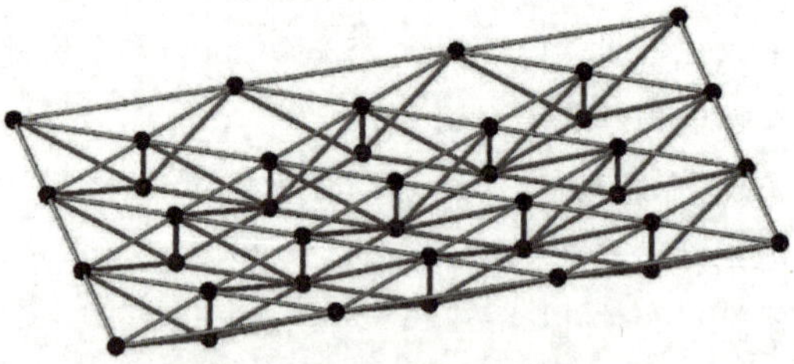
4		三向网架	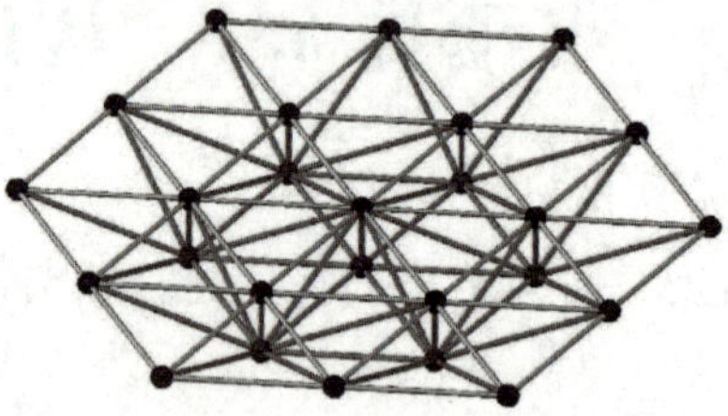
5		单向折线形网架	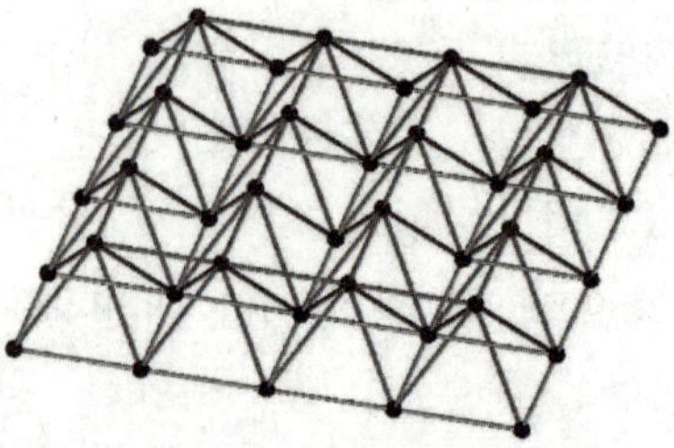

（续）

序号	体系	形式	图示
6	四角锥体系	正放四角锥网架	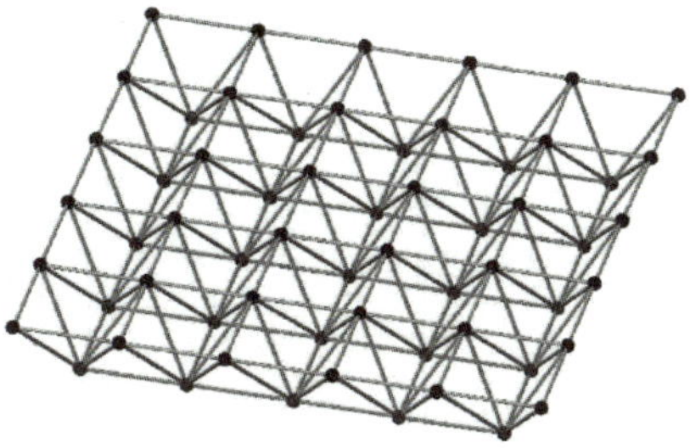
7		正放抽空四角锥网架	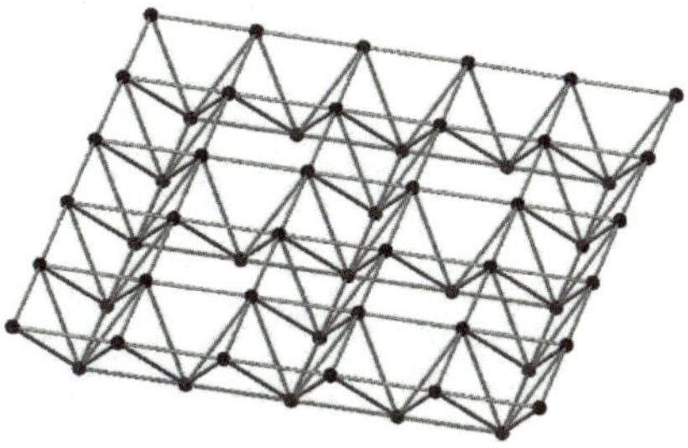
8		棋盘形四角锥网架	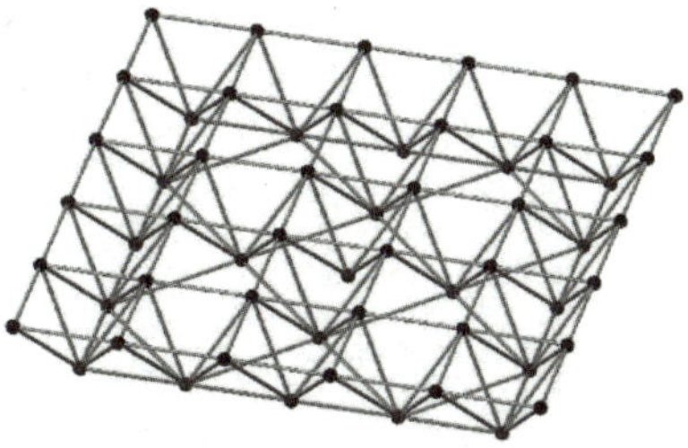
9		斜放四角锥网架	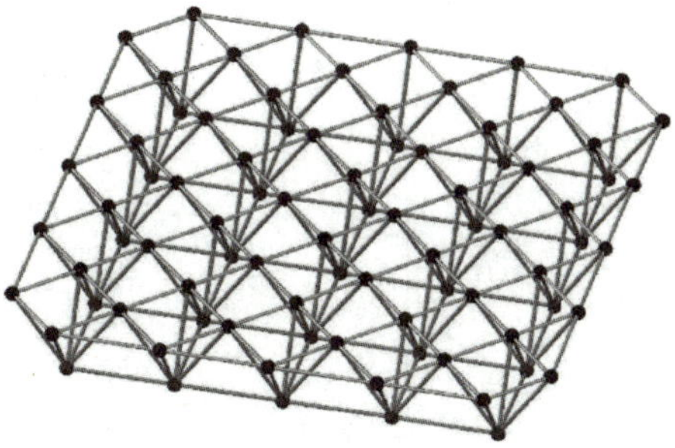
10		星形四角锥网架	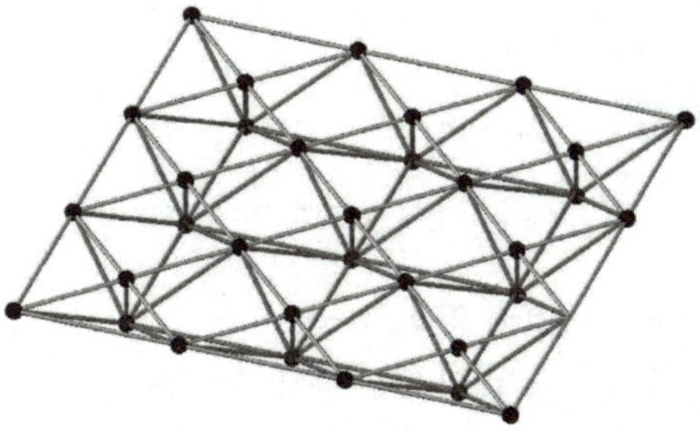

（续）

序号	体系	形式	图示
11	三角锥体系	三角锥网架	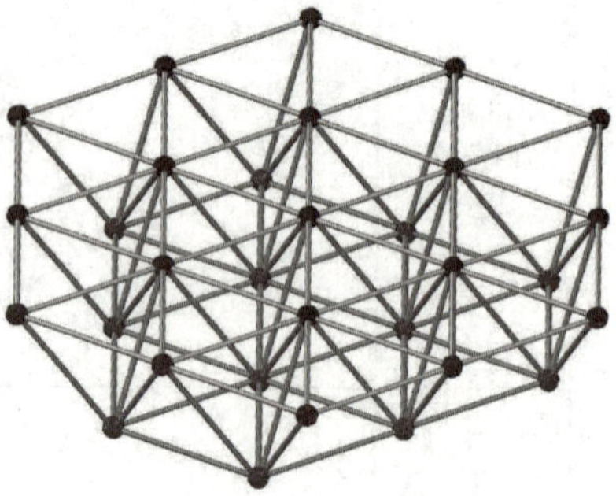
12		抽空三角锥网架	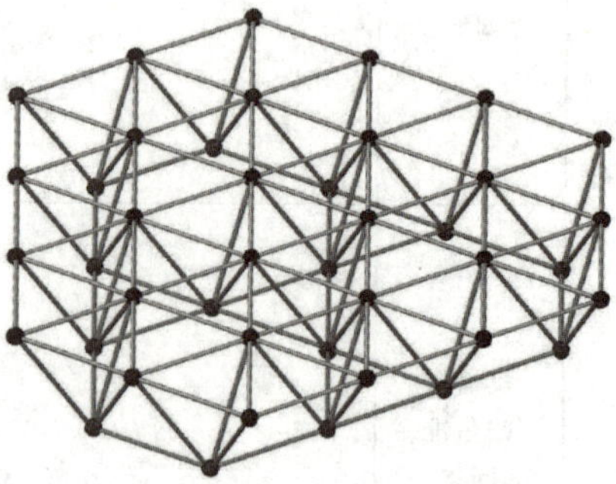
13		蜂窝形三角锥网架	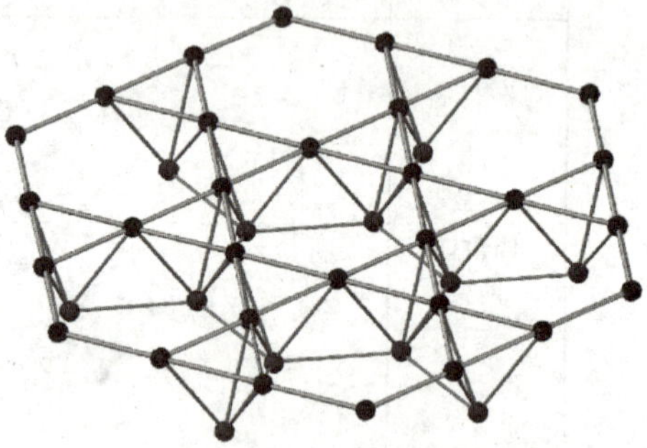

课堂练习

网架结构体系主要有_____、_____和_____。

二、网架结构的支承方式

网架结构按支承方式可分为周边支承网架、三边支承网架、两边支承网架、点支承网架和周边支承与点支承结合的网架，见表6.1.2。

表 6.1.2　网架结构的支承方式

序号	支承方式	说明	简图
1	周边支承网架	周边支承网架是指网架周边边界上的全部节点均为支座节点,支座节点可支承在柱顶上,也可以支承于连系梁上。该形式的网架传力直接,受力均匀,是采用最普遍的一种支承方式	
2	三边支承网架	当矩形建筑物的一个边轴线上因生产的需要必须设计成开敞的大门和通道,或者因建筑功能的要求某一边不宜布置承重构件时,则为三边支承网架	
3	两边支承网架	两边支承网架是指四边形的网架只有其相对两边上的节点设计成支座,其余两边为自由边,这种网架支承方式应用极少	
4	点支承网架	点支承网架的设置原则是通过正弯矩和挠度减少,使整个网架的内力趋于均匀。对于单跨多点支承,悬挑长度宜取中间跨的1/3;对于多跨多点支承,悬挑长度宜取中间跨的1/4	
5	周边支承与点支承结合的网架	周边支承网架与点支承网架结合的网架是指周边支承的基础上,在建筑物内部增设中间支承点,这样可以有效地减少网架杆件的内力峰值和挠度。该形式特别适用于大柱网工业厂房、仓库、展览馆等建筑	

网架结构按支承方式可分为 _____、_____、_____、_____ 和 _____。

三、网架结构的应用范围

网架结构的适应性大,既适用于中小跨度的建筑,也适用于大跨度的房屋。从建筑平面形式来说,网架结构适用于各种平面形式的建筑,如正方形、矩形、圆形及各种多边形的平面。网架结构是一种应用范围很广的结构形式,既可用于体育馆、俱乐部、展览馆、影剧院、车站候车大厅等公用建筑,也可用于仓库、厂房、飞机库等工业建筑。

四、网架结构的特点

网架结构是由很多杆件从两个方向或多个方向有规律地组成的高次超静定空间结构,传力途径简捷,是一种较好的大跨度、大柱网屋盖结构。网架结构刚度大、自重小、整体性好、抗震能力强;网架结构高度较小,可以有效地利用建筑空间;网架结构平面布置灵活,适用于各种柱网,同时有利于吊顶、安装管道和设备;网架杆件和节点便于定型化、商品化,可在工厂中成批生产,有利于提高劳动效率。

课 堂 练 习

1. 网架结构的适应范围很广,可用于_____,如体育馆、车站候车大厅、飞机库等。
2. 网架结构特点包括:_____、_____、_____、_____;_____;_____;_____,同时_____;_____。

虚拟模型 6.1　正放四角锥螺栓球网架

虚拟模型 6.2　斜放四角锥螺栓球网架

虚拟模型 6.3　三角锥焊接球网架

任务 6.1.2　熟悉网架结构的选型与布置

一、网架结构的选型

空间网架结构的选型应结合工程的平面形状和跨度大小、支承情况、荷载大小、屋面构造、建筑设计、制造安装方法以及材料供应情况等要求综合分析确定,见表 6.1.3。

表 6.1.3　网架结构的选型

序号	平面形状	支承情况	长宽比	选型	备注
1	矩形	周边支承	≤1.5	正放四角锥网架 斜放四角锥网架 棋盘形四角锥网架 正放抽空四角锥网架 两向正交斜放网架 两向正交正放网架	当平面狭长时,可采用单向折线形网架
2	矩形	周边支承		两向正交正放网架 正放四角锥网架 正放抽空四角锥网架	—
3	矩形	三边支承 一边开口	—	两向正交斜放网架 斜放四角锥网架 棋盘形四角锥网架 正放抽空四角锥网架 两向正交斜放网架 两向正交正放网架 两向正交正放网架 正放四角锥网架 正放抽空四角锥网架	开口边必须具有足够的刚度并形成完整的边桁架;当刚度不满足要求时,可采用增加网架高度、增加网架层数等办法加强

(续)

序号	平面形状	支承情况	长宽比	选型	备注
4	矩形	多点支承	—	两向正交正放网架 正放四角锥网架 正放抽空四角锥网架	—
5	圆形 正六边形	周边支承	—	三向网架 三角锥网架 抽空三角锥网架	中小跨度,也可选用蜂窝形三角锥网架

网架可采用上弦或下弦支承方式,一般采用上弦支承方式。当采用上弦支承方式时,应注意避免支座附近杆件与支承柱相碰;当因建筑功能要求采用下弦支承方式时,应在网架的四周支座边形成竖直或倾斜的边桁架,以确保网架的几何不变形性,并可有效地将上弦垂直荷载和水平荷载传至支座。当采用两向正交正放网架时,应沿网架周边网格放置封闭的水平支撑。

课堂练习

1. 你们学校有采用网架的建筑吗?如有,说明采用的是何种形式的网架?采用的是上弦支承方式还是下弦支承方式?

2. 你见过屋盖采用网架的加油站吗?说明采用的何种形式的网架?采用的是上弦支承方式还是下弦支承方式?是否设置柱帽?

二、平面网格尺寸和网架高度

网架的网格高度与网格尺寸应根据跨度大小、荷载条件、柱网尺寸、支承情况、网格形式、屋面材料以及构造要求和建筑功能等因素综合分析确定,网架杆件内力尽量均匀,并以同等跨度和荷载下网架用钢量指标最优为原则。

(一) 网格尺寸

一般情况下,为减少或避免出现过多的构造杆件和节点,宜采用稍大一点的网格尺寸。网格尺寸适当加大,可相应地减少节点数和杆件数,从而使杆件截面更有效地发挥作用,达到节省钢材的目的,同时也使网架通透简洁。

网格尺寸与网架短向跨度有关,网架在短向跨度的网格数不宜小于5,常用网格尺寸与网架短向跨度的关系见表6.1.4。

表6.1.4 网格尺寸与网架短向跨度的关系

序号	网架短向跨度	网格尺寸
1	<30m	$(1/12 \sim 1/6)L$
2	30~60m	$(1/16 \sim 1/10)L$
3	>60m	$(1/20 \sim 1/12)L$

网格尺寸与屋面板种类及材料有关。当选用混凝土屋面板、发泡水泥板或GRC板时,板的尺寸不宜过大,一般以不超过3m×3m为宜。若采用压型钢板等轻型屋面板时,可适当增大网格尺寸。网格大小与杆件材料有关,当网架杆件采用钢管时,截面性能好,杆件可长一些,即网格尺寸可稍大;当网架杆件采用角钢时,杆件截面可能要由长细比控制,故杆件

不宜太长，即网格尺寸不宜过大。

（二）网架高度

网架高度与网架的跨度、荷载大小、节点形式、平面形状、支承情况及起拱等因素有关，网架的高跨比可取 1/18~1/10，对于大跨度屋盖可采用三层网架。

（三）杆件夹角

网架两相邻杆件间夹角宜大于 45°，且不宜小于 30°，这是网架的制作与构造要求的需要，以免杆件相碰或节点尺寸过大。

> **课堂练习**
>
> 某学校风雨操场，平面尺寸为 36m×48m，周边设有连系梁，采用网架结构，屋面材料为压型钢板，试确定网格尺寸和网架高度，并确定该空间网架结构的允许挠度值。

三、网架结构的挠度允许值与起拱要求

空间网架结构的最大挠度值不应超过表 6.1.5 中的容许挠度值。

表 6.1.5　空间网架结构的容许挠度值

结构体系	屋盖结构（短向跨度）	楼层结构（短向跨度）	悬挑结构（悬挑跨度）
网架容许挠度值	1/250	1/300	1/125

网架可预起拱，其起拱值可取不大于短向跨度的 1/300。当仅为改善外观条件时，最大挠度在减去起拱值后不应超过表 6.1.5 中的容许挠度值的规定。

四、受力分析与杆件设计

（一）受力分析

网架结构受力分析时，可假定节点为铰接，杆件只承受轴向力，宜采用空间杆系有限元法进行计算。

空间网架结构的外荷载可按静力等效原则将节点所辖区域内的荷载集中作用在该节点上，当杆件上作用有局部荷载时，应另行考虑局部弯曲内力的影响。

空间网架结构施工安装阶段与使用阶段支承情况不一致时，应区别不同支承条件来分析计算施工安装阶段和使用阶段在相应荷载作用下的结构位移和内力。

（二）杆件设计

空间网架结构杆件可采用普通型钢和薄壁型钢。管材宜采用高频焊管或无缝钢管，当有条件时应采用薄壁管型截面。

对于网架结构，杆件的计算长度按结构类型、节点形式与杆件所处的部位分别考虑。对螺栓球节点，因杆两端接近铰接，计算长度取几何长度 l（l 为节点至节点的距离）；对空心球节点网架，由于受该节点上相邻拉杆的约束，其杆件的计算长度可适当折减，弦杆及支座腹杆取 $0.9l$，腹杆则仍按普通钢结构的规定取 $0.8l$。

杆件的长细比不宜超过表 5.2.1 规定的数值。

杆件截面的最小尺寸应根据结构的跨度与网格大小按计算确定，普通型钢不宜小于 L 50×3，钢管不宜小于 ϕ48×3。空间网架结构杆件分布应保证刚度的连续性，相连续的杆件截面

面积之比不宜超过 1.8 倍，管径不宜超过 2 倍，多点支承的网架结构其反弯点区域的上、下弦杆宜按构造加大截面。对于低应力、小规格的受拉杆件宜按受压杆件控制杆件的长细比。

杆件在构造设计时宜避免难于检查、清刷、油漆以及积留湿气或灰尘的死角与凹槽，钢管端部应进行封闭。

五、网架结构的加强措施

（一）开口边的加强措施

平面形状为矩形，三边支承一边开口的网架，开口边必须具有足够的刚度并形成完整的边桁架，通常有两种处理方法：一种是在网架开口边加反梁，如图 6.1.1 所示；另一种方法是将整体网架的高度较周边支承时的高度适当加高，开口边杆件适当加大。

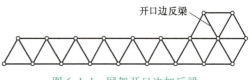

图 6.1.1　网架开口边加反梁

（二）两向正交正放网架设置封闭水平支撑

两向正交正放网架平面内的水平刚度较小，为保证各榀网架平面外的稳定性及有效传递与分配作用于屋盖结构的风荷载等水平荷载，应沿网架上弦周边网格设置封闭的水平支撑，对于大跨度结构或当下弦周边支撑时应沿下弦周边网格设置封闭的水平支撑。

（三）多点支承网架的柱帽

对多点支承网架，由于支承柱较少，柱子周围杆件的内力一般很大。在柱顶设置柱帽可减小网架的支承跨度，并分散支承柱周围杆件内力，节点构造也较易处理，所以多点支承网架一般宜在柱顶设置柱帽。柱帽形式可结合建筑功能（如通风、采光等）要求而采用不同形式。柱帽宜设置在下弦平面之下（图 6.1.2a），也可设置于上弦平面之上（图 6.1.2b），或采用伞形柱帽（图 6.1.2c）。

> **课堂练习**
>
> 1. 网架结构采用钢管时，不宜小于_____。相连续的杆件截面面积差别不宜超过____倍，管径不宜超过____倍。
>
> 2. 多点支承网架一般宜在柱顶设置柱帽，柱帽宜设置在_____，也可设置于_____，或采用_____。

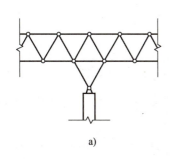 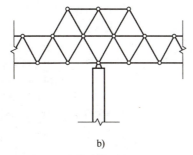 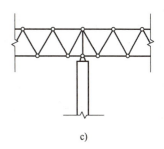

a)　　　　　　　　　　b)　　　　　　　　　　c)

图 6.1.2　多点支承网架柱帽设置

六、网架结构屋面排水坡度的形成

网架结构屋面排水坡度的形成方式，过去大多采用在上弦节点上加小立柱形成排水坡。但当网架跨度较大时，小立柱自身高度也随之增加，引起小立柱自身的稳定问题。当小立柱较高时应布置支撑，用于解决小立柱的稳定问题，同时将屋面风荷载与地震等水平力传递到网架结构。近年来，为克服上述缺点，多采用变高度网架形成排水坡，这种做法不但节省了小立柱，而且网架内力也趋于均匀，缺点是网架杆件与节点种类增多，给网架加工制作增加一定麻烦。

屋面材料的选用直接影响到施工进度、用钢量指标，而且对墙、柱、基础等承重结构及建筑物的抗震性能也都有较大影响。因此在网架设计中应尽量采用轻质、高强、多功能的新型屋面，力求减轻屋面自重，目前采用较多的为有檩体系轻型屋面。

> **课 堂 练 习**
>
> 网架结构屋面排水坡度的形成方式，可采用_____形成排水坡，也可采用_____形成排水坡。

项目知识图谱

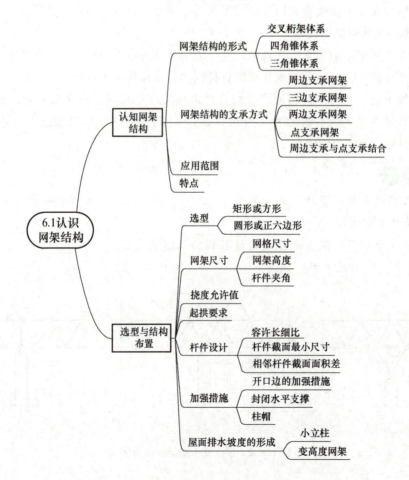

项目 6.2　熟悉网架结构构造

本项目主要介绍网架结构节点的构造，节点包括焊接空心球节点、螺栓球节点、支座节点和网架支托。

任务 6.2.1　熟悉焊接空心球节点构造

一、焊接空心球

焊接空心球由两个半球焊接而成，根据受力大小可分别采用不加肋空心球（图 6.2.1a）和加肋空心球（图 6.2.1b）。空心球在工厂加工制作，连接杆件通常在现场作业。焊接空心球节点构造简单，用钢量较螺栓球节点少，特别适用于腐蚀性较强、跨度较大的网架结构。当空心球外径大于 300mm，且杆件内力较大需要提高承载能力时，可在球内加肋；当空心球外径大于或等于 500mm，应在球内加肋。肋板必须设在轴力最大杆件的轴线平面内，且其厚度不应小于球壁的厚度。

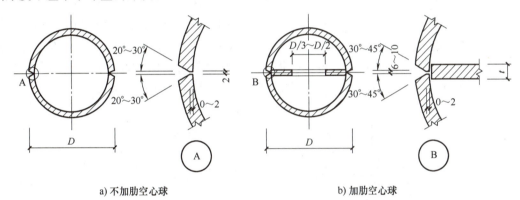

a) 不加肋空心球　　　　　　　　　　b) 加肋空心球

图 6.2.1　焊接空心球做法

网架结构空心球的外径与壁厚之比宜取 25~45；空心球外径与主钢管外径之比宜取 2.4~3.0；空心球壁厚与主钢管的壁厚之比宜取 1.5~2.0；空心球壁厚不宜小于 4mm。

不加肋空心球和加肋空心球的成型对接焊接，应满足图 6.2.1 的要求。加肋空心球的肋板可用平台或凸台，采用凸台时，其高度不得大于 1mm。

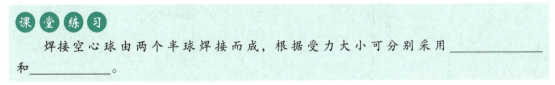

焊接空心球由两个半球焊接而成，根据受力大小可分别采用_____和_____。

二、钢管杆件与空心球的连接

（一）钢管杆件与空心球的焊接

钢管杆件与空心球连接，钢管应开坡口，在钢管与空心球之间应留有一定缝隙并予以焊透，以实现焊缝与钢管等强，否则应按角焊缝计算。

如图 6.2.2 所示，为了保证焊缝质量，钢管端头可加套管与空心球焊接。套管壁厚不应小于 3mm，长度可为 30~50mm。

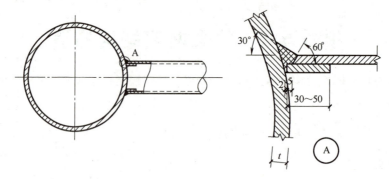

图 6.2.2　钢管加套管的连接

当采用角焊缝时,角焊缝的焊脚尺寸 h_f 应符合下列规定:
1) 当钢管壁厚 $t_c \leqslant 4mm$ 时,$1.5t_c \geqslant h_f > t_c$。
2) 当钢管壁厚 $t_c > 4mm$ 时,$1.2t_c \geqslant h_f > t_c$。

（二）钢管杆件与空心球的节点构造

如图 6.2.3a 所示,空心球球面上相邻杆件之间的净距 a 一般不宜小于 10mm。

当空心球节点相邻连接杆件较多时,允许部分腹杆与腹杆或腹杆与弦杆相交,但所有相交杆件的轴线必须通过球中心线;相交两杆中,截面面积大的杆件必须全截面焊在球上,当两杆截面面积相等时,取受拉杆;另一杆坡口焊在相交杆上,但应保证有 3/4 截面焊在球上,并应按图 6.2.3b 设置加劲板。受力大的杆件,可按图 6.2.4 增设支托板。

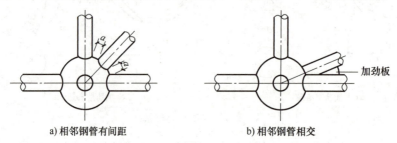

a) 相邻钢管有间距　　　b) 相邻钢管相交

图 6.2.3　钢管与空心球的连接

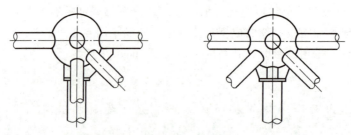

图 6.2.4　相交杆件连接增设支托板

> **课堂练习**
>
> 1. 钢管杆件与空心球连接,钢管应_____,在钢管与空心球之间应留有一定_____并予以_____,以实现焊缝与钢管等强,否则应按_____计算。
> 2. 空心球球面上相邻杆件之间的净距一般不宜小于_____;当空心球节点相邻连接杆件较多时,允许部分腹杆与腹杆或腹杆与弦杆_____,但应满足相应构造要求。

任务 6.2.2 熟悉螺栓球节点构造

一、螺栓球节点的组成

螺栓球节点是在设有螺栓孔的钢球体上，通过高强度螺栓将交会于节点处的焊有锥头或封板的圆钢管杆件连接起来的节点。如图 6.2.5 所示，螺栓球节点由钢球、高强度螺栓、套筒、紧固螺钉、锥头或封板等零件组成，用于连接网架等空间网格结构的圆钢管杆件。螺栓球节点所有零件均在工厂加工、制作，有利于质量控制与减少现场施工。

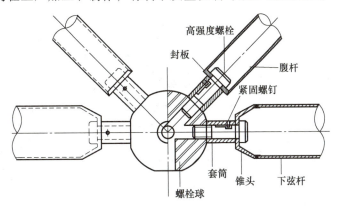

图 6.2.5 螺栓球节点示意图

二、杆件的组装

（一）钢球

钢球的加工成型分为锻压球和铸钢球两种。钢球的直径除满足计算要求外，还应满足按要求拧入球体的任意相邻两个螺栓不相碰条件。

（二）螺栓

螺栓是节点中最关键的传力部件，一根钢管杆件的两端各设置一个高强度螺栓。高强度螺栓的性能等级应按规格分别选用，对于 M12~M36 的高强度螺栓，其强度等级应按 10.9 级选用；对于 M39~M64 的高强度螺栓，其强度等级应按 9.8 级选用。螺栓的形式在同一个网架中，连接弦杆所采用的高强度螺栓可以是一种统一的直径，而连接腹杆所采用的高强度螺栓可以是另一种统一的直径，即通常情况下，同一个网架中采用的高强度螺栓的直径规格多于两种。但在小跨度的轻型网架中，连接球体的弦杆和腹杆可以采用同一规格的直径。螺栓直径一般由网架中最大受拉杆件的内力控制。图 6.2.6 为高强度螺栓示意图，螺栓上应设

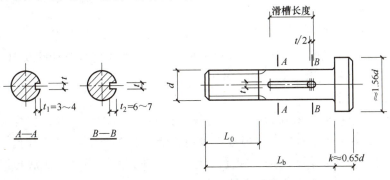

图 6.2.6 高强度螺栓

置滑槽，为方便螺栓头部在锥头或封板内转动，应将高强度螺栓大六角头改制为圆头。

（三）套筒

套筒是六角形的无纹螺母，外形尺寸应符合扳手开口系列，内孔径可比螺栓直径大1mm，主要用以拧紧螺栓和传递杆件轴向压力。套筒壁厚按网架中最大压杆内力计算确定，需要验算开槽处截面承压强度。对于开设滑槽的套筒应验算套筒端部到滑槽端部的距离，应使该处有效截面的抗剪力不低于紧固螺钉的抗剪力，且不小于1.5倍滑槽宽度。

高强度螺栓通过套筒拧入螺栓球节点的构造如图6.2.7所示。

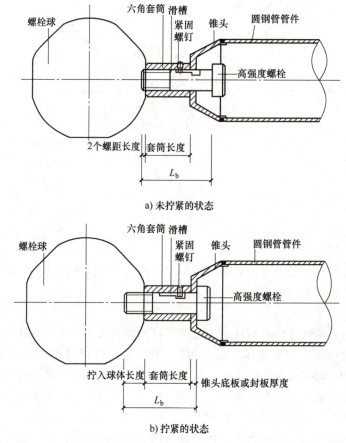

图6.2.7　高强度螺栓的拧紧

（四）紧固螺钉

紧固螺钉是套筒与螺栓联系的媒介，它能通过旋转套筒而拧紧螺栓。为了减少钉孔对螺栓有效截面的削弱，紧固螺钉宜采用高强度钢材，其直径可取螺栓直径的0.16~0.18，且不宜小于3mm，紧固螺钉常用规格为M5~M10。

（五）锥头和封板

杆件端部应采用锥头（图6.2.8a）或封板连接（图6.2.8b），其连接焊缝的承载力应不低于连接钢管，焊缝底部宽度b可根据连接钢管壁厚取2~5mm。锥头任何截面的承载力应不低于连接钢管，封板厚度应按实际受力大小计算确定，封板及锥头底板厚度不应小于表6.2.1中数值。锥头底板外径宜较套筒外接圆直径大1~2mm，锥头底板内平台直径宜比螺栓头直径大 2mm。锥头倾角应小于 40°。

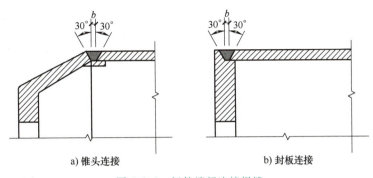

a) 锥头连接　　　　b) 封板连接

图 6.2.8　杆件端部连接焊缝

表 6.2.1　封板及锥头底板厚度

高强度螺栓规格	封板或锥头底板厚度/mm	高强度螺栓规格	封板或锥头底板厚度/mm
M12、M14	12	M36~M42	30
M16	14	M45~M52	35
M12~M14	16	M56~M60	40
M27~M33	20	M64	45

锥头和封板主要起连接钢管和螺栓的作用，承受杆件传来的拉力或压力。它既是螺栓球节点的组成部分又是网架杆件的组成部分。当网架钢管杆件直径<76mm时，一般采用封板；当网架钢管杆件直径≥76mm时，一般采用锥头。

课堂练习

1. 螺栓球节点由_____、_____、_____、_____、_____等零件组成。
2. 钢球的加工成型分为_____和_____两种。
3. 高强度螺栓上应设置_____，大六角头改制为_____。
4. 当网架钢管杆件直径<76mm时，一般采用_____；当网架钢管杆件直径≥76mm时，一般采用_____。

任务 6.2.3　熟悉支座节点构造

空间网架结构的支座节点必须具有足够的强度和刚度，在荷载作用下不应先于杆件和其他节点而破坏，也不得产生不可忽略的变形。一个合理的支座节点必须受力明确、传力简捷、安全可靠，同时还应做到构造简单合理、制作拼装方便，并具有较好的经济性。

空间网架结构的支座节点有平板支座节点、板式橡胶支座节点、球铰支座节点、刚接支座节点；根据其主要受力特点，分别选用压力支座节点、拉力支座节点、可滑移与转动的弹性支座节点以及兼受轴力、弯矩与剪力的刚性支座节点。

一、平板支座节点

图 6.2.9 为平板支座节点。平板支座节点适用于支座无明显不均匀沉降、温度应力影响不大的中、小跨度网架，可用作压力支座节点和拉力支座节点。

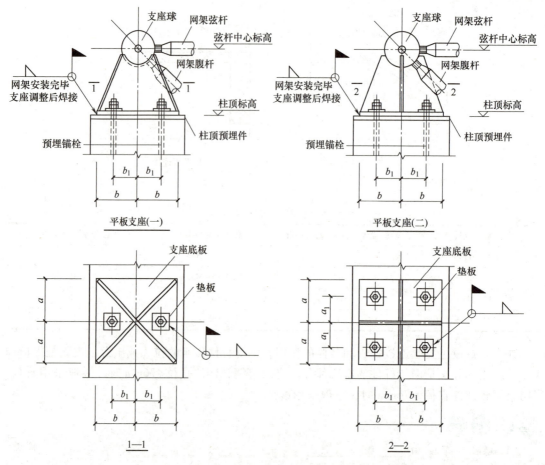

图 6.2.9 平板支座节点

支座竖向支承板十字中心线应与支座竖向反力作用线一致,并与支座节点连接的杆件中心线交于支座球节点中心。支座球节点底部至支座底板的距离宜尽量减小,其构造高度视支座球节点球径大小取 100~250mm,并考虑网架结构边缘杆件与支座节点竖向中心线间的交角,防止斜杆与支座边缘相碰。支座节点底板的净面积应满足支承结构材料的局部受压要求,其厚度应满足底板在支座竖向反力作用下的抗弯要求,不宜小于 12mm。支座肋板厚度应保证其自由边不发生侧向屈曲,不宜小于 10mm。

支座节点底板的锚栓孔径宜比锚栓直径大 1~2mm,并应考虑适应支座节点水平变位的要求。支座节点锚栓按构造要求设置时,其直径可取 20~24mm,数量取 2~4 个。对于拉力锚栓,其直径应经计算确定,锚固长度不应小于 25 倍锚栓直径,并设置双螺母。

支座节点竖向支承板与螺栓球节点相连时,应将球体预热至 150~200℃,以小直径焊条分层对称施焊,并保温缓慢冷却。

如图 6.2.10 所示,压力支座节点中可增设与埋头螺栓相连的过渡钢板,并应与支座预埋钢板焊接。带有过渡钢板的平板压力支座适用于抗震设防烈度低于 7 度时,周边支承或周边柱点支承的较小跨度网架。带有过渡钢板的平板压力支座一般不适用于有支座拉力的情况。

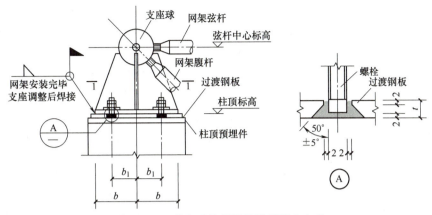

图 6.2.10 带有过渡钢板的平板压力支座

二、板式橡胶支座节点

图 6.2.11 为板式橡胶支座节点,板式橡胶支座适用于温度应力影响和水平位移较大,有滑移与转动要求的中大跨度网架结构。但应注意支座反力不得超过橡胶垫块的承载能力。

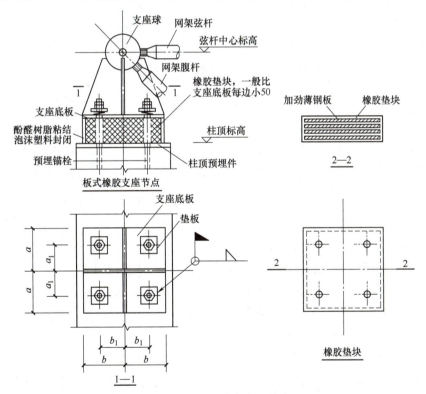

图 6.2.11 板式橡胶支座节点

为便于支座的转动,橡胶垫板的长边应顺网架支座切线方向。板式橡胶支座的平面尺寸短边与长边之比,一般可在 1:1~1:1.5 的范围内采用。

板式橡胶支座的总厚度 t 应根据网架跨度方向的伸缩量和网架支座转角的要求来确定,一般可在短边长度的 1/10~1/5 的范围内采用,且不宜小于 40mm。为了满足支座的稳定条件,板式橡胶支座中的橡胶层总厚度 t(不包括加劲薄钢板的厚度)不应大于支座短边长度的 1/5。

当网架支座连接锚栓通过板式橡胶支座时，在橡胶支座上的锚栓孔径应比锚栓直径大 10~20mm，以免影响橡胶支座的剪切变形和移动。

橡胶支座与支柱或基座的钢板或混凝土之间可采用 502 胶等胶结剂粘结固定，并应增设限位装置。

橡胶支座宜考虑长期使用后因橡胶老化而需更换的条件。在橡胶垫板四周可涂以防止老化的酚醛树脂，并粘结泡沫塑料。橡胶垫板在安装、使用过程中，应避免与油脂等油类物质以及其他对橡胶有害的物质接触。

> **课堂练习**
> 1. 平板支座节点可用作_____和_____。压力支座节点可通过与埋头螺栓相连的_____与_____焊接，但一般不适用于有支座拉力的情况。
> 2. 板式橡胶支座适用于_____，有_____网格结构。

三、球铰支座节点

球铰支座根据设计要求不同可分为可滑动球铰支座、固定球铰支座和抗震型球铰支座。

球铰支座传力可靠、转动灵活、承载能力大，能更好地适应支座转角的需要，但造价较高，主要适用于支座反力很大，要求支座能在多方向转动的大跨度或复杂网架工程。

球铰支座与网架支座底板可采用高强度螺栓连接或周边焊接。

四、刚接支座节点

如图 6.2.12 所示，刚接支座节点可用于中、小跨度空间网格结构中承受轴力、弯矩与剪力。支座节点竖向支承板厚度应大于焊接空心球节点球壁厚度 2mm，球体置入深度应大于 2/3 球径。

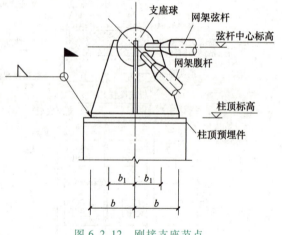

图 6.2.12 刚接支座节点

五、网架支托

网架屋面排水坡度的形成方式，常采用网架支托（图 6.2.13）或变高度网架。采用网架支托，支托圆盘要平整，与立管焊接要垂直，两者圆心要力求重合。支托板根据屋面板板型也可采用方形板。加肋板的布置要均匀、垂直。网架支托高度

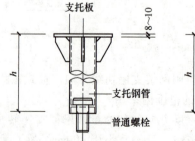 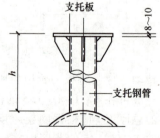

图 6.2.13 网架支托

$h=60\sim600\mathrm{mm}$ 时，可直接根据具体工程排水坡度决定确切尺寸；网架支托高度 $h\geqslant600\mathrm{mm}$ 时，应考虑支托立杆的稳定性。焊接空心球与网架支托采用工厂焊接，螺栓球与网架支托的连接一般采用普通螺栓连接，也可采用焊接，但需在工厂焊接。

> **课堂练习**
>
> 1. 球铰支座_____，主要适用于_____。
> 2. 刚接支座节点竖向支承板厚度应大于_____，球体置入深度应大于_____。
> 3. 焊接空心球与网架支托采用_____，螺栓球与网架支托的连接一般采用_____，也可采用焊接，但需在工厂焊接。
> 4. 网架支托高度较高时，应考虑支托立杆的_____。

项目知识图谱

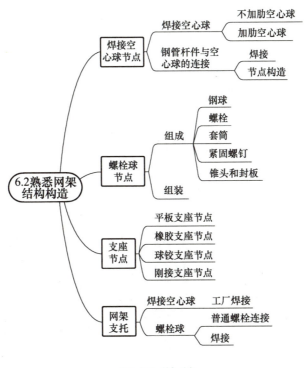

识图训练

1. 识读焊接空心球节点构造详图。

配套图纸 6.2 焊接空心球节点构造（登录机工教育服务网 www.cmpedu.com 注册下载）。

2. 识读螺栓球节点构造详图。

配套图纸 6.3 螺栓球节点构造（登录机工教育服务网 www.cmpedu.com 注册下载）。

3. 识读支座节点与网架支托构造详图。

配套图纸 6.4 支座节点与网架支托构造（登录机工教育服务网 www.cmpedu.com 注册下载）。

4. 识读正放四角锥网架平面布置图，理解结构布置。

配套图纸 6.5.1 网架结构示例（一）——正放四角锥螺栓球节点网架示例（登录机工教育服务网 www.cmpedu.com 注册下载）。

5. 识读斜放四角锥网架平面布置图，理解结构布置。

配套图纸 6.5.2 网架结构示例（二）——斜放四角锥螺栓球节点网架示例（登录机工教育服务网 www.cmpedu.com 注册下载）。

6. 识图三角锥网架平面布置图，理解结构布置。

配套图纸 6.5.3 网架结构示例（三）——三角锥焊接球节点网架示例（登录机工教育服务网 www.cmpedu.com 注册下载）。

单元七 装配式钢结构建筑

装配式钢结构建筑是以钢结构作为主要结构系统，并且配套的外围护系统、设备管线系统和内装系统的主要部品部（构）件采用集成方法设计、建造的建筑。当用作住宅时，称为装配式钢结构住宅。图7.0.1为在建的装配式钢结构建筑。

通过本单元的学习，应了解装配式钢结构产业政策和我国住宅产业化现状及发展方向，理解集成设计方法，熟悉装配式钢结构建筑的特征及装配式钢结构住宅常用结构体系、常用构件与节点类型。读者有条件可到施工现场或已建成的房屋进行学习与实践，以便更好地理解装配式钢结构建筑、装配式钢结构住宅。

a) 装配式钢结构住宅

b) 装配式钢结构高层建筑

图7.0.1 装配式钢结构建筑

思政园地

装配式钢结构产业政策

我国的建筑工业化发展始于20世纪50年代，在第一个五年计划中就提出推行标准化、工厂化、机械化的预制构件和装配式建筑。20世纪60年代至80年代是我国装配式建筑的持续发展期，尤其是从20世纪70年代后期开始，多种装配式建筑体系得到了快速的发展。从20世纪80年代末开始，我国装配式建筑的发展却遇到了前所未有的低潮，结构设计中很少采用装配式体系，大量预制构件厂关门转产。进入21世纪，这一情况逐渐得到改善，反映建筑产业发展的建筑工业化逐渐被行业所关注，中央及地方政府均出台了相关文件明确推动建筑工业化。

2016年，装配式建筑和钢结构建筑产业政策密集出台，钢结构产业迎来前所未有的发展机遇。2016年2月，中共中央、国务院印发的《关于进一步加强城市规划建设管理工作的若干意见》明确提出："大力推广装配式建筑"。2016年3月5日，第十二届全国人民代表大会第四次会议政府工作报告中提出大力发展钢结构和装配式建筑，这是在国家政府工作报告中首次单独提出发展钢结构。2016年9月27日，国务院办公厅发布《关于大力发展装配式建筑的指导意见》，要求按照适用、经济、安全、绿色、美观的要求，推动建造方式创新，大力发展装配式混凝土建筑和钢结构建筑，不断提高装配式建筑在新建建筑中的比例。

2017年2月21日，《国务院办公厅关于促进建筑产业持续健康发展的意见》提出，要推广智能建筑和装配式建筑，大力发展装配式建筑和钢结构建筑。住房和城乡建设部全面贯彻实施中共中央、国务院的部署，印发了《"十三五"装配式建筑行动方案》《装配式建筑示范城市管理办法》《装配式建筑产业基地管理办法》，提出一系列举措促进全国上下形成了发展装配式建筑的政策氛围和市场环境，整体发展态势初步形成，全国各地出台了推进装配式建筑发展的相关政策文件。

2019年3月11日，住建部印发了《住房和城乡建设部建筑市场监管司2019年工作要点》，要求开展钢结构装配式住宅建设试点。

2020年8月，住建部、教育部、科学技术部等部门颁发《关于加快新型建筑工业化发展的若干意见》，要以新型建筑工业化带动建筑业全面转型升级。提出加强系统化集成设计，优化构件和部品部件生产，推广精益化施工（大力发展钢结构建筑、推广装配式混凝土建筑、推进建筑全装修），加快信息技术融合发展（大力推广BIM技术、大数据技术和物联网技术，发展智能建造技术）等意见。

2022年1月住建部印发《"十四五"建筑业发展规划》，明确提出"十四五"期间，大力发展装配式建筑，完善钢结构建筑标准体系，推动建立钢结构住宅通用技术体系，健全钢结构工程计价依据，以标准化为主线引导上下游产业链协同发展；大力推广应用装配式建筑，积极推进高品质钢结构住宅建设，鼓励学校、医院等公共建筑优先采用钢结构。

项目7.1　认识装配式钢结构建筑

本项目主要介绍装配式钢结构协同设计，平面和空间设计要点，装配式钢结构建筑的特点，装配式钢结构建筑的结构系统、外围护系统、设备与管线系统和内装系统，重点介绍结构系统。

任务7.1.1　认知装配式钢结构建筑

装配式钢结构建筑的发展，打破了传统建筑工程建设的固定模式，推动了建筑工程行业的转型升级。装配式钢结构建筑具有标准化设计、工业化生产、装配化施工、一体化装修、信息化管理、智能化应用等特征，并支持标准化部品部件。

一、协同设计

装配式钢结构建筑除应符合建筑功能要求，满足建筑安全、防火、防腐、隔声、保温、隔热、防水、采光等建筑物理性能要求外，还应模数协调，采用单元化、标准化设计，将结构系统、外围护系统、设备与管线系统和内装系统进行集成，并按照集成设计原则，将建筑、结构、给水排水、暖通空调、电气、智能化和燃气等专业进行协同设计。

（一）模数协调

装配式钢结构建筑设计应采用模数来协调结构构件、内部部品、设备与管线之间的尺寸关系，做到部品部件设计、生产和安装等相互间尺寸协调，减少和优化各部品部件的种类和尺寸。装配式钢结构建筑模数协调是建筑部品部件实现通用性和互换性的基本原则，使规格化、通用化的部品部件适用于常规的各类建筑，满足各种要求。大量的规格化、定型化部品部件的生产可稳定质量，降低成本。通用化部件所具有的互换能力，可促进市场的竞争和生产水平的提高。

（二）单元化、标准化设计

装配式钢结构建筑应采用单元及单元组合的设计方法，遵循少规格、多组合的原则进行设计。单元化是标准化设计的一种方法，单元化设计应满足模数协调的要求，通过模数化和单元化的设计为工厂化生产和装配化施工创造条件。单元应进行精细化、系列化设计，并联单元间应具备一定的逻辑和衍生关系，并预留统一的接口，单元之间可采用刚性或柔性连接，装配式钢结构建筑的部品部件应采用标准化接口。

（三）信息化协同平台

装配式钢结构建筑设计宜建立信息化协同平台，采用标准化的功能单元、部品部件等信息库，统一编码、统一规则，全专业共享数据信息，实现建设全过程的管理和控制。

> **课堂练习**
>
> 1. 装配式钢结构建筑具有_____、_____、_____、_____、_____、_____等特征，并支持标准化部品部件。
> 2. 装配式钢结构建筑应_____，采用_____，并宜建立_____，将_____、_____、_____和_____进行集成。

二、建筑平面与空间设计

装配式钢结构建筑平面与空间设计应尽量做到标准化、单元化，但考虑到建筑平面功能的不同，应当允许适当的个性化设计，并且做好个性化设计的部分与标准化单元部分的合理衔接。一般情况下，重复性空间采用单元化设计，反映建筑设计理念及形象部分的功能空间可进行个性化设计。

装配式钢结构建筑应采用大开间大进深、空间灵活可变的结构布置方式，宜优先选用规则的形体，同时便于工厂化、集约化生产加工，提高工程质量，并降低工程造价。

在进行平面设计时，结构柱网布置、抗侧力构件布置、次梁布置应与功能空间布局及门窗洞口协调；平面几何形状宜规则平整，并宜以连续柱跨为基础布置，柱距尺寸应按模数统一；设备管井宜与楼电梯结合，集中设置。

在进行立面设计时，外墙、阳台板、空调板、外窗、遮阳设施及装饰等部品部件宜进行标准化设计；并宜通过建筑体量、材质机理、色彩等变化，形成丰富多样的立面效果。

装配式钢结构建筑应根据建筑功能、主体结构、设备管线及装修等要求，确定合理的层高及净高尺寸。

> **课堂练习**
>
> 装配式钢结构建筑平面与空间设计应做好个性化设计的部分与标准化单元部分的合理衔接，重复性空间采用_____，反映建筑设计理念及形象部分的功能空间可进行_____。

三、装配式钢结构建筑的特点

装配式钢结构建筑的主体承重构件采用钢材制作，具有节能低碳环保、抗震性能好、加工精度高和安装速度快等特点。

相比现浇混凝土建筑，装配式钢结构建筑用工数量减少，建造效率显著提高，施工作业受天气影响小，建设工期缩短，且工期更加可控；在节约能耗、降低建筑能耗方面装配式钢结构建筑有着显著的优势，主要构件和外围护材料均在工厂制作完成，现场组装，相对于传统建筑可大量减少建筑垃圾排放，在建筑施工节水、节电、节材、节地等方面优势明显，且在拆除后，大部分材料可以重复再利用；相比混凝土建筑，钢结构体系延性好，自重小，地震反应小，在地震作用下，不易发生脆性破坏；装配式钢结构建筑一般采用框架结构体系，钢梁跨度大，容易形成大空间，使得空间灵活布置更加容易实现，钢构件截面尺寸小于混凝土构件，可以增加使用面积。

> **课堂练习**
>
> 装配式钢结构建筑的主体承重构件采用钢材制作，具有_____、_____、_____和_____等特点。

任务 7.1.2　理解装配式钢结构建筑的集成设计

装配式钢结构建筑的结构系统、外围护系统、设备与管线系统和内装系统均应进行集成设计，提高集成度、施工精度和效率。集成设计应考虑不同系统、不同专业之间的影响，包括：在结构构件和围护部品上预埋或预先焊接连接件；在结构构件上为设备管线留孔洞；围护部品预留、预埋的设备管线；结构构件与内装部品的接口条件；围护部品为内装部品需要吊挂处的加强等方面。

要完成集成设计，应做到下列要求：

1）采用通用化、模数化、标准化设计方式，宜采用 BIM 技术。

2）各项建筑功能及细节构造应在生产制造和施工前确定。

3）主体结构、围护结构、设备与管线及内装等各单元之间的协同设计，应贯穿设计全过程。

4）应按照建筑全寿命周期的要求，落实从部品部件生产、施工到后期运营维护全过程的绿色体系。

一、装配式钢结构建筑的结构系统

(一) 装配式钢结构建筑的结构体系

装配式钢结构建筑应根据房屋高度和高宽比、抗震设防类别、抗震设防烈度、场地类别和施工技术条件等因素考虑其适宜的钢结构体系。常用结构体系主要有钢框架结构、钢框架-支撑结构、钢框架-延性墙板结构、筒体结构、巨型结构、交错桁架结构、门式刚架结构、低层冷弯薄壁型钢结构。

建筑类型也对结构体系的选型至关重要：钢框架结构、钢框架-支撑结构、钢框架-延性墙板结构适用于多高层钢结构住宅及公共建筑；筒体结构、巨型结构适用于高层或超高层建筑；交错桁架结构适用于带有中间走廊的宿舍、酒店或公寓；门式刚架结构适用于单层超市及单层厂房或库房；低层冷弯薄壁型钢结构适用于以冷弯薄壁型钢为主要承重构件，层数不大于3层的低层房屋。

(二) 多高层装配式钢结构适用的最大高度与最大高宽比

重点设防类和标准设防类多高层装配式钢结构建筑适用的最大高度应符合表 7.1.1 的规定。需要注意的是，钢框架结构一般来讲比较经济的高度为 30m 以下，大于 30m 的建筑宜增设支撑来提高经济性。

表 7.1.1 多高层装配式钢结构建筑适用的最大高度 （单位：m）

结构体系	6 度 (0.20g)	7 度 (0.10g)	7 度 (0.15g)	8 度 (0.20g)	8 度 (0.30g)	9 度 (0.30g)
钢框架结构	110	110	90	90	70	50
钢框架-中心支撑结构	220	220	200	180	150	120
钢框架-偏心支撑结构 钢框架屈曲约束支撑结构 钢框架-延性墙板结构	240	240	220	200	180	160
筒体结构(框筒、筒中筒、桁架筒、束筒) 巨型结构	300	300	280	260	240	180
交错桁架结构	90	60	60	40	40	—

注：1. 房屋高度指室外地面到主要屋面板板顶的高度（不包括局部凸出屋顶部分）。
2. 超过表内高度的房屋，应进行专门研究和论证，采取有效的加强措施。
3. 交错桁架结构不得用于 9 度区。
4. 柱子可采用钢柱或钢管混凝土柱。
5. 特殊设防类，6 度、7 度、8 度时宜按本地区抗震设防烈度提高一度后符合本表要求，9 度时应做专门研究。

多高层装配式钢结构建筑的高宽比不宜大于表 7.1.2 的规定。装配式钢结构建筑的高宽比是对结构刚度、整体稳定、承载能力和经济合理性的宏观控制；在结构设计满足规定的承载力、稳定、抗倾覆、变形和舒适度等基本要求后，仅从结构安全角度讲高宽比限值不是必须满足的，高宽比限值主要影响结构设计的经济性。

表 7.1.2　多高层装配式钢结构建筑的最大高宽比

6 度	7 度	8 度	9 度
6.5	6.5	6.0	5.5

注：1. 计算高宽比的高度从室外地面算起。
　　2. 当塔形建筑底部有大底盘时，计算高宽比的高度从大底盘顶部算起。

（三）装配式钢结构建筑结构设计要点

1. 钢框架结构设计要点

1）钢柱的拼接可采用焊接或螺栓连接的形式。

2）梁柱连接可采用带悬臂梁段、翼缘焊接腹板栓接或全焊接连接形式；抗震等级为一、二级时，梁与柱的连接宜采用加强型连接，通过在梁上下翼缘局部焊接钢板或加大截面，达到提高节点延性，在罕遇地震作用下获得在远离梁柱节点处梁截面塑性发展的设计目标；当有可靠依据时，也可采用端板螺栓连接的形式。

3）在可能出现塑性铰处，梁的上下翼缘均应设侧向支撑；当钢梁上铺设装配整体式或整体式楼板且进行可靠连接时，上翼缘可不设侧向支撑。可以采用增设次梁、隅撑或加劲肋的方式实现侧向支撑，如图 7.1.1 所示。在住宅建筑中，为避免影响使用功能，优先选用增设加劲肋的方式。

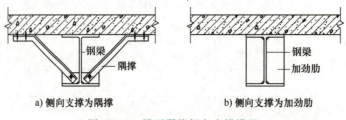

a) 侧向支撑为隅撑　　　　　b) 侧向支撑为加劲肋

图 7.1.1　梁下翼缘侧向支撑设置

4）装配式钢结构建筑框架柱可选用异形组合截面，常见的异形组合截面如图 7.1.2 所示。

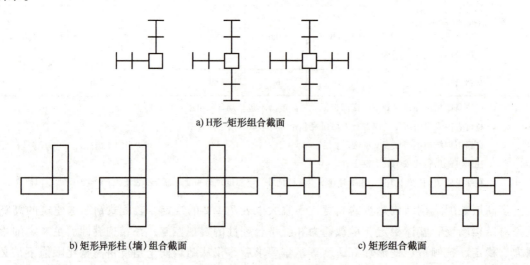

a) H形-矩形组合截面

b) 矩形异形柱(墙)组合截面　　　　　c) 矩形组合截面

图 7.1.2　异形组合截面

2. 钢框架-支撑结构设计要点

1）高层民用建筑钢结构的中心支撑宜采用十字交叉斜杆、单斜杆、人字形斜杆或 V 形斜杆体系，不得采用 K 形斜杆体系。中心支撑斜杆的轴线应交于框架梁柱的轴线上。

2）偏心支撑框架中的支撑斜杆，应至少有一端与梁连接，并在支撑与梁交点和柱之间，或支撑同一跨内的另一支撑与梁交点之间形成消能梁段。

3）抗震等级为四级时，支撑可采用拉杆设计，其长细比不应大于 180；拉杆应同时设不同倾斜方向的两组单斜杆，且每层不同倾斜方向的单斜杆的截面面积在水平方向的投影面积之差不得大于 10%。

4）如图 7.1.3 所示，当支撑采用节点板进行连接时，为了防止支撑屈曲后对节点板的承载力有影响，在支撑端部与节点板约束点连线之间应留有 2 倍节点板厚的间隙，节点板约束点连线应与支撑杆轴线垂直，且应满足计算要求。

5）对于装配式钢结构建筑，当消能梁段与支撑连接的下翼缘处无法设置侧向支撑时，应采取其他可靠措施。

3. 钢框架-延性墙板结构设计要点

1）为了减小竖向荷载对钢板剪力墙受力性能的影响，可以在整体结构的楼板浇筑完成之后，再进行钢板剪力墙的安装。当钢板剪力墙与主体结构同步安装，设计时宜考虑后期施工对钢板剪力墙受力性能产生的不利影响。

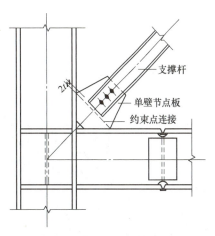

图 7.1.3　组合支撑杆件端部与单壁节点板的连接

t—节点板的厚度

2）开缝钢板剪力墙不与框架柱连接而仅与框架梁通过螺栓连接，螺栓一般在主体结构施工完成后再予拧紧，从而使钢板剪力墙在实际使用中仅承受少量装修荷载和活荷载；当采用竖缝钢板剪力墙且房屋层数不超过 18 层时，可不计入竖向荷载对竖缝钢板剪力墙性能的不利影响。

4. 交错桁架结构设计要点

如图 7.1.4 所示，交错桁架结构体是指在建筑物横向的每个轴线上，平面桁架隔层设置，而在相邻轴线上交错布置的结构体系。在相邻桁架间，楼层板一端支承在下一层平面桁架的上弦杆上，另一端支承在上一层桁架的下弦杆上。

交错桁架钢结构体系宜用于横向跨度大、纵向狭长带中间走廊的建筑类型，平面布置宜采用矩形，也可布置成 L 形、T 形、环形平面。由于桁架交错布置，标准层可提供两跨面宽、一跨进深的大空间，但上下层大空间为交错布置。在顶层无桁架的轴线上需设立柱支承屋面结构，顶层不宜布置大空间

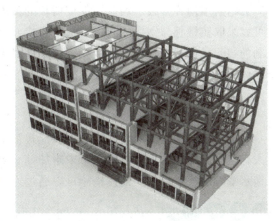

图 7.1.4　交错桁架结构体

功能。

如图 7.1.5 所示，底层需布置超大空间时，可不设落地桁架，但因为柱子的抗侧移能力不足，底层对应部位应设横向斜撑，以抵抗层间剪力，横向支撑的主要作用是抵抗水平荷载，可以在二层桁架上下弦杆处楼板施工完成后再安装横向支撑；二层无桁架轴线时需设吊杆支承楼面；在顶层无桁架的轴线上需设立柱支承屋面结构，顶层不宜布置大空间功能。

交错桁架的纵向可采用钢框架结构、钢框架-支撑结构、钢框架-延性墙板结构或其他可靠的结构形式。

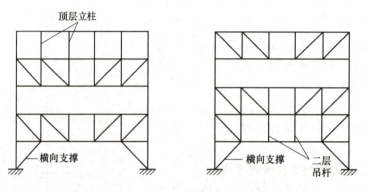

图 7.1.5　支撑、吊杆与立柱

5. 装配式钢结构建筑的楼板

楼板是非常重要的水平传力构件，协调整个楼层的抗侧力构件，同时刚性楼板假定也是抗震计算中最重要的假定之一，所以楼板的整体性至关重要。楼板可选用整体式楼板、装配整体式楼板和装配式楼板。

整体式楼板包括普通现浇楼板、压型钢板组合楼板、钢筋桁架楼承组合楼板等；装配整体式楼板包括钢筋桁架混凝土叠合楼板、预制混凝土叠合楼板；装配式楼板包括预制预应力空心板叠合楼板（SP 板）、预制蒸压加气混凝土楼板等。

无论采用何种楼板，均应该保证楼板的整体牢固性，保证楼板与钢结构的可靠连接，具体可以采取在楼板与钢梁之间设置抗剪连接件，将楼板预埋件与钢梁焊接等措施来实现。全预制的装配式楼板的整体性能较差，因此需要采取更强的措施来保证楼盖的整体性。对于装配整体式的叠合板，一般当现浇的叠合层厚度大于 80mm 时，其整体性与整体式楼板的差别不大。

6. 装配式钢结构建筑的楼梯

装配式钢结构建筑的楼梯宜采用装配式钢楼梯。钢结构抗侧刚度较小，而楼梯的刚度比较大，楼梯参与抗侧力会对结构带来附加偏心等方面的问题，因此楼梯与主体结构宜采用不传递水平力的连接形式，具体措施可以通过连接螺栓开长圆孔等方式实现。

> **课 堂 练 习**
>
> 装配式钢结构建筑常用结构体系主要有_____、_____、_____、_____、_____、_____、_____、_____。

二、装配式钢结构建筑的外围护系统

装配式钢结构建筑的外围护系统主要包括外墙维护系统和屋面维护系统。外围护系统应根据建筑所在地区的气候条件、使用功能等综合确定抗风性能、抗震性能、耐撞击性能、防火性能、水密性能、气密性能、隔声性能、热工性能和耐久性能等要求,屋面系统还应满足结构性能要求。外围护系统的设计使用年限是确定外围护系统性能要求、构造、连接的关键,设计时应明确,外围护系统的设计使用年限应与主体结构相协调。

外墙围护系统宜采用工厂化生产、装配化施工的部品,并应按非结构构件部品设计。外墙围护系统立面设计应与部品构成相协调、减少非功能性外墙装饰部品,并应便于运输、安装及维护。

外墙板可采用内嵌式、外挂式、嵌挂结合式等形式与主体结构连接,并宜分层悬挂或承托。外墙围护系统可根据构成及安装方式选用下列系统:装配式轻型条板外墙系统、装配式骨架复合板外墙系统、装配式预制外挂墙板系统、装配式复合外墙系统或其他系统。

外墙围护系统部品的保温构造形式,可采用外墙外保温系统构造、外墙夹芯保温系统构造、外墙内保温系统构造和外墙单一材料自保温系统构造等。

外挂墙板与主体结构的连接应满足承载力与变形能力要求,当遭受多遇地震作用时,外挂墙板及其接缝不应损坏或不需修理即可继续使用;当遭受设防烈度地震作用时,节点连接件不应损坏,外挂墙板及其接缝可能发生损坏,但经一般性修理后仍可继续使用;当遭受预估的罕遇地震作用时,外挂墙板不应脱落,节点连接件不应失效。

装配式钢结构建筑的屋面围护系统的防水等级应根据建筑造型、重要程度、使用功能、所处环境条件确定。屋面围护系统设计应包含材料部品的选用要求、构造设计、排水设计、防雷设计等内容。

三、装配式钢结构建筑的设备与管线系统

装配式钢结构建筑的设备与管线宜采用集成化技术标准化设计,给水排水管道,建筑供暖、通风、空调及燃气管道,电气及智能化管线宜采用管线分离方式进行设计。各类设备与管线应综合设计、减少平面交叉,合理利用空间,设备与管线应合理选型、准确定位,设备与管线宜在架空层或吊顶内设置,可以采用包含BIM技术在内的多种技术手段开展三维管线综合设计,对各专业管线在钢构件上预留的套管、开孔、开槽位置尺寸进行综合及优化,形成标准化方案,并做好精细设计以及定位,避免错漏碰缺,降低生产及施工成本,减少现场返工。

设备与管线安装应满足结构专业相关要求,不应在预制构件安装后凿剔沟槽、开孔、开洞等。设备与管线应方便检查、维修、更换,且在维修更换时不影响主体结构。竖向管线宜集中布置于管井中。钢构件上为管线、设备及其吊挂配件预留的孔洞、沟槽宜选择对构件受力影响最小的部位,当条件受限无法满足上述要求时,建筑和结构专业应采取相应的处理措施。设计过程中设备专业应与建筑和结构专业密切沟通,防止遗漏。

公共管线、阀门、检修配件、计量仪表、电表箱、配电箱、智能化配线箱等应设置在公共区域。设备与管线穿越楼板和墙体时,应采取防水、防火、隔声、密封等措施,设备管道与钢结构构件上的预留孔洞空隙处采用不燃柔性材料填充。

> **课堂练习**
> 1. 围护墙体主要有_____、_____、_____、_____及_____等。
> 2. 装配式钢结构建筑的设备与管线宜采用集成化技术标准化设计，宜采用_____进行设计。

四、装配式钢结构建筑的内装系统

根据不同材料、设备、设施具有不同的使用年限，内装部品设计应符合使用维护和维修改造要求。装配式建筑的部品连接与设计应遵循以下原则：第一，应以专用部品的维修与更换不影响共用部品为原则；第二，应以使用年限较短部品的维修和更换不破坏使用年限较长部品为原则；第三，应以专用部品的维修和更换不影响其他住户为原则。

装配式钢结构建筑内装设计，应考虑后期改造更新时不影响建筑主体结构的结构安全性，因此采用管线分离的方式，方便了内装系统及设备管线的维修更换，保证了建筑的长期使用价值。

内装部品设计与选型应符合国家现行有关抗震、防火、防水、防潮和隔声等标准的规定，并满足生产、运输和安装等要求。内装部品的设计与选型应满足绿色环保的要求，室内污染物限制应符合有关规定。内装系统设计应满足内装部品的连接、检修更换、物权归属和设备及管线使用年限的要求，内装系统设计宜采用管线分离的方式。梁柱包覆应与防火防腐构造结合，实现防火防腐包覆与内装系统的一体化。

装配式建筑采用装配式轻质隔墙，利用轻质隔墙的空腔敷设管线既有利于工业化建造施工与管理，也有利于后期空间的灵活改造和使用维护。装配式隔墙应预先确定固定点的位置、形式和荷载，并应通过调整龙骨间距、增设龙骨横撑和预埋木方等措施为外挂安装提供条件。采用轻质内隔墙是建筑内装工业化的基本措施之一，隔墙集成程度（隔墙骨架与饰面层的集成）、施工便捷、高效是内装工业化水平的主要标志。

外墙内表面及分户墙表面可以采用适宜干式工法要求的集成化部品，设置墙面架空层，在架空层内可敷设管道管线，因此内装设计时与室内设备和管线要进行一体化的集成设计。

地面部品从建筑工业化角度出发，其做法宜采用可敷设管线的架空地板系统等集成化部品。架空地板系统，在地板下面采用树脂或金属地脚螺栓支撑，架空空间内敷设给水排水管道，在安装分水器的地板处设置地面检修口，以方便管道检查和修理使用。

收纳系统对不同物品的归类收放既要合理存放，又不要浪费空间。在收纳系统的设计中，应充分考虑人的尺寸、人收取物品的习惯、人的视线、人群特征等各方面的因素，使收纳具有更好的舒适性、便捷性和高效性。

装配式建筑内装部品采用体系集成化成套供应、标准化接口，主要是为减少不同部品系列接口的非兼容性。

> **课堂练习**
> 装配式建筑的部品连接与设计应遵循以下原则：第一，_____；第二，_____；第三，_____。

项目知识图谱

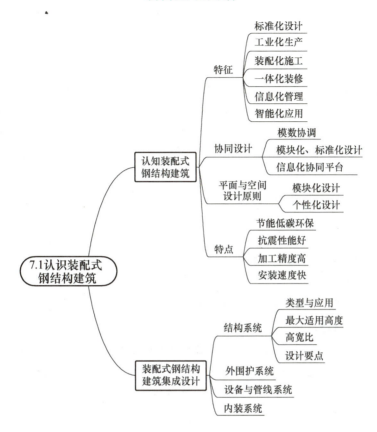

项目 7.2　理解钢结构住宅产业化

本项目主要介绍装配式钢结构住宅的概念和我国钢结构住宅产业化的发展，重点介绍装配式钢结构住宅的结构体系、常用构件及其连接。

任务 7.2.1　熟悉装配式钢结构住宅

随着国家供给侧结构性改革和建筑业转型升级战略的逐步落实，发展装配式钢结构建筑成为我国建筑业转型升级、实现建筑产业化的重要途径；钢结构建筑不仅是提高建筑质量、减少地震灾害的重要保证，还是缓解钢材过剩压力、形成钢材战略储备的重要措施，更是发展低碳经济、实现绿色环保的重要载体。作为新型建筑工业化集成产品，装配式钢结构住宅已成为绿色建筑发展的重要结构形式之一。

装配式钢结构建筑具有轻质高强、抗震性能好、工业化程度高、建设周期短、绿色环保节能、空间布局灵活等特点，符合建筑业高质量发展的要求。在经济发展新常态的今天，装配式钢结构建筑全寿命周期内都贯穿了"减量化、再利用、资源化"的循环经济发展原则，成为绿色建筑的重要代表。

一、装配式钢结构住宅的概念

装配式钢结构住宅是指以钢结构作为主要结构系统、配套的外围护系统、设备与管线系统和内装系统的主要部品部（构）件采用集成方法设计、建造的住宅建筑。钢结构建筑不一定是装配式钢结构建筑，装配式钢结构建筑由结构系统、外围护系统、设备与管线系统和内装系统等组成，而不是单纯的结构系统的装配。

二、装配式钢结构住宅的特点

（一）轻质高强，抗震性好

从钢材与混凝土应力应变的对比分析，钢材具有很好的延性，且内部结构组织均匀，在地震中，钢材具有很好的变形能力，能够抵抗地震对建筑结构的影响，从而减轻地震对建筑物的破坏程度。

（二）工业化程度高

装配式钢结构住宅同其他装配式建筑一样，所有的结构构件和部品部件均在工厂以大规模生产的方式实现生产制作标准化、施工安装装配化及组织管理科学化，进而改变传统的建造方式。

（三）建设周期短

装配式钢结构住宅通过统一的标准生产集成式组合楼板，柱、墙等单元部品化，构件生产工厂化，变"现场建造"为"工厂制造"，减少施工现场的环境污染、噪声污染，现场无需混凝土施工养护周期，工期短，节省建筑的工期成本。

（四）绿色环保节能

相对于传统建筑而言，装配式钢结构建筑所用建筑材料主要以钢材为主，材料的回收再利用率高达70%，并且钢结构建筑建造及毁坏后所产生的建筑垃圾仅为混凝土建筑的1/4左右，有效减少了建筑垃圾对环境的影响，符合建筑节能和环保的要求。

（五）空间布局灵活

装配式钢结构住宅中的新型轻质围护板材，结构空间跨度大，布局灵活，可增加使用面积的5%~8%，同时，各种管线均可暗埋在墙体及楼层结构中，装修一次到位，减少维护，可以很好地满足住户的要求。

> **课堂练习**
>
> 1. 装配式钢结构住宅是指以_____作为主要结构系统、配套的_____、_____和_____的主要部品部（构）件采用集成方法设计、建造的住宅建筑。
> 2. 装配式钢结构住宅有_____；_____；_____；_____；_____等特点。

三、装配式钢结构住宅常用结构体系

装配式钢结构住宅常用结构体系有框架结构、框架-支撑结构、框架-剪力墙结构、框架-核心筒结构、交错桁架结构等，其适用高度见表7.2.1。

表 7.2.1 装配式钢结构住宅常用结构体系一览表

结构体系		适用高度
框架结构	钢框架	≤6层
	劲性柱框架	中高层、高层

(续)

结构体系			适用高度
框架-支撑结构	中心支撑	铰接框架	低层
		刚接框架	中高层、高层
	偏心支撑		多层、中高层、高层
框架-剪力墙结构	钢板剪力墙		中高层、高层
	开缝钢板剪力墙		多层、中高层、高层
	带竖缝的混凝土剪力墙板		中高层、高层
	内藏钢支撑的剪力墙板		中高层、高层
框架-核心筒结构			多层、中高层、高层
交错桁架结构			多层、中高层、高层

课堂练习

装配式钢结构住宅常用结构体系有_____、_____、_____、_____、_____等。

四、装配式钢结构住宅常用构件截面形式、尺寸和长度

钢结构住宅构件常用截面形式、尺寸和长度应根据使用频率以及经济性、适用性原则进行确定，并应符合国家现行标准《建筑模数协调标准》（GB/T 50002）的有关规定。钢结构住宅构件常用截面形式、尺寸和长度的确定，除应与建筑功能空间、结构系统、外围护系统、内装系统、设备与管线系统相互协调外，还应与构件生产、运输、施工安装相互协调。

（一）构件与节点类型

1. 构件类型

梁可分为框架梁和非框架梁。截面形式可采用热轧 H 型钢。框架柱可采用热轧 H 型钢、方（矩）形钢管及组合异形柱。支撑可采用热轧 H 型钢和方（矩）形钢管。

2. 节点类型

梁柱连接节点是框架梁与框架柱的连接节点，通常为刚性连接节点或铰接连接节点。梁梁连接节点是非框架梁与框架梁的连接节点，通常为刚性连接节点或铰接连接节点。支撑连接节点是支撑与梁柱节点、框架梁的连接节点，通常为刚性连接节点或铰接连接节点。

（二）构件编码规则

1. 钢框架梁

$$GKL\text{-}截面形式\text{-}截面尺寸\text{-}构件长度$$

其中：GKL——钢框架梁；

　　　截面形式——H（热轧 H 形）；

　　　截面尺寸——用"高度(H)×宽度(B)×腹板厚度(t_w)×翼缘厚度(t)"表示；

　　　构件长度——按构件轴线长度确定，以 mm 计。

示例：GKL-H400×200×8×13-6000。

2. 非框架钢梁

$$\text{GL-截面形式-截面尺寸-构件长度}$$

其中：GL——非框架钢梁，即梁端均不与钢框架柱连接的钢梁；

截面形式——H（热轧 H 形）；

截面尺寸——用"高度(H)×宽度(B)×腹板厚度(t_w)×翼缘厚度(t)"表示；

构件长度——按轴线长度确定，以 mm 计。

示例：GL-H300×150×6×9-3000。

3. 钢框架柱

$$\text{GKZ-截面形式-截面尺寸-构件长度}$$

其中：GKZ——钢框架柱；

截面形式——H（热轧 H 形）、□ [方（矩）形管]；

截面尺寸——H 形用"高度(H)×宽度(B)×腹板厚度(t_w)×翼缘厚度(t)"表示；方形用"高度(H)×厚度(t)"表示；矩形用"高度(H)×宽度(B)×厚度(t)"表示；

构件长度——按名义长度确定。

示例：GKZ-H300×300×10×15-9000；GKZ-□300×10-9000；GKZ-□300×200×12-9000。

4. 非框架钢柱

$$\text{GZ-截面形式-截面尺寸-构件长度}$$

其中：GZ——非框架钢柱，除钢框架柱及楼梯柱以外的其他钢柱；

截面形式——H（热轧 H 形）、□ [方（矩）形管]；

截面尺寸——H 形用"高度(H)×宽度(B)×腹板厚度(t_w)×翼缘厚度(t_f)"表示；方形用"高度(H)×厚度(t)"表示；矩形用"高度(H)×宽度(B)×厚度(t)"表示；

构件长度——按名义长度确定。

示例：GZ-H200×200×8×12-3000；GZ-□200×6-3000；GZ-□300×150×8-3000。

5. 组合异形柱

$$\text{YXZ-截面形式-截面尺寸-构件长度}$$

其中：YXZ——组合异形柱；

截面形式——包括 L 形、T 形、十字形三种；

截面尺寸——用"高度(H)×宽度(B)×厚度(t)"表示；

构件长度——按名义长度确定。

示例：YXZ-L400×400×200-9000；YXZ-T600×600×200-9000；YXZ-十600×600×200-9000。

6. 支撑

$$\text{ZC-截面形式-截面尺寸-构件长度}$$

其中：ZC——支撑；

截面形式——H（热轧 H 形）、□ [方（矩）形管]；

截面尺寸——H 形用"高度(H)×宽度(B)×腹板厚度(t_w)×翼缘厚度(t)"表示；

方形用"高度(H)×厚度(t)"表示；矩形用"高度(H)×宽度(B)×厚度(t)"表示；

构件长度——按名义长度确定。

示例：ZC-H200×200×8×12-8100；ZC-□200×8-8100；ZC-□300×150×12-8100。

7. 冷弯薄壁型钢构件

$$LW\text{-}截面形式\text{-}截面尺寸\text{-}构件长度$$

其中：LW——冷弯薄壁型钢；

截面形式——C（冷弯C形）、U（冷弯U形）；

截面尺寸——用"腹板高度(H)×翼缘宽度(B)×厚度(t)"表示；

构件长度——按名义长度确定。

示例：LW-C89×41×1.0-3600；LW-U92×40×1.0-3000。

（三）构件的长度

1. 梁构件

框架梁和非框架梁的轴线长度一般应满足模数要求，梁的名义长度等于梁的轴线尺寸减去梁左右两端的扣除数。

2. 柱构件

柱的名义长度与层高、拼接高度及基础埋深等因素有关，为了提高柱施工安装效率，低层住宅（地上1~3层）优先采用通高柱，多层和高层住宅柱宜一节2~4层，总长度一般不超过12m。

柱的名义长度不同于下料尺寸，具体的下料尺寸还应根据连接节点形式、节点板厚度及安装误差等计算确定。

（四）连接节点尺寸

钢结构住宅连接节点主要包括梁柱连接节点、主次梁连接节点、梁或柱本身的拼接节点及支撑与梁柱的连接节点，连接形式主要有焊接连接、螺栓连接及栓焊连接，根据节点受力特征分为刚接、铰接，钢结构住宅标准化连接节点应满足安全、实用、便捷、高效的要求。

构件在运输状态下，含连接节点的外轮廓宽度及高度尺寸，宜分别控制在2.5m及3.0m范围内。

连接节点详细构造及尺寸的确定应综合考虑管线布设、外围护墙体及内隔墙的相对位置、装修做法等影响因素，在现场实施前需全面复核。

当柱选用热轧或冷成型的方（矩）形钢管时，梁柱连接节点宜采用隔板贯通式节点。当有可靠依据时也可采用其他节点连接方式。

梁下翼缘不适合采用隅撑保证侧向稳定时，可在其受压区段范围内设置横向加劲肋。梁端部采用梁翼缘盖板式连接时，可在工厂整体加工成型。

课堂练习

钢结构住宅构件常用截面形式、尺寸和长度的确定，除应与_____相互协调外，还应与_____相互协调。

任务 7.2.2 了解钢结构住宅产业化

一、住宅产业化

住宅产业化通过利用先进技术改造传统住宅产业，实现以工业化的建造为基础，以设计标准化、部品通用化为依托，以住宅设计、生产、销售和售后服务为一个完整的产业系统，以节能、环保和资源循环利用为特色，在提高劳动生产率的同时提升住宅的质量与品质，对整个住宅产业链进行全面改造，最终实现住宅的可持续发展。

实现住宅产业化的基本条件是：住宅的建造方式工业化，住宅的构件、部品标准化、系列化、通用化，并实现社会化供应。

推动住宅工业化是实现住宅产业化的核心。住宅工业化是住宅的生产方式或技术手段，即运用现代工业手段和现代工业组织，对住宅生产各个阶段的各个生产要素通过技术手段进行集成和系统整合，实现住宅的设计标准化、构件生产工厂化、住宅部品通用化、现场施工装配化、土建装修一体化、过程管理信息化，从而节约资源、减少污染、减轻劳动强度、提高住宅质量、加快建设速度、降低工程成本。

钢结构建筑具有天然的装配化属性，是适合工业化建造的最佳结构形式，最有条件率先实现产业化，并起到示范引领作用。但目前的钢结构建筑生产方式，还没有完全实现真正意义上的工业化，建筑行业应以钢结构建筑为抓手，推动钢结构住宅产业化健康发展。

二、钢结构住宅产业化发展现状

（一）国外钢结构住宅产业化发展

在欧洲，由于"二战"后对住宅的大量需求，推动了建筑工业化的发展，逐步完善的工业化体系又带动了钢结构住宅的发展。美国没有走大规模预制装配化发展道路，其住宅建筑市场发育完善，构件部品部件的标准化、系列化、商品化和社会化程度高，注重于住宅的个性化、多样化。日本早在20世纪60年代初期就提出了住宅产业的概念，对住宅实行部品化、批量化生产，注重住宅的质量和品质，钢结构住宅产业化基础好。国外发达国家和地区的钢结构建筑的用钢量在钢材总消耗量中的比例明显高于我国，美国、日本等国家钢结构用钢量占钢材产量的30%以上。钢结构广泛应用于各类工业与民用建筑中，特别是在民用住宅中，钢结构住宅的市场份额较大。钢结构在住宅中的广泛应用，拉动了建筑用钢量的不断增长，带动了相关行业的发展。作为各国国民经济的支柱产业，钢结构住宅产业在各国的经济发展中发挥着积极的推动作用。

（二）我国钢结构住宅产业化发展历程

20世纪80年代，我国钢结构住宅处于研究探索阶段，主要从国外引入相关技术，参照国外标准建造少量低层钢结构住宅。但当时我国钢材紧缺，"限制用钢"政策阻碍了钢结构住宅在我国的发展。

1996年起，我国钢铁产量连续突破1亿t，建设部提出："力争在我国'十五'期间，建筑钢结构用钢量达到全国钢材总产量的3%，到2015年达到6%"，为钢结构住宅的发展奠定了宏观政策基础。

1999年，国家经贸委批准，将"轻型钢结构住宅建筑通用体系的开发和应用"作为我国建筑业用钢的突破点，并正式列入国家重点技术创新项目。我国钢结构住宅开始进入试点推广阶段，全国各地开始试验性地建造钢结构住宅，但由于缺乏经验，质量普遍不高，市场接受度较低。

进入 21 世纪以来，在政府的推动下，全国各地开始陆续推广建设钢结构住宅示范工程。2001 年，建设部发布《钢结构住宅建筑产业化技术导则》，明确钢结构住宅建筑技术发展的基本原则，对钢结构住宅体系的平面布局、设计、围护结构、分隔结构、装修、连接、钢结构材料的选用等进行了阐述，是我国第一部有针对性的钢结构住宅体系发展的指导性文件。2002 年，建设部批准在天津建立我国首个"国家住宅产业化基地"。2003 年，天津市发布了《天津市钢结构住宅设计规程》（DB 29-57）。2004 年，建设部发布《推广应用新技术和限制、禁止使用落后技术公告》，把钢结构住宅列为住宅产业化领域的推广技术。这一时期内，我国轻钢结构住宅规范体系趋于完善，为推动我国轻钢结构住宅产业化发展起到了重要作用。

十八大确立生态文明目标后，国家相继发布文件促进钢结构住宅产业化发展。2013 年，国务院发布《关于化解产能严重过剩矛盾的指导意见》：推广钢结构在建设领域的应用，提高公共建筑和政府投资建设领域钢结构使用比例，在地震等自然灾害高发地区推广轻钢结构集成房屋等抗震型建筑。

2016 年，国务院发布《关于钢铁行业化解过剩产能实现脱困发展的意见》：推广应用钢结构建筑，结合棚户区改造、危房改造和抗震安居工程，实施开展钢结构建筑推广应用试点，大幅提高钢结构应用比例。2016 年 3 月，在第十二届全国人民代表大会第四次会议政府工作报告中强调"大力发展钢结构和装配式建筑，提高建筑工程标准和质量"；2016 年 9 月，国务院办公厅印发《关于大力发展装配式建筑的指导意见》，钢结构住宅因固有的装配化特性，迎来了大好发展时期。近年来，地方政府陆续出台相关政策细则，从实质上推动钢结构住宅产业化发展。2017 年，国家发改委与工信部联合印发《新型墙材推广应用行动方案》，表明围护体系的发展已经得到国家的重视。

经过近年来的大力发展，我国已涌现出一批钢结构住宅代表性企业，在钢结构生产、加工、安装等方面具备较强的实力。

（三）我国钢结构住宅产业化与国外的差异

目前，我国钢结构住宅产业化与国外的差异主要体现在以下几个方面：

1) 市场占有率方面：我国钢结构住宅市场份额极低。瑞典、美国、澳大利亚和日本的钢结构住宅占新建住宅总面积的比例分别约为 80%、75%、50% 和 20%，我国钢结构住宅占新建住宅总面积的比例仅为 1%，与国外存在较大的差异。

2) 产业链方面：钢结构住宅市场份额较高的国家钢结构住宅产业链完整，且上下游结合紧密；我国钢结构住宅产业链中前端的产品开发、下游的材料、产品销售等与设计、生产、建造存在脱节的现象。

3) 标准体系、部品化体系方面：钢结构住宅市场份额较高的国家在推进钢结构住宅产业化时，都制定了一整套行业通用标准和技术认定，并逐步建立完善了部品化体系；我国轻钢结构住宅的标准体系较为完善，但多高层钢结构住宅的行业标准体系和部品化体系还未建立完整。

4) 围护体系方面：目前我国多高层钢结构住宅围护体系质量不高，影响消费者的居住体验，导致开发商和消费者在直观上更愿意接受混凝土结构住宅。

5) 专业协同方面：钢结构住宅市场份额较高的国家，钢结构住宅设计注重建筑、结构、设备等多专业协同，而我国钢结构住宅的推广建设中建筑师参与程度较低，钢结构住宅多样化、个性化、大空间的优势难以体现，围护体系的建筑构造问题难以解决。

6）与新技术结合方面：钢结构住宅市场份额较高的国家，钢结构住宅普遍与节能环保新技术紧密结合，有效降低使用能耗；我国钢结构住宅在利用节能环保新技术方面存在明显不足。

7）企业方面：大型住宅产业集团的形成是住宅产业化成熟的标志，可以完整涵盖钢结构住宅的产业链条，实现设计、加工生产、安装、装修、售后服务一体化。1995年，日本最大的10家住宅产业集团的住宅产销量已占全部工业化住宅产销量的90%，而我国尚未形成擅长钢结构住宅的产业集团。

> **课堂练习**
>
> 实现住宅产业化的基本条件是：_____
> _____。_____是实现住宅产业化的核心。

三、制约我国钢结构住宅产业化发展的瓶颈

（一）观念问题

1）对钢结构住宅的性能优势认识不足。目前，我国传统建筑设计院的建筑设计师对钢结构住宅布置灵活、开间大、房型丰富等特点缺乏深入的认识，极易基于传统混凝土结构住宅的设计观念，简单地用钢构件替代钢筋混凝土构件，使钢结构住宅的优势不能充分发挥。

2）对钢结构住宅的综合效益认识不足。工程造价是最直观的经济指标，也是开发商在项目运作中最注重的方面。消费者在购房时，主要关注的也是房价。开发商和消费者更愿意接受直接成本较低的传统混凝土结构住宅和砖混结构住宅，对钢结构住宅全寿命周期综合成本，包括设计成本、采购成本、一体化建造成本、使用成本、维修保养成本、废弃处置成本、资金周转成本、得房率、环境生态效益等成本要素缺乏分析和认识，过于注重直接成本，着眼于短期利润，从而限制了钢结构住宅的市场推广。

（二）技术政策问题

1）规范体系不完整。我国与钢结构住宅相关的技术规程主要包括两类：一类是结构类相关规范规程，包括《钢结构设计标准》(GB 50017)《钢结构工程施工质量验收标准》(GB 50205)以及《建筑钢结构防火技术规范》(GB 51249)等，内容主要为结构设计、施工和材料等方面；另一类是居住建筑类设计规范规程，包括《住宅设计规范》(GB 50096)、《宿舍建筑设计规范》(JGJ 36)等，内容以建筑内外空间布局和设备设施的相关规定为主。但缺乏针对多高层钢结构住宅的国家规范和针对钢结构住宅围护体系的统一规定。

2）围护体系与主体结构的匹配性较差。主要问题包括：缺乏标准化的集保温隔热、隔声、防渗和装饰于一体的"三板"构件及围护体系，轻质空心墙体接受度不高，预制墙体间连接及其与主体结构的填缝难处理，墙板、门窗的保温、隔热、隔声、气密性难保证，"三板"存在渗漏和开裂现象。

3）住宅部品化率较低。我国钢结构住宅部品标准涉及诸多行业和部门，缺乏统一的管理与协调，部品标准制定周期长，已颁布的标准修订不及时，致使我国标准滞后于国际标准和市场的需求，无法适应产业发展。目前我国轻钢结构住宅的部品化率较高，但多高层的钢结构住宅的部品化率很低，甚至低于预制装配式混凝土结构住宅的部品化率。

4）采用新技术集成不够。钢结构住宅需要多阶段、多专业协同完成，只有采用一体化建造技术，其优势才能体现。但我国多高层钢结构住宅还不能真正实现设计、制作、安装、

运营、维护一体化和建筑、结构、机电、厨卫、装修一体化。我国钢结构住宅的定位普遍不高，过于追求控制直接成本，较少采用现代建筑材料、节能技术、室内舒适性控制技术、清洁能源利用技术、智能化信息化技术、水资源再生利用技术、垃圾资源化利用技术等新技术，导致钢结构住宅的品质较差，市场接受度较低。

5）钢结构住宅产业化政策体系不完备。一些国家在实施住宅产业化的过程中均逐渐建立了完善的住宅产业化政策，通过住宅银行信贷、抵押等方式扩大居民购买力，通过税收、法律等杠杆来规范和监督住宅市场体系的健康运行。我国钢结构住宅产业化政策还没有形成完备的体系，对比国外与我国的住宅产业化发展历程，我国在产业政策体系方面缺少全面、系统的顶层设计。

（三）产业链问题

1）产业链各主体协同度不高。我国钢结构住宅产业链中存在设计单位、加工安装企业、房地产开发商等多个产业链主体之间信息共享不足和主体协同作业程度低等问题，严重制约着钢结构住宅全寿命周期内的生产效率与质量，不利于行业生产力的持续提升。提升钢结构住宅产业链多主体之间的协同度成为现阶段钢结构住宅的产业链整合亟待解决的重要问题。

2）产业链各主体内的人员素质不高。钢结构住宅技术含量高，对产业链各主体内的人员素质要求很高。目前我国缺乏熟悉钢结构住宅设计建造一体化的设计人员，且现有建筑工人大多为农民工，缺乏与钢结构住宅相适应的专业化产业技术工人。

3）企业无序竞争现象严重。我国的钢结构企业数量多，但大部分生产规模较小，水平参差不齐，行业集中度不高，低端产能过多，存在无序恶性竞争现象，不利于行业整体的技术进步。尽管目前已逐步形成一些实力强、品牌度高的大型钢结构企业，但尚缺乏研发能力强、市场占有率高、有一定话语权、具备行业整合能力的龙头企业。尤其是在轻型钢结构住宅领域，由于进入门槛相对较低，参与竞争的中小型企业众多，呈现较强的区域化竞争格局，市场恶性竞争较为激烈，施工质量不高，产品毛利率相对较低，影响了我国钢结构住宅的产业化进程。

> **课堂练习**
>
> 制约我国钢结构住宅产业化发展的瓶颈可归纳为：＿＿＿＿＿、＿＿＿＿＿、＿＿＿＿＿等。

四、推进我国钢结构住宅产业化发展的主要对策

（一）加强产业能力建设

加强产业链中上下游企业相互合作，打通产业链内部的壁垒，实现设计、生产、制作、安装、装修、销售、售后服务一体化运作，实现全产业链的资源优化和整体效益最大化。建立贯穿全产业链的人员培训机制，实现全产业链生产能力的整合。加强专业技术队伍建设，重点加强技术工人培训，提高钢结构住宅的一体化设计施工能力。

在全国范围内完善钢结构产业布局，积极创建钢结构住宅生产基地，鼓励有实力的产业集团努力打造成集住宅产业化技术研发和住宅部品工业化生产、展示、集散、服务、交易等为一体的钢结构住宅龙头企业，带动所在地区乃至全国的钢结构住宅产业化发展。

逐步淘汰技术力量薄弱、环保意识差的中小企业，整合出一批具有技术优势、规模优势、自主创新优势、品牌优势和客户优势，具备设计制作安装一体化经营实力，在国际市场具有一定竞争力的钢结构住宅产业集团，在有序竞争中通过开拓市场、扩张产能、技术升

级，不断提高我国钢结构住宅产业的集中度。

（二）加强技术创新

通过产学研协同攻关，研发适合钢结构住宅的新型"三板"结构和新型围护结构体系。建立相应的部品化体系，解决围护体系与主体结构的匹配性等关键技术问题。积极推广应用住宅通用化产品和成套技术，推进钢结构住宅设计、制作、安装、运营、维护一体化，建筑、结构、机电、装修一体化；"三板"、门窗等围护体系保温、隔热、隔声、装饰、防水、防火一体化，整体厨卫与装修一体化，清洁能源利用与建筑功能一体化，住宅小区智能化。在钢结构住宅中采用先进的节能、环保技术，并通过规模化生产和技术创新有效降低成本，提升钢结构住宅的功能品质，提高建设效率。深入研究钢结构住宅的防火技术，编制多高层钢结构住宅的技术导则、手册、指南及国家标准。通过推广应用 BIM 技术，实现钢结构住宅的设计、生产、建造、运营、维护、回收等全寿命周期内的信息化管理，提高效率，节省成本。

（三）提高性价比

目前，钢结构住宅在造价上很难与其他结构相比，但可以通过规模化、工业化建造，尽力降低住宅成本。充分发挥钢结构住宅多样性、个性化、大空间的优势，在面积、套型上下功夫。要增加住宅的科技含量，提高住宅的防火、抗震安全性，使钢结构住宅朝着高品质、高性价比方向发展。

（四）加强宣传

采用新技术和新工艺建造一批高质量的钢结构住宅精品示范工程，并充分发挥新闻媒体的舆论导向作用，大力宣传钢结构住宅的优势，消除公众对钢结构住宅的误解，提高全社会的认知和认同度，引导全社会形成节约资源、保护环境的生产生活方式和消费模式，为推动钢结构住宅产业化发展营造良好的氛围。

> **课堂练习**
>
> 推进我国钢结构住宅产业化发展的主要对策有：_____；_____；_____；_____。

五、我国钢结构住宅产业化的发展方向

在产业化进程中，钢结构住宅体系非常便于实现体系的标准化、部品化、生产工业化、协作服务社会化以及全产业链的高度融合，能够最大限度地满足节能、节水、节地、节材等可持续发展要求，并化解我国钢铁行业过剩的产能，是我国目前及未来推进住宅产业化最为理想的住宅体系之一。

我国低层轻钢结构住宅的发展较为成熟，部品化率较高，市场反应良好，产业链趋于完善，为钢结构住宅的发展奠定了良好基础。我国多高层钢结构住宅发展相对迟缓，而我国城镇化建设中量大面广的是多高层住宅，因此多高层钢结构住宅产业化是今后发展的重要方向。

我国钢结构住宅的结构体系比较丰富，但围护体系、部品体系和设备体系还不完善，"三板"及部品部件的匹配性和配套性差，与发达国家相比，我国钢结构住宅的产业化水平差距较大，要努力解决钢结构住宅产业化发展中的瓶颈问题，逐步实现从"住宅钢结构"到"钢结构住宅"的转变，推动钢结构住宅产业化发展。

> **课堂练习**
>
> 我国钢结构住宅产业化的发展方向包括：_____、_____、_____、_____。

项目知识图谱

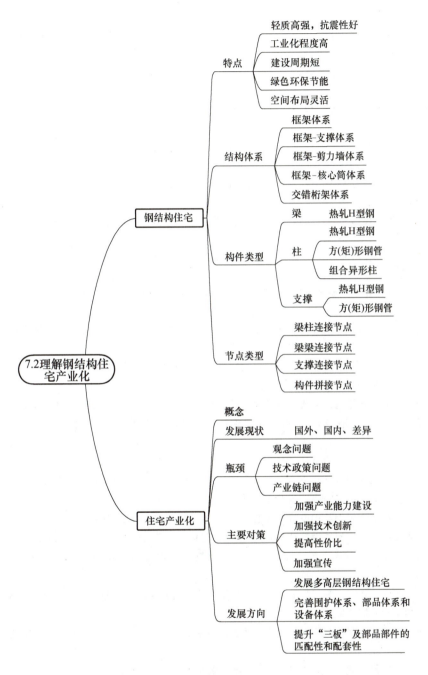

识 图 训 练

1. 查阅资料，了解多腔柱钢框架-支撑体系。
2. 查阅资料，了解多腔体框架-钢板组合剪力墙体系。
3. 查阅资料，了解装配式钢结构新型梁柱（墙）连接节点。

参 考 文 献

［1］ 中华人民共和国住房和城乡建设部. 钢结构通用规范：GB 55006—2021［S］. 北京：中国建筑工业出版社，2021.

［2］ 中华人民共和国住房和城乡建设部. 钢结构设计标准 GB 50017—2017［S］. 北京：中国建筑工业出版社，2017.

［3］ 中华人民共和国住房和城乡建设部. 《钢结构设计标准》图示：20G108-3［S］. 北京：中国计划出版社，2020.

［4］ 中华人民共和国住房和城乡建设部. 高层民用建筑钢结构技术规程：JGJ 99—2015［S］. 北京：中国建筑工业出版社，2015.

［5］ 中华人民共和国住房和城乡建设部. 《高层民用建筑钢结构技术规程》图示：16G108-7［S］. 北京：中国计划出版社，2016.

［6］ 中华人民共和国住房和城乡建设部. 钢结构高强度螺栓连接技术规程：JGJ 82—2011［S］. 北京：中国建筑工业出版社，2011.

［7］ 中华人民共和国住房和城乡建设部. 门式刚架轻型房屋钢结构技术规范：GB 51022—2015［S］. 北京：中国建筑工业出版社，2016.

［8］ 中华人民共和国住房和城乡建设部. 钢结构设计制图深度和表示方法：03G102［S］. 北京：中国计划出版社，2003.

［9］ 中华人民共和国住房和城乡建设部. 钢网架结构设计：07SG531［S］. 北京：中国计划出版社，2008.

［10］ 中华人民共和国住房和城乡建设部. 空间网格结构技术规程：JGJ 7—2010［S］. 北京：中国建筑工业出版社，2010.

［11］ 陈绍蕃，顾强. 钢结构：上册 钢结构基础［M］. 4版. 北京：中国建筑工业出版社，2019.

［12］ 陈绍蕃，郭成喜. 钢结构：下册 房屋建筑钢结构设计［M］. 4版. 北京：中国建筑工业出版社，2018

［13］ 陈树华，张建华. 钢结构设计［M］. 2版. 武汉：华中科技大学出版社，2016.

［14］ 唐兴荣. 钢结构课程设计解析与实例［M］. 2版. 北京：机械工业出版社，2021.

［15］ 张志英，张广峻. 钢结构构造与识图［M］. 北京：电子工业出版社，2015.

［16］ 郑廷银. 多高层房屋钢结构设计与实例［M］. 重庆：重庆大学出版社，2014.

［17］ 戚豹，康文梅. 管桁架结构设计与施工［M］. 北京：中国建筑工业出版社，2012.

［18］ 王元清，石永久，陈宏，等. 现代轻钢结构建筑及其在我国的应用［J］. 建筑结构学报，2002（1）：2-8.

［19］ 郝际平，薛强，郭亮，等. 装配式多、高层钢结构住宅建筑体系研究与进展［J］. 中国建筑金属结构，2020（3）：27-34.

［20］ 李惠玲，王婷. 我国装配式钢结构住宅产业化发展面临的问题与对策研究［J］. 建筑经济，2020，41（3）：20-23.

［21］ 周绪红，王宇航. 我国钢结构住宅产业化发展的现状、问题与对策［J］. 土木工程学报，2019（1）：1-7.

［22］ 郝际平. 张开双臂拥抱钢结构的春天：绿色装配式钢结构的应用与发展［J］. 中国建筑金属结构，2017，（2）：30-37.

［23］ 舒赣平，周雄亮，王小盾，等. 新型装配式钢框架结构建筑体系研究与应用［J］. 建筑钢结构进展，2021，23（10）：26-31.